최신 반도체 소자공학

강성준 · 정양희 공저

전남대학교출판부

■ 서 문

1947 년 진공관과 릴레이 스위치를 대체할 수 있는 고체전자소자인 반도체가 개발되면서 전자공학이라는 새로운 학문분야가 급속도로 발전하는 계기가 되었다. 그 후, 현대의 정보통신 및 평판디스플레이 산업 등 모든 분야에 반도체는 핵심적인 위치를 점하게 되었다. 이에 따라, 현대의 산업사회를 이끄는 주요 부문에서는 반도체의 성질과 이를 이용한 소자의 동작원리 및 특성을 이해하는 것이 아주 중요한 일이 되었다. 본 교재는 "고체전자소자공학" 이라는 제목으로 반도체 및 반도체 소자에 대한 폭넓은 내용을 양자역학을 근간으로 한 현대물리 및 반도체 물리를 근간으로 설명하여 가급적 관련자들이 쉽게 이해하도록 하였으며 다음과 같은 순서로 기술되어 있다.

1 장에서는 반도체의 특성을 기술하는데 필수적인 양자 역학의 출발점인 흑체복사 및 광전효과와 양자 역학에서 가장 핵심이 되는 파동방정식을 간단히 다루었다. 또한, 보어의 수소원자 모형과 원자 구조를 설명하는데 필요한 양자수를 주기율표와 연관해서 다루어 반도체를 이해하는 토대를 확립하고자 하였다.

2 장에서는 크로니-페니 (Kronig-Penny) 모델과 그 해의 분석을 통해 고체에서의 에너지 밴드 구조를 분석하고 설명하였다. 또, 분포함수와 상태밀도의 의미와 이를 이용하여 캐리어 농도를 구하는 법을 설명하고, 캐리어 농도의 온도의존성에 관해서도 논의하였다.

3 장에서는 반도체에서 실제로 전류의 흐름을 야기하는 드리프트와 확산과정에 대해 알아보고, 캐리어의 생성과 재결합 과정을 반도체의 전기적 및 광학적 특성과 연관해서 설명하였다. 또한, 연속방정식을 이용하여 시간과 위치에 따른 캐리어 농도 변화와 이에 따른 반도체의 전기적 및 전기-광학적 특성들에 대한 영향을 자세히 논의하였다.

4 장에서는 pn 접합의 특성을 이해하기 위해 바이어스가 인가되지 않은 평형상태의 해석을 출발점으로 삼아 순방향 및 역방향 바이어스가 인가된 상태를 논의하고

자 한다. 각각의 상태에서 에너지 밴드, 도핑농도, 공핍영역의 폭, 최대 전기장, 빌트인 포텐셜 등에 대해서 알아보고 바이어스에 따른 정전용량, 접합항복에 대해서도 폭 넓게 다루고자 하였다. 또, 금속-반도체 접합에 대한 내용도 에너지 밴드를 이용하여 이해하기 쉽게 논의하고자 하였다.

5 장에서는 디지털 집적회로에 가장 널리 사용되는 전자소자인 MOSFET 에 대한 내용을 다루었다. MOSFET 의 핵심인 금속-산화막-반도체 구조로 알려진 MOS 캐패시터와 에너지 밴드 및 전류특성에 대해 상세히 논의하고 등가회로와 스케일링에 대한 여러 가지 문제도 이해하기 쉽게 설명하였다.

6 장에서는 반도체의 개략적인 발전과정에 대하여 언급을 하고, 칩 제작 단계와 메모리에 대하여 설명하고자 한다. 반도체 칩 제작단계에서는 웨이퍼 제조, 반도체 칩의 제작, 테스트/분류, 조립과 패키징, 최종 테스트에 대한 내용을 설명하여 전체적인 칩 제작단계에 대한 이해를 돕고자 한다. 또한 DRAM, SRAM, EPROM, 플래시 메모리와 같은 전통적인 메모리뿐만 아니라 차세대 메모리로 주목받고 있는 FeRAM, PRAM, MRAM 등의 구조 및 동작원리 등을 상세히 설명해 메모리에 대한 전반적인 이해를 도모하고자 한다.

끝으로 본 교재는 전자 및 전기공학, 재료공학, 물리학을 전공하는 학생들의 반도체에 대한 이해를 도모하고자 쓰여졌고, 또한 날로 그 중요성과 영향이 확장되는 정보통신 및 평판 디스플레이 산업 등 반도체 관련 분야에 종사하는 엔지니어들에게도 많은 도움이 될 것이다.

■ 차 례

Chapter 1 반도체 기초 이론

Chapter 2 반도체의 에너지 밴드와 캐리어 농도

Chapter 3 반도체의 캐리어 전송

Chapter 4 pn 접합 및 금속-반도체 접합

Chapter 5 MOSFET (Metal-Oxide-Semiconductor FET)

Chapter 6 반도체 칩 제작과 메모리 소자

Chapter 1. 반도체 기초 이론

1. 양자물리학의 태동
2. 원자 구조
3. 양자 역학

Chapter 1

반도체 기초 이론

우리가 볼 수 있는 거시 세계에서의 모든 현상들은 17세기 뉴턴 (newton) 이 완성한 고전 역학으로 설명할 수 있었다. 그러나 빛의 성질과 흑체 복사에 관한 문제는 고전 역학으로는 설명이 안 되는 현상으로 인식되고 있었다. 흑체 복사에 관한 문제는 플랑크 (Planck) 가 에너지의 양자화를 가정하면서 해결되었고, 뒤이어 아인슈타인 (Einstein) 의 광전효과 실험으로 입증되었다. 이로서 양자 역학 (quantum mechanics) 이라는 새로운 역학 체계가 탄생되었으며, 하이젠베르크 (Heisenberg) 와 슈뢰딩거 (Schrödinger) 등에 의해 양자 역학의 체계가 완성되었다. 양자 역학으로 인해 원자 등과 같은 미시 세계를 보다 정확하게 설명할 수 있게 되면서, 원자 구조에 대한 새로운 개념들이 발표되었다. 이 중 양자 역학을 도입한 보어 (Bohr) 의 수소 원자 모형은 원자 구조에 대한 연구를 한 단계 끌어올린 괄목할 만한 성과였다. 20 세기에 들어 현대산업의 꽃이라 불리는 반도체라는 고체전자소자가 개발되었다. 반도체의 동작을 완벽하게 설명하기 위해서는 고체 내에서 움직이는 전자의 거동 등을 정확하게 기술할 필요가 있었으며, 이는 양자 역학을 통해서만 가능한 일이다.

본 장에서는 반도체의 특성을 기술하는데 필수적인 양자 역학의 출발점인 흑체복사 및 광전효과와 양자 역학에서 가장 핵심이 되는 파동방정식을 간단히 다루었다. 또한, 보어의 수소원자 모형과 원자 구조를 설명하는데 필요한 양자수를 주기율표와 연관해서 반도체를 이해하는 토대를 확립하고자 하였다.

1. 양자물리학의 태동

1.1. 흑체 복사

일상생활에서 우리는 뜨거운 금속의 발광을 경험할 수 있다. 금속은 그 온도가 증가함에 따라 빨간색, 노란색, 그리고 흰색으로 변하는 가시광을 방출할 뿐만 아니라, 실제로는 사람이 눈으로 감지하기 어려운 진동수를 가지는 빛을 방출하기도 한다. 물체가 전자기에너지를 방출하기 위해서는 그 물체가 밝게 보일 정도까지 온도를 높일 필요가 없다. 모든 물체들은 온도가 높든 낮든 전자기에너지를 연속적으로 방출한다. 이때 방출하는 전자기파들의 진동수는 물체의 온도에 좌우된다. 실온에서 방출되는 복사의 대부분은 적외선 영역에 있기 때문에 눈으로는 감지하기 어렵다. 또한, 모든 물체는 온도가 높을 때 빛을 방출하기도 하지만 온도가 낮을 때는 빛을 흡수하는 성질이 있다. 온도가 낮을 때 흡수하는 빛의 파장은 물체의 온도가 높을 때 방출하는 빛의 파장과 같다. 예를 들어, 나트륨의 불꽃반응색 스펙트럼은 몇 개의 노란 선으로 나타난다. 그런데 백열전구의 빛을 차가운 나트륨 기체에 통과시키면, 연속 스펙트럼에서 나트륨의 노란선 스펙트럼에 해당하는 부분만 까맣게 비어 있는 것을 발견할 수 있다. 이는 방출하는 것과 같은 파장의 빛을 나트륨 기체가 흡수해버린다는 것을 의미한다. 이렇게 모든 물체가 자신이 뜨거울 때 내는 빛과 같은 파장의 빛을, 차가울 때 흡수하는 성질에 착안한 과학자들은 만일 차가울 때 모든 파장의 빛을 흡수하는 물체가 있다면, 이 물체가 뜨거워졌을 때 다시 모든 파장의 빛을 골고루 내놓을 것이라고 생각했다. 모든 물체는 $T > 0$ K 인 임의의 온도에서 전자기파를 복사한다. 단위 면적당 방출되는 복사선의 일률로 정의되는 복사계수 (또는 복사능) R 은 복사면의 특성뿐만 아니라 온도에도 의존한다. 복사 전자기파를 완벽하게 흡수하는 물체를 흑체 (blackbody) 라고 하는데, 이는 모든 입사광이 흡수되어 검은색으로 보이기 때문이다. 물체가 주변과 열적 평형 상태에 놓여 있다고 하면, 그 물체는 흡수하는 양만큼 복사를 한다. 따라서 흑체는 완전한 흡수체이기도 하지만 완전한 복사체이기도 하다.

흑체 복사와 관련하여 초기에는 모든 파장의 빛을 흡수하려면 그 물체는 아주 검은색을 띠어야 하므로 우선 검은색을 내는 물질로 실험을 하였으나, 실험결과는 예상과 잘 맞아떨어지지 않았다.

1.1.1. 빈의 법칙 (Wien's law)

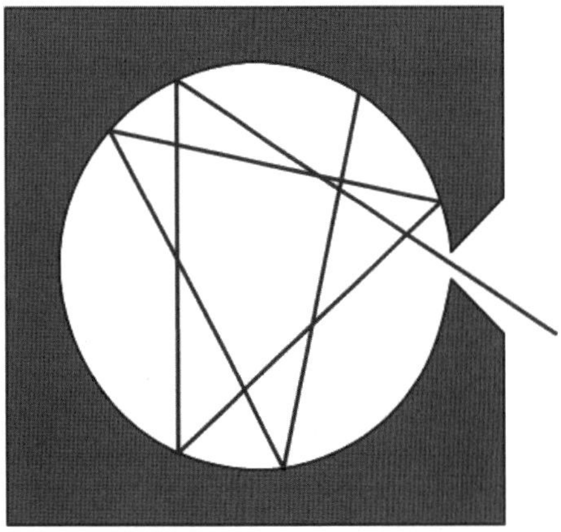

[그림 1] 흑체 복사를 설명하기 위한 검은 상자

빈은 흑체 복사에 대하여 아주 기발한 생각을 하였다. 속이 비어 있는 상자에 아주 작은 구멍을 뚫으면 그 구멍을 통해 들어간 빛이 상자 내부에서 반사되지만, 그 구멍을 통해 다시 밖으로 나올 확률은 매우 적다고 생각하였다.

빈은 [그림 1] 과 같이 매우 작은 구멍이 뚫린 속이 빈 물체를 생각함으로써 실제의 물질 대신에 흑체라는 검은 상자를 이용하여 그의 이론을 실험할 수 있었다. 이 구멍에 도달한 모든 복사는 내부로 들어가서 벽면에 의해 반사를 반복하다가 결국에는 벽면에 흡수된다. 이 공동 (cavity) 벽은 끊임없이 복사를 방출하고 흡수하여 흑체 복사 특성을 지닌다. 주어진 온도에서 흑체 스펙트럼의 흥미로운 점은 파장 λ_{max} 가 있고 그 파장에서 에너지가 가장 크게 나타난다는 점이다. 또한 흑체가 최대 에너지를 방출하는 파장은 표면온도의 제곱에 반비례한다는 법칙이 있다. 즉, 고온인 물체일수록 짧은 파장의 에너지를 방출하고 저온의 물체일수록 파장이 긴 에너지를 방출한다. 일례로서 연료의 연소반응에서 고온인 불꽃은 푸른색 (파장이 짧음) 을 띠고 저온인 불꽃은 붉은색 (파장이 김) 을 띠며, 밤하늘에 보이는 별빛도 푸른색을 띨수록 고온인 별이며 붉은색을 띨수록 저온인 별이라는 사실을 알 수 있다.

Wilhelm Wien (1864-1928)

이 빈의 법칙을 간략히 나타내면 다음 식과 같이 표현할 수 있다.

$$\lambda_{max} T = \frac{hc}{4.965k} = 2.898 \times 10^{-3} m \cdot K \tag{1}$$

이 식을 빈의 변위법칙 (Wien's displacement law) 이라고 한다. [그림 2] 에서처럼 흑체 스펙트럼의 피크는 온도가 올라갈수록 짧은 파장 (높은 진동수) 쪽으로 이동한다.

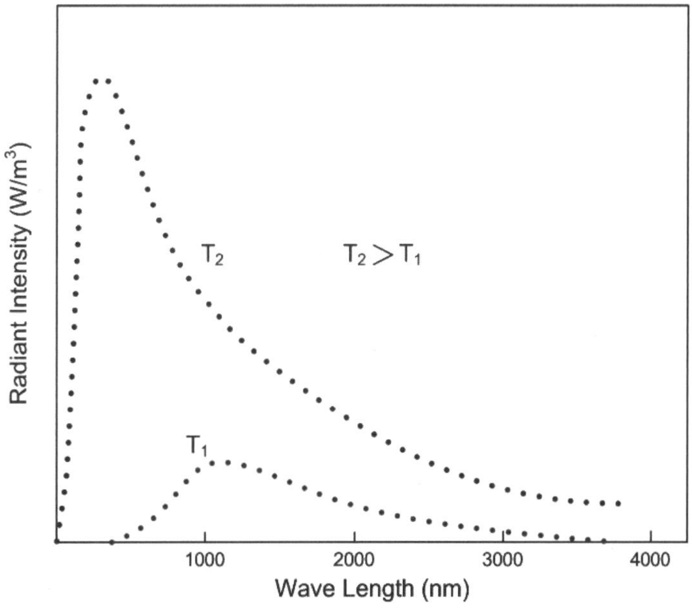

[그림 2] 흑체의 복사능과 파장과의 관계

또한, 빈은 볼츠만 관계식을 확장하여 복사계수가 다음과 같은 형태를 가진다고 증명하였다.

$$R(\lambda, T) = B\lambda^{-5}e^{-b/\lambda T} \tag{2}$$

$$R(\nu, T) = A\nu^3 e^{-g\nu/T} \quad (\nu : \text{진동수}) \tag{3}$$

빈의 실험을 통하여 흑체 역할을 하는 상자의 재료가 무엇이든 상관없이 상자의 온도를 올릴 때 상자의 구멍에서 나오는 빛의 스펙트럼 가운데 파장이 짧은 빛의 영역에서는 빈의 예측이 정확하게 들어맞았다. 그러나 파장이 긴 적외선 영역에서는 빈의 예측이 잘 맞지 않았다.

1.1.2. 레일리-진스 법칙 (Rayleigh-Jeans' law)

John William Strutt Rayleigh
(1842-1919)

장파장 영역에서 정확하지 않은 빈의 법칙을 해결하기 위해 레일리-진스는 장파장 영역을 설명하는 식을 제안하였다. 레일리-진스는 빛이 파동이라는 성질을 이용해, 물결 모양 한개 마다 일정량의 에너지를 갖는다는 가정으로부터 출발하였다. 이를 바탕으로, 흑체의 복사능에 대하여 다음과 같은 레일리-진스의 법칙 (Rayleigh-Jeans law) 에 따른 복사계수가 유도된다.

$$R(\lambda, T) = \frac{2\pi ckT}{\lambda^4} \tag{4}$$

레일리-진스의 고전적 계산에서는 [그림 1] 과 같이 흑체를 온도 T 에서 복사선으로 가득 찬 공동으로 보고, [그림 3] 과 같이 이 공동은 내부의 벽이 완전 반사체여서 수많은 전자기 정상파들이 존재하는 것으로 생각하였다. 이 정상파들은 벽면에서 마디를 가지므로 가능한 파장의 길이를 제한한다. 마치 양 끝이 팽팽히 당겨진 기타 줄에서 소리를 내기 위하여 진동이 생기는 경우처럼, 흑체 내부의 벽 사이에 정상파가 형성되고 유지되기 위한 전제조건은, 벽과 벽사이의 경로 길이가 어떠한 방향이든지 1/2 파장의 정수배, 즉 파동의 마디 (node) 가 각 반사면에서 형성되어야 한다는 것이다. 이 경우, 진동수가 증가하게 되면 파장이 짧아져서 정상파의 개수가 증가하게 된다.

레일리-진스 공식을 이용하여, 고전 전자기론에서는 특정의 주어진 주파수에서 어느 정도의 에너지가 방출되는지를 계산할 수 있다. 이 공식은 파장이 긴 적외선 영역의 빛에 대해서는 잘 설명했지만, 빈이 설명한 가장 강한 빛의 파장을 예측하지 못했고, 짧은 파장의 빛의 분포를 설명하는 데는 실패하였다. 빛의 파장이 짧아지면 상자를 채울 수 있는 물결 모양의 정상파들의 개수가 증가하는데, 그럴수록 더 많은 에너지가 필요하게 된다.

파장이 짧아지는 것은 스펙트럼의 자외선 영역으로 이동함을 의미하는데, 레일리-진스 공식에 의하면 에너지 밀도는 그 파장에 대한 진동수의 제곱으로 급격히 증가한다. 진동수가 무한이 커진다고 가정하면 에너지 밀도도 무한히 커져야 한다. 그러나 실제로는 진동수가 무한대로 커짐에 따라 에너지 밀도 (복사 방출률) 는 0 에 접근한다. 레일리-진스 이론과 실험 결과 사이의 이러한 불일치를 자외선 파탄 (ultraviolet catastrophe) 이라고 부른다.

James Hopwood Jeans (1877-1946)

1.1.3. 플랑크 (Planck) 복사

1900 년 독일의 물리학자 플랑크 (Max Planck) 는 모든 파장에 대하여 실제 관측된 복사계수 (또는 복사능) 대 파장을 나타낸 그래프와 잘 일치하는 식을 만들어냈다. 다음에 나타낸 플랑크의 식은 분자들의 열 진동으로 부터 생기는 복사를 나타낸다.

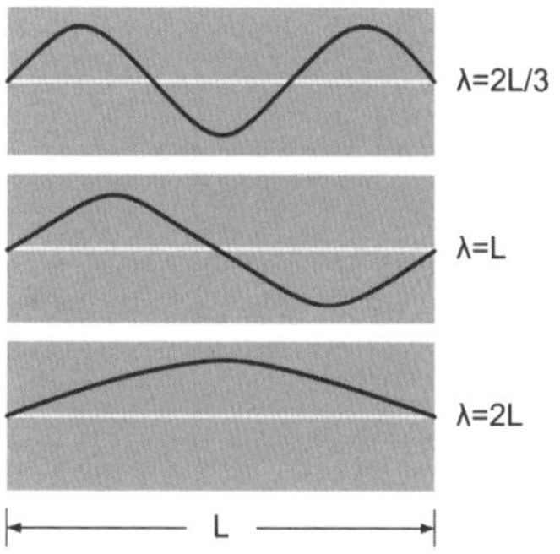

[그림 3] 벽면이 완전 반사체인 공동 내의 전자기 복사의 형태

$$R(\lambda, T) = \frac{2\pi hc^2}{\lambda^5(e^{hc/\lambda kT} - 1)}\mu \tag{5}$$

여기서, k 는 볼츠만 상수 (1.38×10^{-23} J/K) 이고 c 는 빛의 속도이다. 상수 h 는 새로운 상수인데 플랑크는 그의 식이 실험결과와 일치하도록 h 의 값을 정하였다.

플랑크는 "빛의 에너지는 연속적인 값이 아니라, 어떤 단위 값의 정수배인 특정한 값만 갖는다." 는 가정을 세웠다. 즉, 각 빛은 진동수에 비례 (파장에 반비례) 하는 에너지만 주고받을 수 있다고 가정했다. 그는 제안한 가정을 통하여 진동하는 분자의 에너지는 양자화 되어 있으며, 진동수 ν 를 가지는 복사가 단지 기본양자 $h\nu$ 의 정수배로 방출될 수 있다고 제안하였다. 즉, ν 가 분자의 진동수이면 그 에너지는 $h\nu$ 라는 양의 정수배이어야 한다.

Max Planck (1858-1947)

$$E = nh\nu,\ (n = 1,2,3,....) \tag{6}$$

여기서, h 는 플랑크가 도입한 상수이다. 오늘날 h 는 자연계의 기본상수 중 하나로 여겨지며, 플랑크 상수 (Planck's constant) 라 불린다. 그 값은 대략 6.63×10^{-34} J·s 이며, h 값이 이렇게 작기 때문에, 원자나 분자의 세계를

탐구할 때만 양자현상이 보통 명확하게 나타난다. 플랑크는 한 물체로부터의 복사가 왜 $h\nu$ 의 배수로 양자화 되어야 하는지에 대해서는 밝히지 못했다. 그럼에도 불구하고, 플랑크의 가정대로 에너지가 h 의 정수배로 묶여서 전달된다면 파장이 짧을수록 (진동수가 클수록) 많은 에너지가 필요하다는 뜻이 되고 이것은 레일리-진스의 식과 비슷하게 된다. 그런데, 플랑크는 에너지가 클수록 그러한 빛이 존재할 확률은 줄어든다는 가정을 추가했기 때문에 레일리-진스의 식에서 발생했던 파장이 짧아지면 에너지가 무한정 많아지는 모순을 해결할 수 있었다. 이렇게 해서 만들어진 플랑크의 식은 모든 파장의 빛에 대해 잘 맞았다.

[그림 4]에 빈, 레일리-진스, 플랑크 법칙에 의해 제시된 흑체 복사의 에너지 분포를 비교하여 나타내었다.

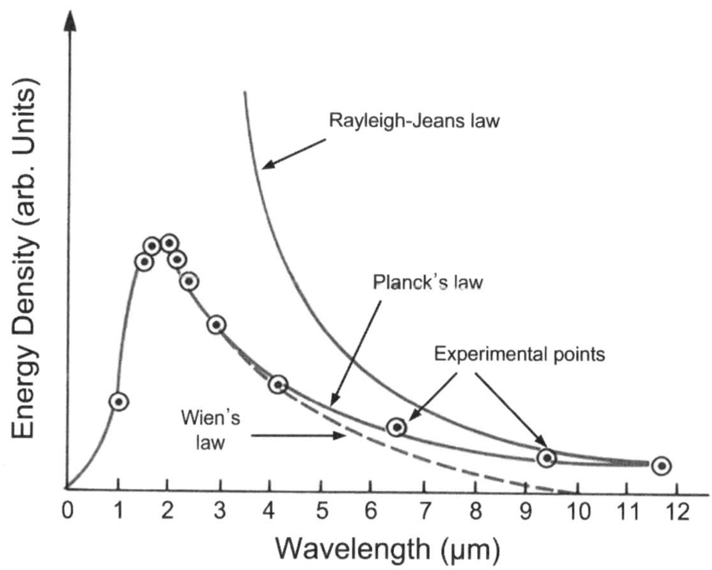

[그림 4] 흑체 복사의 에너지 분포

1.2. 광전 효과

플랑크의 개념들은 아인슈타인 (Einstein, 1905) 에 의해 확장되었으며, 그로 인하여 광전효과라고 하는 중요한 현상이 설명될 수 있었다. 1887 년 헤르츠 (Hertz) 에 의해 발견된 이 효과에서 빛을 금속에 쪼이면 금속 표면에서 전자가 방출되는 것이 발견되었다. [그림 5] 는 광전효과 측정용 실험 장치를 나타낸 것이다. 진공관 내 두 전극에 가변전압을 연결하되, 빛을 쬐는 금속판을 양극으로 한다. 음극에 역전압이 걸려있음에도 불구하고 양극에서 방출된 광전자들 중 일부는 음극에 도달하여 전류가 흐르게 된다. 상대적으로 느린 광전자들은 음극에 도달하지 못하고 반발한다. 전압을 수 볼트 크기인 어떤 값 V_0 까지 증가시키면 광전자들이 음극에 도달하지 못하고 모두 반발하여 외부회로에 흐르는 전류가 없게 된다. 이 외부 회로에 흐르는 전류를 0 이 되게 하는 최소 전압이 광전자 운동 에너지의 최대 값에 대응된다.

Albert Einstein (1879-1955)

현대의 많은 광 탐지 기기의 기초를 이루고 있는 이 과정을 보면 고전 전자기론과 완벽하게 일치하는 것처럼 보인다. 고전물리학에 의하면 광전효과는 입사한 광파 (전자기파) 의 진동하는 전기장 내에서 금속 내부의 전자가 힘을 받기 때문에 일어난다는 것이다. 전자는 광파로부터 계속 에너지를 흡수함에 따라 그 진동 운동의 진폭이 점점 증가하며, 결국 금속으로부터 탈출할 만큼 충분한 에너지를 얻게 된다. 하지만, 파동 내의 에너지는 파동 전체에 걸쳐 퍼져 있기 때문에, 하나의 작은 전자라 하더라도 탈출에 충분한 에너지를 흡수하기 까지는 시간이 걸릴 것이다. 빛의 세기를 증가시키면, 그 광파 내의 전기장이 증가할 것이고 전자는 더욱 짧은 시간 내에 좀 더 큰 에너지를 갖고 배출될 것이다. 입사한 빛의 진동수의 변화는 금속 내의 전자의 거동에 거의 영향을 미치지 않을 것이다.

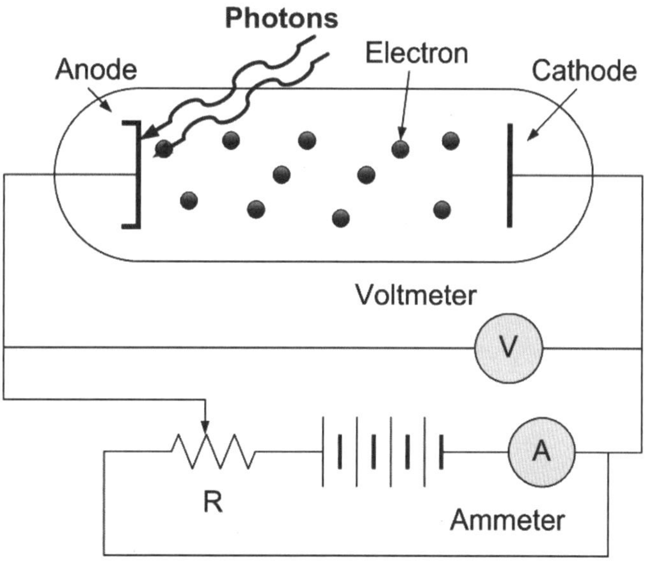

[그림 5] 광전효과 실험을 위한 개략도

전자가 전위차 V 에 역으로 움직이게 되면 eV 의 위치에너지 (potential energy) 변화가 발생한다. 양극에 음의 전압 V_0 를 인가하면 전자는 양극에 도달하기 위해 일을 해야 하고 이 일은 음극으로부터 방출된 후 운동 에너지로부터 주어진다. 전류 생성을 억제시킬 수 있는 음의 전압을 양극에 인가하면 이때 전자가 얻게 되는 위치 에너지는 전자가 잃게 되는 운동 에너지와 같아진다. 이를 수식적으로 나타낼 수 있으며, 이 관계로부터 방출된 전자의 최대 운동에너지 KE_m 을 간단히 측정 할 수 있다.

$$eV_0 = \frac{1}{2}m_e v^2 = KE_m \tag{7}$$

여기서, v 는 전자의 속도이고 KE_m 은 전자가 빛에 의해 방출된 후 갖게 되는 운동에너지이다.

[그림 6] 은 광전효과 실험에서 동일한 진동수의 빛을 두 가지 다른 세기로 조사하면서 측정한 결과를 나타낸 것이다. 방출된 전자의 운동에너지는 빛의 세기와 무관하므로, 빛의 주파수가 일정할 때 빛의 세기를 증가시켜도 전류를 상쇄시키는 전압 V_0 는 변하지 않는다. 그러나 [그림 6 (a)] 에 나와 있는 것처럼 빛의 세기를 증가시키면 포화 전류 값은 증가한다.

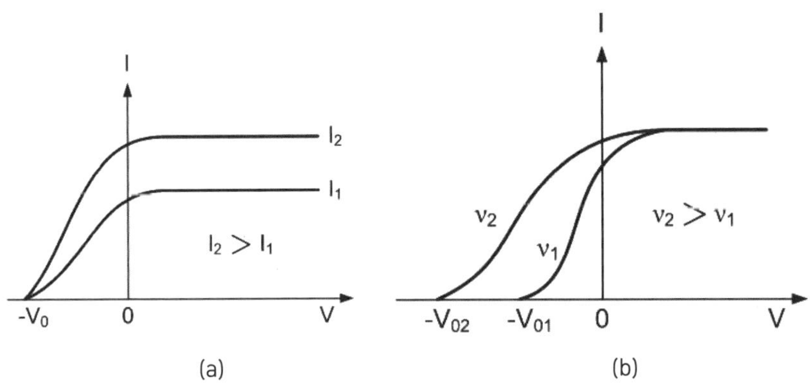

[그림 6] 광전 실험 결과 : (a) 음극에 같은 파장, 다른 세기의 빛을 비출 때의 광전 전류와 전압관계,
(b) 빛의 주파수가 다른 경우의 방출전자의 최대 에너지

저지 퍼텐셜을 의미하는 V_0 는 방출전자의 최대 에너지의 척도인데, 고전적 예측에서와는 다르게 빛의 세기와 무관함을 알 수 있었으나, 빛의 주파수가 다른 경우에는 [그림 6 (b)] 에서처럼 방출전자의 최대 에너지는 다르게 나타나는 것을 확인할 수 있었다. 따라서 입사광의 진동수를 변화시켜가면서 측정한 결과를 정리하면 다음의 세 가지 사실에서 고전 물리학의 예측과 일치하지 않는 것을 볼 수 있다.

(1) 전류는 아무리 희미한 빛이 입사하더라도 즉시 흐른다. 전자가 바로 배출된다는 것을 의미한다.
(2) 저지 퍼텐셜 V_0 에 의하여 구해진 전자의 최대 운동에너지는 빛의 세기와는 무관하다.
(3) 어떤 특정 차단 진동수 이하에서는 빛이 아무리 강하더라도 전자가 전혀 방출되지 않는다. 이 차단 진동수 이상의 빛이 입사할 경우 방출된 전자의 최대 에너지는 빛의 진

동수에 비례하여 증가한다.

특수 상대성 이론을 만들어냈던 아인슈타인은 광전효과의 설명을 제안하였다. 그는 전자기파의 에너지는 파동 전체에 걸쳐 퍼져 있지 않으며 광자 (photon) 또는 광량자 (light quantum) 들이라는 "다발"들에 집중되어 있다고 주장하였다. 아인슈타인은 플랑크가 이미 분자진동에 대해 제안했던 에너지 양자화 조건을 광자에 적용하여 진동수가 ν 인 빛의 광자는 $h\nu$ 의 에너지를 갖는다고 주장하였다.

$$E = h\nu \tag{8}$$

여기서 h 는 플랑크 상수이다. 빛이 강하다는 것은 많은 광자가 방출되는 것을 의미한다. 하지만 방출된 광자의 에너지는 빛의 세기와 무관하다.

[표 1] 몇 가지 금속의 일함수, ϕ

명칭 (원자기호)	일함수, ϕ (eV)
은 (Ag)	4.26
알루미늄 (Al)	4.28
세슘 (Cs)	2.14
구리 (Cu)	4.65
칼륨 (K)	2.30
나트륨 (Na)	2.75
니켈 (Ni)	5.15
실리콘 (Si)	4.85

아인슈타인은 각각의 물질마다 전자를 방출하기 위해 필요한 최소 에너지가 존재한다고 주장하였다. 이 최소 에너지를 일함수 ϕ 라고 부르며, [표 1] 에 몇 가지 물질들에 대한 일함수를 나타내었다. 진동수가 ν 인 빛의 광자는 에너지가 $h\nu$ 이기 때문에, 진동수가 낮은 빛의 광자는 일함수에 비해 작은 에너지를 가질 수 있으며 따라서 얼마나 많은 광자가 있느냐에 관계없이 전자를 방출하는 것이 불가능하다. 다음 식에 나타내었듯이, 차단 진동수에서 광자의 에너지는 일함수와 같아지고 비로소 광자는 전자를 방출시키기에 충분한 에너지를 가지게 되는 것이다.

$$h\nu_0 = \phi \tag{9}$$

진동수가 더욱 증가함에 따라, 방출된 전자의 운동에너지의 최대값은 광자 에너지와 일함수 사이의 차가 된다. 전자의 최대 운동 에너지는 광자의 에너지 즉, 빛의 진동수에만 관계되며 빛의 세기와는 무관하다는 것을 알 수 있다.

$$KE_{\max} = h\nu - \phi \qquad (10)$$

여기서 h 는 직선의 기울기로서 전극물질에 상관없이 동일하며, ϕ 는 전극물질에 따라 달라진다. [그림 7] 은 식 (10) 의 광전효과에 대한 실험적 결과들을 간단한 형태로 나타낸 것이다.

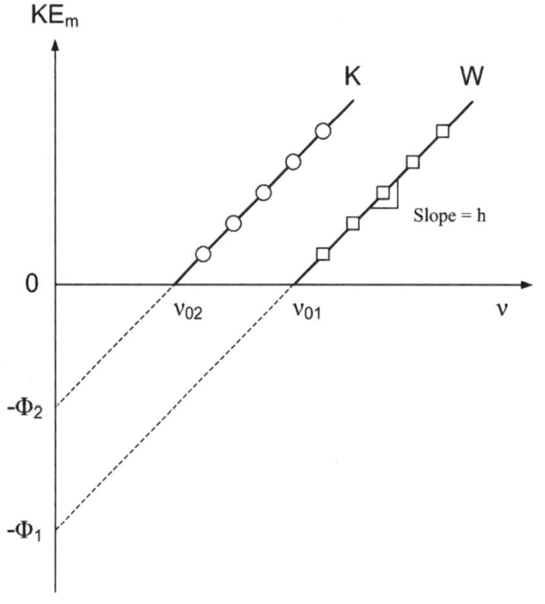

[그림 7] 광전 실험에서 빛의 주파수 및 음극 물질 변화에 따른 영향

한편 한 개의 광자와 전자가 충돌할 때 광자의 에너지는 전자로 전달되므로 전체 광자는 결국 전자에 의해 흡수된다. [그림 8] 에 나타낸 광전 실험에 사용된 간단한 구조에서, 진공의 전자 위치 에너지 보다 금속 내의 위치 에너지가 일함수 ϕ 만큼 낮은 것을 볼 수 있다. 따라서 전자는 낮은 위치 에너지를 가지는 금속 내에 머무르게 된다. 이러한 낮은 위치 에너지는 전자와 양으로 대전된 금속 이온들 사이의 쿨롱 (Coulomb) 인력에 의해 발생한다. 따라서 광자의 에너지 가운데 일부는 전자가 이러한 위치 에너지 장벽을 뛰어 넘기 위해 사용하게 되므로, 식 (10) 에 나타낸 것과 같이 방출된 전자의 에너지는 광자의 에너지에서 일함수 부분을 제외한 크기를 가지게 된다. 이때 빛에 의한 전자의 방출은 광자의 에너지가 일함수보다 클 때만 발생한다. 광전류가 흐르기 위해서는 광자의 주파수가 임계 주파수 ν_0 이상이어야 하며, 이는 실험적으로 증명되었다. 광자의 주파수 ν 가 금속의 임계 주파수 ν_0 보다 작다면 아주 강한 빛을 쪼여도 방출되는 전자가 없으므로 [그림 7] 에 나타낸 것과 같이 광전류는 흐르지 않는다.

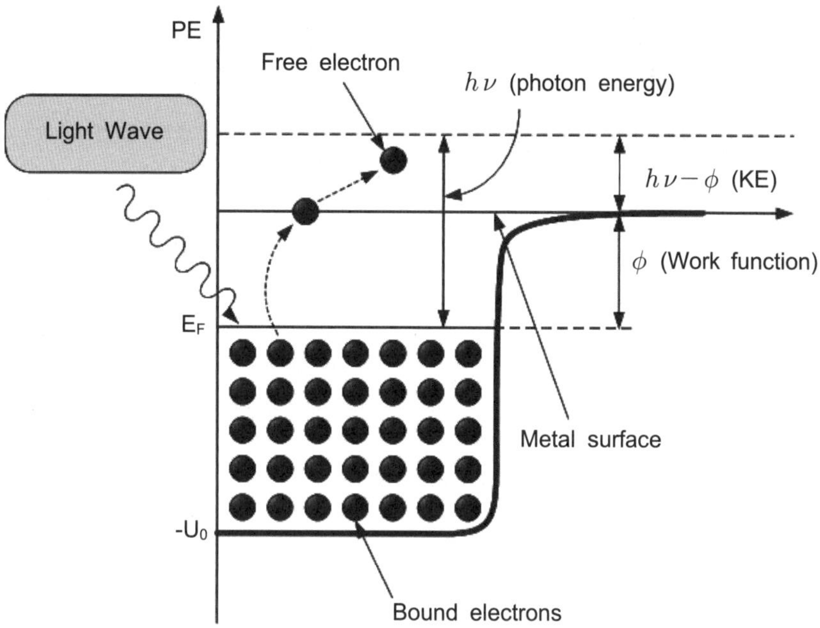

[그림 8] 광전 실험에 사용된 금속과 진공 상태의 위치에너지 (potential energy) 관계

2. 원자 구조

물질을 구성하는 궁극적인 최소의 입자 즉, 원자에 대한 개념은 2000년 전 그리스 철학자들에 의해 최초로 제기되었다. 이후, 19세기 초 영국의 과학자인 돌턴 (John Dolton) 이 배수비례의 법칙을 이용하여 더 과학적이고 체계적인 원자론을 제시하였다. 그러나 그 당시에도 여전히 원자 모양이나 구성에 대해서는 알려진 바가 거의 없었다. 이에 대한 최초의 해답은 영국의 물리학자인 톰슨 (J. J. Thomson) 에 의해 제시되었다.

2.1. 전자의 발견과 톰슨의 원자모형

톰슨 (1897) 은 일련의 실험을 통하여 음극선이 음전하를 가진 입자의 흐름 즉, 전자라는 사실을 발견하였다. 톰슨이 음극선 실험에 사용한 장치의 개략도를 [그림 9] 에 나타내었다. 이것은 CRT (cathode-ray tube) 라고 부르는 TV 화상 관 (picture tube) 과 많은 면에서 유사하다. 음극과 양극 사이에 큰 전위차가 인가되면 기체 원자의 일부가 이온화되고 전기 방전이 일어난다. 이온화에 의하여 양으로 대전된 이온과 음으로 대전된 전자가 생성된다. 음극 (C) 에 충돌하는 양이온들이 전자를 방출하게 하고, 전자는 양극 (A) 으로 가속된다. 전자들의 일부는 양극에 형성되어 있는 구멍을 통과하여 관의 끝으로 이동한다. 이때 전자들의 흐름을 음극선이라고 한다. 음극-양극 전압에 의해 제어될 수 있는 음극선의 속도 v

Joseph John Thomson
(1856-1940)

는 일정하다고 가정된다. 음극선은 수직 전계를 발생시키는 가변 직류 전압과 연결된 두개의 편향판 사이를 이동한다. 관에 걸쳐있는 코일들은 동일 영역을 가로질러 제어가 가능한 수평 자계를 발생시킨다. 톰슨은 전기장과 자기장을 적용시켜 음극선의 속도를 측정하였다. 전계와 자계 안에서 전자가 받는 힘은 로렌츠 힘으로 다음과 같이 나타낼 수 있다.

$$F = -e(E + v \times B) \tag{11}$$

음극선은 전하 e 와 질량 m_e 을 가지면서, 전기장이나 자기장에 의해 수직면으로 굴절될 수 있는 개별적인 입자들의 흐름으로 구성되어 있다고 가정한다.

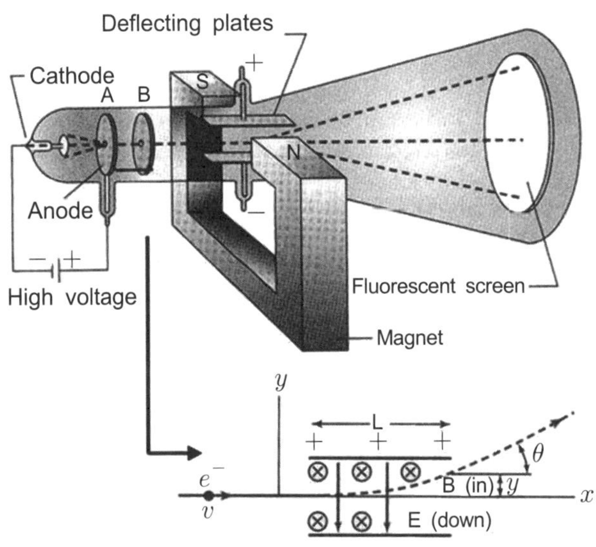

[그림 9] 톰슨의 음극선 관

첫 번째 단계는 속도 v 를 결정하는 것이다. 먼저 전기장 E 만 사용하여 전자의 편향을 측정하고 다음에는 전기장 E 와 가로축 자기장 B 를 인가하여 자기 편향이 이전의 전기 편향과 같을 때까지 자기장 B 를 조정한다. 음극선의 중력효과는 무시되며, 굴절되지 않은 상태로 진행한다. 이러한 조건에서 $E = v \times B$ 또는 v 와 B 가 수직이므로 다음과 같은 식을 만족한다.

$$v = \frac{E}{B} \tag{12}$$

이후 자기장이 끊기면 음극선은 남아있는 전기장에 의해 굴절된다. 음극선 입자들은 쿨롱력 (Coulomb force, eE) 을 받게 되며, 뉴턴의 제 2 법칙에 의해 eE/M_e 의 가속도를 가지고 위쪽 방향으로 가속된다. 수평속도 v 는 일정하므로, 횡단시간은 $L/v = L/(E/B)$ 이다. 판들을 통과해 지나가는 과정에서 각 입자가 이동하는 거리 (y) 를 구해보면 다음과 같다.

$$y = \frac{1}{2}at^2 = \frac{1}{2}\left(\frac{eE}{m_e}\right)\left(\frac{LB}{E}\right)^2 \tag{13}$$

편향판의 전압으로부터 전계 E 를, 코일 전류로부터 자계 B 를 이미 알고 있기 때문에, 알려지지 않은 것은 e/M_e 뿐이며, 이는 다음의 식으로 나타낼 수 있다.

$$\frac{e}{m_e} = \frac{2yE}{L^2B^2} \tag{14}$$

식 (14) 에서 얻은 전자의 e/M_e 값이 가장 가벼운 수소의 e/M_e 값 보다 약 2000 배 정도 작았다. 톰슨은 전자에 대한 e/m_e 값이 작은 것은 전자의 질량이 작기 때문이라고 제안하였다. 톰슨은 이를 바탕으로 1904 년에 건포도 푸딩 모델 (plum pudding model) 이라고 불리는 원자모형을 발표하였다. 이 모형은 [그림 10] 에서 보듯이, 건포도 빵에 건포도가 박혀있는 것처럼 양전하로 균일하게 대전된 구의 속에 전자가 박혀있다고 가정한 것이다. 양전하의 성질은 알려지지 않았지만, 전자의 질량이 작기 때문에 양전하가 무엇이든지 원자질량의 대부분을 양전하가 차지해야 한다는 것을 암시하였다. 그러나 그의 원자모형은 곧 러더포드에 의한 새로운 원자모형으로 대체되었다.

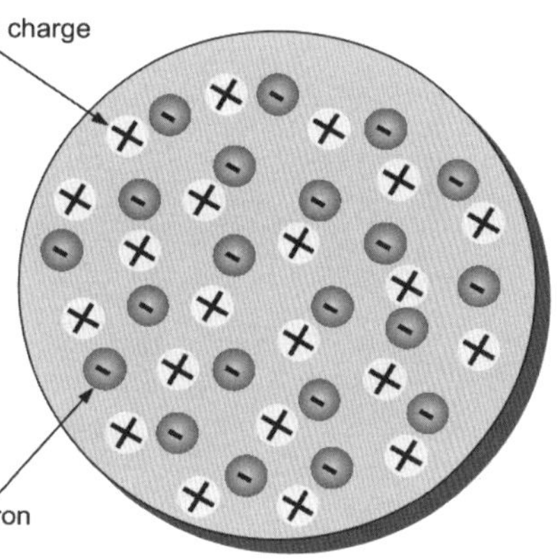

[그림 10] 톰슨의 원자 모형

2.2. α선 산란 실험과 러더퍼드의 원자모형

영국 캐번디시 연구소에서 톰슨의 지도로 방사선에 관한 연구를 진행한 바 있는 러더퍼드 (Rutherford) 는 원자의 내부 구조를 밝히기 위하여 알파 입자를 탐침으로 선택하여 얇은 금박에 쪼여주는 실험을 진행하였다. 이미 1907 년에 러더퍼드는 전기장에 의한 편향 실험에서 알파 입자가 이온화된 헬륨 원자 (또는 헬륨 원자핵) 라는 것을 발견하였다. 만약 알파 입자를 금박과 같이 얇은 원자 층을 향해 쪼여주면 대부분의 입자는 조금 산란되어 거의 직선으로 통과할 것이다. 알파 입자가 원자를 통과하여 지나갈 때 입자의 산란은 원자 내부의 핵과 주변의 전자들이 이루는 전기장에 의해 일어날 것으로 예상되었다. 이것은 톰슨의 원자 모형과 부합되는 것이었다. 러더퍼드가 사용한 실험장치의 개략도를 [그림

Ernest Rutherford
(1871-1937)

11] 에 나타내었다. 러더퍼드는 예상한 바와 다르게 일부 알파 입자들이 90° 또는 그 이상의 매우 큰 각도로 산란되는 것을 발견하였다. 톰슨 원자 모형에서는 한 번의 충돌에 의해 이와 같은 큰 산란이 일어날 수 없기 때문에, 톰슨 모형을 채택하고자 하는 경우에는 작은 산란이 많이 발생하여 큰 산란으로 이어진다고 설명해야 한다. 그러나 다중 산란의 확률은 너무 작아 실험 결과를 설명할 수 없었다. 이를 설명하기 위해 러더퍼드는 원자 속의 전기장이 톰슨 모형에서 예측된 것보다 훨씬 커서, 한번 충돌에 의해서도 큰 산란을 일으킬 수 있어야 한다고 생각했다. 큰 전기장이 존재하기 위해서는 작고 질량이 큰 핵에 양전하가 집중되어 있어야 한다.

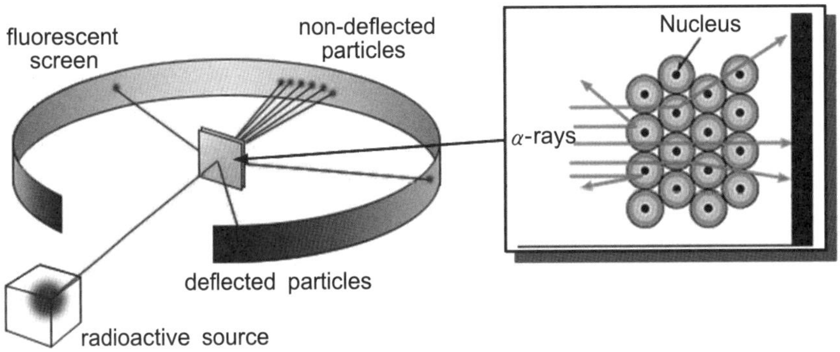

[그림 11] 러더퍼드 실험 장치의 개략도

러더퍼드는 이를 이용하여 새로운 원자 모형을 제안하였다. 러더퍼드 모형에 따르면 얇은 금속 박막을 통과하는 대부분의 알파 입자들은 핵에 근접하지 않은 경로를 지나가고, 원자 내 전자의 질량이 알파 입자보다 훨씬 가볍기 때문에 큰 산란은 발생하지 않는다. 그러나 일부 입자들은 핵 근처를 지나게 되면서 큰 각도로 산란하게 된다. 러더퍼드는 핵에 의한 쿨롱 전기장에서 알파 입자의 궤도를 계산할 수 있었고, 각도에 따른 산란된 입자 수를 예측할 수 있었다.

러더퍼드는 알파 입자의 산란 실험을 통하여 원자에서 전자를 제외한 나머지 실체가 핵이라는 것을 알아내었다. 그러나 서로 반대되는 전기적 상태를 가지는 물체가 인력에 의해 서로 당겨진다는 기본적인 상식에서는 양전하를 띤 핵과 음전하를 띤 전자가 어떻게 안정한 상태로 일정 거리를 유지하면서 원자를 이루고 있는지에 대한 이유는 알아내지 못하였다. 러더퍼드는 반대 전기를 띤 핵과 전자가 안정하게 존재하기 위해서는 태양 주위를 공전하는 행성들처럼 전자가 핵 주위를 공전하는 원자모형을 제안하였으며, 이를 러더퍼드의 행성 모형이라고도 한다.

러더퍼드의 원자모형은 현재의 원자의 모양과 상당히 유사하지만, [그림 12] 에 나타내었듯이 단점이 있다.

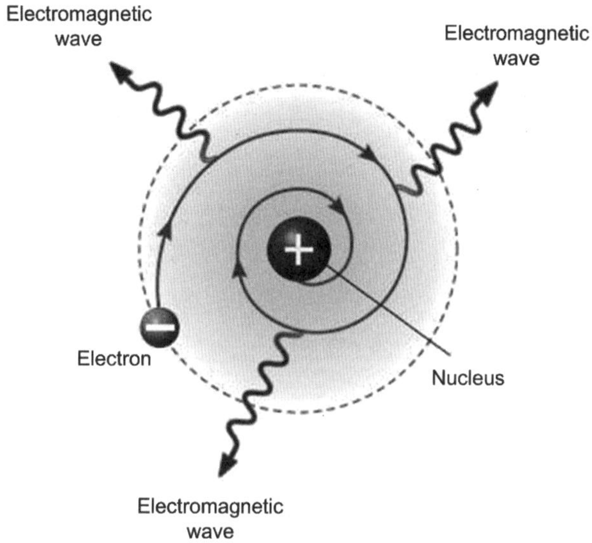

[그림 12] 러더퍼드 원자모형의 문제점

전자기 이론에 의하면, 하전된 입자 (전자) 가 핵을 중심으로 원 궤도를 돌며 가속운동을 할 때 전자기파 (빛) 를 방출하게 되어 전자는 지속적으로 에너지를 잃어버려야 한다. 전자는 궤도 운동의 결과로 에너지를 잃어버리게 되어 나선 모양으로 핵에 접근하게 되고 결과적으로 핵과 충돌하게 된다. 즉 원 궤도 운동을 하던 전자가 핵과 결합하게 되면 소멸하게 되므로 원자의 수명은 제한적일 수밖에 없다. 러더퍼드의 원자 모형이 옳다면 원자는 전혀 안정된 상태로 존재할 수 없게 된다.

이는 1913 년 양자론을 도입한 보어 (Niels Bohr) 의 설명에 의해 해결되었다. 보어에 의한 새로운 원자모형은 다음 절에서 상세히 논의될 것이다.

2.3. 보어의 원자모형

Niels Bohr (1885-1962)

1913 년 보어 (Niels Bohr) 는 러더포드의 원자모델에 양자론을 도입하여 수소원자의 모형을 구성하였다. 보어는 이러한 원자모형을 전개시키기 위하여 다음과 같은 가정을 하였다.

(1) 전자는 원자 핵 주위의 어떠한 안정된 원형궤도에 존재한다. 보어는 이 안정된 원형 궤도를 정상 궤도 또는 정상 상태라고 하였다. 정상 상태에서는 고전 전자기론에서의 보통 각 가속도를 받는 전하에 대하여 발생하는 것과 같은 복사가

궤도 전자로 부터 방출되지 않는다는 것을 의미한다. 복사 방출이 존재하게 되면 전자는 그 정상 궤도에서 안정하게 존재할 수 없으며, 복사 형태로 에너지를 잃게 되어 원자핵으로 선회하여 들어갈 것이다.

(2) 전자는 보다 높거나 낮은 에너지 상태로 천이할 수 있으며, 이때 $h\nu$ 의 에너지를 가지는 광자로 전자기파 에너지를 흡수 또는 방출하게 된다.

(3) 핵과 전자로 이루어져 있는 계에서 핵 주위를 돌고 있는 모든 궤도의 전자들은 p_θ 의 각운동량을 가지며, 그 각운동량은 $h/2\pi$ 의 정수배이다.

$$p_\theta = n\hbar \ , \ \mathrm{n} = 1, \ 2, \ 3, \ 4, \ .... \tag{15}$$

보어의 원자모델은 [그림 13] 에서 보듯이, 수소원자의 양성자 (proton) 주위를 반지름 r 만큼 떨어진 안정한 궤도에 있는 전자가 원운동을 하는 것으로 가정한 것이다. 전하 사이의 쿨롱력은 원운동에서의 원심력과 같다고 할 수 있다.

$$\frac{q^2}{4\pi\epsilon_0 r^2} = \frac{mv^2}{r} \tag{16}$$

여기서, ϵ_0 는 진공중의 유전율이고, m 은 전자의 질량, v 는 전자의 속도이다.

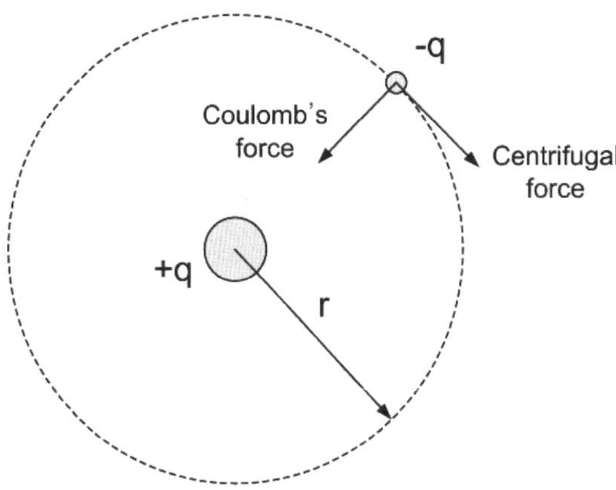

[그림 13] 양성자 주위에서 반지름 r 만큼 떨어진 안정한 궤도에 있는 전자 모형도

보어의 3 번째 가정, 즉 식 (15) 를 이용하면 각운동량은 다음과 같은 관계로 나타낼 수 있다.

$$p_\theta = mvr = n\hbar \tag{17}$$

식 (17) 을 정리하면 다음과 같은 식으로 표현할 수 있다.

$$m^2v^2 = \frac{n^2\hbar^2}{r_n^2} \tag{18}$$

식 (18) 을 (16) 에 대입하여 정리하면, n 번째 궤도의 반지름은 다음과 같이 나타낼 수 있다.

$$\frac{q^2}{4\pi\varepsilon_0 r_n^2} = \frac{1}{mr_n} \cdot \frac{n^2\hbar^2}{r_n^2} \tag{19}$$

$$r_n = \frac{4\pi\varepsilon_0 n^2\hbar^2}{mq^2} = a_B n^2 \tag{20}$$

여기서, a_B 는 보어 반경 (Bohr radius) 이라고 불리며, 0.0529 nm 의 값을 가진다.

그러므로, n 값에 따라 허용되는 궤도 반경은 a_B 의 1 배, 4 배, 9 배... 등이 됨을 알 수 있다. 궤도 사이에서의 천이에 따른 에너지 변화는 궤도상에 있는 전자의 총 에너지에 대한 식을 통하여 계산할 수 있다. 전자의 운동 에너지 $K = \frac{1}{2}mv^2$ 이고, 전자가 양성자로부터 멀리 떨어져 있는 경우 ($r \approx \infty$) 의 위치 에너지는 $U = 0$ 로 정의된다.

양성자의 영향 하에 있는 전자의 위치 에너지는 다음 식과 같이 나타낼 수 있다.

$$U = -\frac{q^2}{4\pi\varepsilon_0 r} \tag{21}$$

전자의 운동 에너지는 식 (16) 을 이용하여 정리하면 다음 식과 같이 나타낼 수 있다.

$$K = -\frac{1}{2}U \tag{22}$$

따라서, 전자가 갖는 전체 에너지 E 는 다음 식과 같이 표현된다.

$$E = K + U = \frac{1}{2}U = -\frac{q^2}{8\pi\varepsilon_0 r} \tag{23}$$

전자는 양성자에 속박되어 있으므로, 전자가 무한대로 멀어질 수 없기 때문에 전체 에너지는 음(-) 의 값을 나타낸다. 전자 궤도의 n 번째 반경은 식 (20) 에 이미 유도해 놓았기 때문에 이를 이용하면 n 번째 궤도에 있는 전자의 전체 에너지 E_n 은 쉽게 구할 수 있다.

$$E_n = -\frac{q^2}{8\pi\varepsilon_0 a_B}\frac{1}{n^2} = -13.6\frac{1}{n^2}[\mathrm{eV}] \qquad (\mathrm{n} = 1,2,3.....) \tag{24}$$

식 (24) 에서 보듯이, 수소 원자의 에너지들은 양자화 되어 있고, 각각의 허용되는 에너지를 에너지 준위 (energy level) 라고 한다. 수소 원자의 에너지 준위를 [그림 13] 에 나타내었다. [그림 14] 에서 보듯이, 전자가 가장 낮은 상태인 n = 1 에 있을 때를 기저상태 (ground state) 라고 하고, n 〉 1 인 경우를 여기상태 (exited state) 라고 한다. 만약, 전자가 여기상태 m (m 〉 1) 에 있다면, 광 에너지 $E_m - E_n$ 를 방출하면서 낮은 상태 n (m 〉 n)

로 천이할 수 있다.

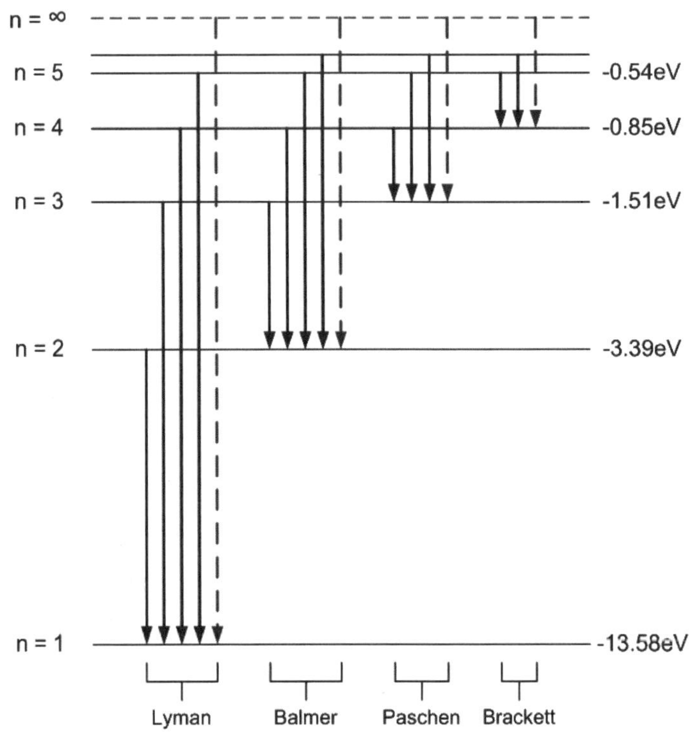

[그림 14] 수소원자의 에너지 준위

수소원자의 스펙트럼은 [그림 14] 에 나타내었듯이, 리만 (Lyman), 발머 (Balmer), 파셴 (Paschen), 브라켓 (Brackett) 계열로 분류될 수 있다.

$$\text{Lyman: } E_n - E_1 = 13.6\left(\frac{1}{1^2} - \frac{1}{n^2}\right) \qquad n = 2,\ 3,\ 4,\ .... \tag{25}$$

$$\text{Balmer: } E_n - E_2 = 13.6\left(\frac{1}{2^2} - \frac{1}{n^2}\right) \qquad n = 3,\ 4,\ 5,\ .... \tag{26}$$

$$\text{Paschen: } E_n - E_3 = 13.6\left(\frac{1}{3^2} - \frac{1}{n^2}\right) \qquad n = 4,\ 5,\ 6,\ .... \tag{27}$$

$$\text{Brackett: } E_n - E_4 = 13.6\left(\frac{1}{4^2} - \frac{1}{n^2}\right) \qquad n = 5,\ 6,\ 7,\ .... \tag{28}$$

각 에너지는 스펙트럼에 나타난 다른 광자의 에너지들의 합 또는 차를 취하면 얻어진다. 예를 들면, 발머 계열에서 E_{42} 는 리만 계열에서의 E_{41} 과 E_{21} 사차가 된다. 선 스펙트럼에서 이와 같은 관계를 리츠의 결합원칙 (Ritz combination principle) 이라고 한다.

3. 양자 역학

3.1. 드브로이 물질파

Louis de Broglie
(1892-1987)

1924 년 드브로이 (de Broglie) 는 물질파의 존재를 제안하였다. 파동이 입자와 같은 거동을 보이므로 입자도 파동과 같은 성질을 보일 것으로 예측되어야 한다고 주장하였다. 드브로이의 가설은 파동과 입자의 이중성을 내포하고 있다. 진동수 ν 인 광자의 운동량은 $\lambda\nu = c$ 의 관계를 이용하여 다음과 같이 주어진다.

$$p = \frac{h\nu}{c} = \frac{h}{\lambda} \tag{29}$$

여기서, λ 는 광파의 파장을 의미하므로 드브로이는 입자의 파장을 다음과 같이 나타내었다.

$$\lambda = \frac{h}{p} \tag{30}$$

여기서, p 는 입자의 운동량이며 λ 는 물질파의 드브로이 파장 (de Broglie wavelength) 이고 알려졌다. 한편 위의 드브로이 파장은 광파를 입자로 고려하였을 경우인 반면, 질량 m 과 속도 v 를 가지는 입자의 경우를 고려하면, 운동량이 $p = mv$ 이므로 이 입자의 드브로이 파장은 다음과 같이 나타낼 수 있다.

$$\lambda = \frac{h}{mv} \tag{31}$$

입자의 운동량이 커질수록 파장은 짧아진다. 위 식에서 m 은 상대론적 질량을 의미하며 다음과 같이 표현된다.

$$m = \frac{m_0}{\sqrt{1 - v^2/c^2}} \tag{32}$$

당시 드브로이가 제안한 물질파에 대해 알려진 실험적 증거는 없었다. 그러나 전자파동이 원자에너지 준위의 양자화를 설명할 수 있는 방법이라고 생각되었다. 드브로이 관계식을 받아들이면 전자 에너지 E 의 양자화는 전자파동의 진동수의 양자화와 동일하다. 어떤 영역에 한정된 파동이 띄엄띄엄 존재하고, 양자화 된 진동수로만 진동할 수 있다는 것은 고전 물리학으로부터 잘 알려진 사실이며, 원자 에너지 준위의 양자화가 원자 내부에 국한된 전자파동의 양자화로 설명될 수 있음을 의미하는 것이다.

드브로이는 전자가 E (= $h\nu$) 와 p (= h/λ) 의 관계를 만족하는 종류의 파동이라면, 수소 원자 내의 전자의 각운동량은 보어 모형에서 요구하는 것과 같이 ħ 의 배수로 양자화되어야 한다고 주장하였다. 드브로이는 전자파동이 [그림 15] 에 나타낸 것과 같이 보어 궤도를 진동하면서 회전한다고 생각하였다.

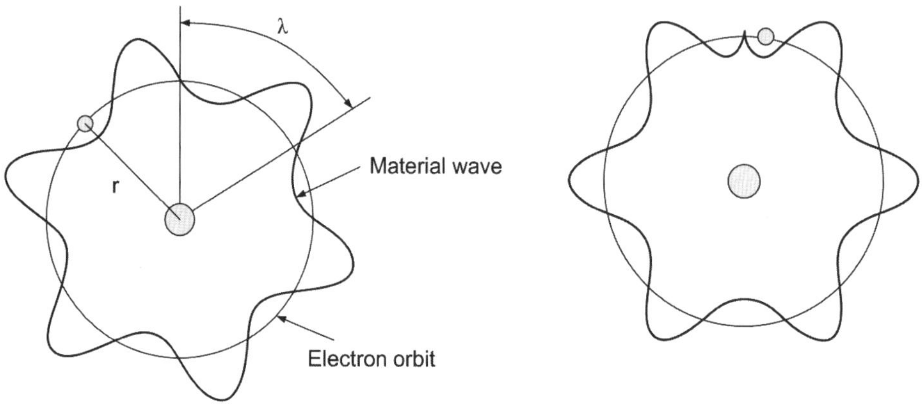

(a) 2π=6λ　　　　(b) 2π=6.5λ

[그림 15] 전자의 파동이 원자 핵 수위를 회전한다고 가정한 경우의 전자파동의 궤도

파동을 원형 궤도에 맞추어 넣기 위해서는 둘레가 파장의 정수배로 되어야 한다는 것은 분명하다.

$$2\pi r = n\lambda, \ n = 1, 2, 3, ... \tag{33}$$

여기서, λ 는 h/p 이다. 그러므로 이 식은 $2\pi r = nh/p$ 가 되며 다음과 같이 정리된다.

$$rp = \frac{nh}{2\pi} (\hbar = h/2\pi) \tag{34}$$

이것을 원형궤도에 대하여 고려하면, rp 는 각운동량 L 을 의미하며 다음과 같이 표현할 수 있다.

$$L = \frac{nh}{2\pi} = h\hbar \quad n = 1, 2, 3, ... \tag{35}$$

이 관계를 보어의 양자화 조건이라 한다.

3.2. 불확정성의 원리

고전 물리학에서는 원칙적으로 어떤 입자의 위치와 속도를 정확하게 알 수 있고, 그에 따라 그 입자의 미래의 행동을 예측할 수 있다. 하지만 양자역학에서는 고전 물리학의 경우와는 반대이다. 1927년 독일 물리학자 하이젠베르그 (Heisenberg) 는 한 쌍의 물리량들이 임의의 정확도로 동시에 정확하게 측정되는 것이 불가능하다는 불확정성 원리 (uncertainty principle) 를 발표하였다. 원자규모의 각각의 입자를 포함하는 경우에는 절대적인 정밀성을 가지고 입자에 대하여 기술하는 것은 불가능하다. 그 대신 전자와 같은 입자의 위치, 운동량, 에너지의 평균값 (또는 기대값) 에 대하여 논의하여야 한다. 그러나 양자 계산에서 나타난 불확실성은 그 이론의 단점에 의해서 발생하는 것이 아니라는 것에 유의하여야 한다. 이 이론에서 중요한 것은 원자와 전자가 관여하는 경우의 확률적인 성질을 기술하고 있는 것이다. 전자의 위치나 운동량과 같은 양은 특정한 불확실성으로부터 벗어나서 존재하지 않는다. 이 본질적인 불확실성의 크기는 하이젠베르그의 불확실성 원리로 기술된다.

Werner Karl Heisenberg
(1901-1976)

한 입자의 위치와 운동량의 측정에서, 두 가지 측정된 양에서의 불확실성은 다음 식과 같은 관계를 가진다. 마찬가지로, 에너지 측정에서의 불확실성은 그 측정이 이루어지는 시간에 관한 불확실성에 대해서도 비슷한 관계를 가진다.

$$(\Delta x)(\Delta p_x) \geqq \hbar \tag{36}$$

$$(\Delta E)(\Delta t) \geqq \hbar \tag{37}$$

이 부등식에서 우변은 근사적인 값을 의미한다. 중요한 사실은 윗 식에서 두 항목의 곱은 대략 h 정도인 크기의 값보다 더 커질 수 없다는 것이다. 이 불확정도의 절대 최소값은 ħ/2 이며 이 경우는 입자의 드브로이 (de Broglie) 파동의 파형이 어떤 특정한 형태를 가질 경우에만 나타난다.

불확정성 원리에 의하면, 위치와 운동량이 하나의 쌍을 이루며 한 입자의 위치를 Δx 내에서 측정하고, 동시에 그 운동량을 다음 식에서 주어지는 Δp 보다 더 정확하게 결정하는 것은 불가능하다. 이러한 제약이 발생하는 이유는 양자화 때문이다. 하나의 물리계에서 어떤 성질을 측정하기 위해서는 그 계와의 상호작용을 필요로 한다. 이러한 상호작용에는 에너지가 관련되어 있고 그 상호작용 에너지가 미세하게 계를 교란시킨다. 이런 교란에 의해, 측정을 통해 알아낸 결과 값은 아주 정확한 값이 아니다. 고전 물리학에서는 에너지를 얼마든지 작게 만들 수 있으며, 이것은 이러한 교란을 원하는 대로 작게 만들 수 있다는 것을 의미한다. 그러나 양자론에서 최소 에너지는 빛의 광자와 같은 단일 양자에 해당하는 것이며 이 교란을 임의로 작게 만드는 것은 불가능하다.

동시에 정확히 측정할 수 없는 또 다른 변수들의 쌍은 식 (37) 에 나타낸 것과 같이 한 계의 에너지를 측정하는데 소요되는 시간이 있다. 이 에너지-시간 불확정성의 결과로 원자 또는 핵에너지 준위들은 불명확해지고 스펙트럼 선들 (spectrum line) 이 넓어진다. 어떤 원자가 특정 에너지 상태에 영원히 존재한다면 무한히 오랜 시간에 걸쳐 에너지를 측정할 수 있게 되고, ΔE 를 매우 작게 할 수 있다. 그러나 원자의 들뜬 상태는 특정한 수명 (약 10^{-8}초) 을 가지며, 이 점이 측정 시간을 제한하여 에너지 준위들에 대한 특정 최소 불확정도가 존재하게 되는 것이다.

3.3. 확률과 기대값

불확정성 원리가 의미하는 바는 입자의 위치에 대해서는 정확하게 말할 수 없으며, 어떤 위치에서 입자를 발견할 수 있는 확률 (probability) 을 구해서 물질의 계에 관해 예측을 해야만 한다는 것이다. 양자 역학에서는 어떤 상황 (경계조건) 에서의 한 입자에 대한 확률밀도함수 (probability density function) 를 구할 수 있다. 확률밀도함수는 위치 및 운동량과 에너지와 같은 중요한 양의 기대값을 구하는데 사용할 수 있다. 양자 역학에 관계되는 양은 물체의 파동함수이다. 그러나 파동함수 그 자체는 물리적 의미를 가지지 않고 어느 특정한 시간의 특정한 위치에 대한 파동함수의 제곱 즉, $|\Psi|^2$ 만이 그 시간, 그 위치에서 그 물체를 발견할 확률에 비례한다. 따라서 $|\Psi|^2$ 은 확률밀도함수 $P(x)$ 와 같게 되며 다음에 나타낸 식으로 표현 가능하다.

$$\int_{-\infty}^{\infty} P(x)dx = 1 \tag{38}$$

이 식을 만족하는 파동함수를 정규화 (normalize) 되었다고 한다.

다음으로 기대값 $< f(x) >$ 을 구해보자. 기대값은 어떤 시간 t 에서 같은 수로 기술되는 많은 입자들의 위치를 실험적으로 측정한 다음, 그 결과들의 평균을 구하였을 때 얻을 수 있는 $f(x)$ 의 값이다. $f(x)$ 의 기대값을 구하려면 각 구간 dx 에 대한 이 함수 값에 dx 에서 입자를 발견할 확률을 곱하고, 이것을 x 의 전 구간에 대해 합하면 된다. 따라서 $f(x)$ 의 기대값은 다음과 같이 나타낼 수 있다.

$$< f(x) > \; = \int_{-\infty}^{\infty} f(x)P(x)dx \tag{39}$$

만약, 확률밀도함수가 정규화 되어있지 않다면 식 (39) 는 다음과 같이 표현된다.

$$< f(x) > \; = \frac{\int_{-\infty}^{\infty} f(x)P(x)dx}{\int_{-\infty}^{\infty} P(x)dx} \tag{40}$$

3.4. 슈뢰딩거 파동방정식

Erwin Schrödinger
(1867-1961)

드브로이 파는 양자 역학에서 논의되는 파의 성질과 밀접하게 연관되어 있다. 따라서, 전자 등의 작은 입자들을 기술하는 기본 개념은 뉴턴 역학에서 드브로이 파로 바뀌어야 하고, 이 물질파를 기술하는 방정식은 1926년 슈뢰딩거 (Schrödinger) 에 의해 유도되었다. 양자 역학의 기초를 이루는 중요한 식인 슈뢰딩거 방정식을 조금 더 상세히 살펴보자. 원자 안에서 전자의 진동은 마치 정상파와 같기 때문에, 고전적인 1차원 정상파의 성질을 알아보는 것으로부터 논의를 시작할 것이다. 파동함수는 일반적인 표기 $\Psi(x,t)$ 를 사용한다.

반대 방향으로 진행하는 두 개의 사인파를 고려해보자. 먼저 오른쪽으로 진행하는 사인파는 다음과 같이 나타낼 수 있다.

$$\Psi_1(x,t) = B\sin(kx-\omega t) \tag{41}$$

같은 진폭을 가지고, 왼쪽으로 진행하는 사인파는 다음 식과 같이 나타낼 수 있다.

$$\Psi_2(x,t) = B\sin(kx+\omega t) \tag{42}$$

이들 두 파동의 합은 다음 식과 같이 나타낼 수 있다.

$$\Psi(x,t) = \Psi_1(x,t)+\Psi_2(x,t) = B[\sin(kx-\omega t)+\sin(kx+\omega t)] \tag{43}$$

삼각함수의 항등식을 이용하면 다음과 같은 식을 얻을 수 있다.

$$\Psi(x,t) = 2B\sin kx\cos\omega t \tag{44}$$

2B 를 A 로 대치하고, 식 (44) 를 다시 정리하면 다음 식과 같다.

$$\Psi(x,t) = A\sin kx\cos\omega t \tag{45}$$

식 (45) 의 결과식이 나타내는 시간에 따른 파동의 모습을 [그림 16] 에 나타내었다. 주의해서 살펴볼 점은 합성파가 왼쪽이나 오른쪽 어느 쪽으로도 진행하지 않는다는 것이다. 마디 (node) 라고 하는 고정점들이 $\sin kx = 0$ 인 지점에서 나타나는데, 여기서 $\Psi(x,t)$ 는 언제나 0 이고 파동은 움직이지 않는다. 다른 위치의 파동은 $\cos\omega t$ 에 비례하여 위, 아래로 단진동 하는데, 그 진폭은 $A\sin kx$ 가 된다. 이와 같은 파동을 정상파 (standing wave) 라고 한다. 문제를 간단히 하기 위해, 시간 의존성을 무시하고 특정 시간 즉, $t = 0$ 에서 파동의 상태를 고려해보자. 이 경우 식 (45) 는 다음과 같이 나타낼 수 있다.

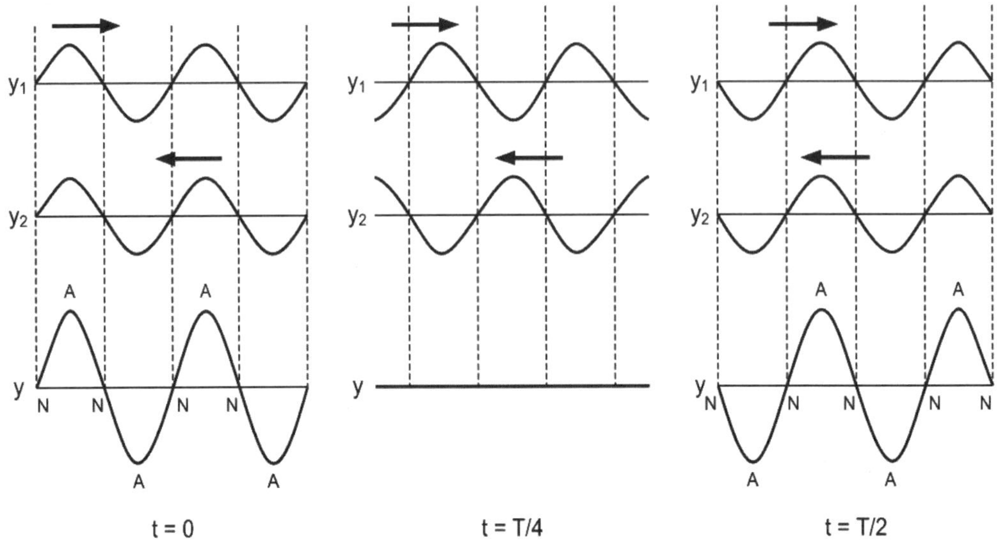

[그림 16] 시간에 따른 파동의 모습

$$\psi(x) = A\sin kx \tag{46}$$

이 함수를 만족시키는 미분 방정식을 구하려면, 함수 자체를 미분해보면 된다.

$$\frac{d\psi(x)}{dx} = kA\cos kx \tag{47}$$

식 (47) 의 $\cos kx$ 와 식 (46) 의 $\sin kx$ 의 관계를 구하는 즉, $d\psi(x)/dx$ 와 $\psi(x)$ 의 방정식을 구하는 데는 몇 가지 방법이 있으나 가장 용이한 방법은 두 번 미분하는 것이다.

$$\frac{d^2\psi(x)}{dx^2} = -k^2A\sin kx \tag{48}$$

식 (48) 과 (46) 을 비교해보면, $d^2\psi(x)/dx^2$ 는 $\psi(x)$ 에 비례함을 알 수 있다.

$$\frac{d^2\psi(x)}{dx^2} = -k^2\psi(x) \tag{49}$$

식 (49) 의 k^2 을 입자의 운동 에너지 K 의 항으로 다시 쓰면, $p = \hbar k$ 이므로 다음과 같은 식을 얻을 수 있다.

$$K = \frac{p^2}{2m} = \frac{\hbar^2k^2}{2m} \tag{50}$$

식 (50) 을 k^2 에 관해 정리하면 다음 식을 얻을 수 있다.

$$k^2 = \frac{2mK}{\hbar^2} \tag{51}$$

이제 식 (49) 는 다음 식과 같이 나타낼 수 있다.

$$\frac{d^2\psi(x)}{dx^2} = -\frac{2mK}{\hbar^2}\psi(x) \tag{52}$$

운동 에너지 K 가 총 에너지 E 와 위치 에너지 $U(x)$ 의 차이이므로 식 (52) 는 다음과 같은 형태의 식으로 나타낼 수 있다.

$$\frac{d^2\psi(x)}{dx^2} = -\frac{2m}{\hbar^2}[E - U(x)]\psi(x) \tag{53}$$

이 미분 방정식은 이것을 처음으로 발표한 오스트리아 물리학자 슈뢰딩거를 기념하여 슈뢰딩거 방정식, 더 정확하게는 시간-독립형 슈뢰딩거 방정식 (time-independent Schrödinger equation) 이라고 부른다. 슈뢰딩거 방정식에는 시간-독립형 외에도 시간-의존형 슈뢰딩거 방정식 (time-dependent Schrödinger equation) 도 있다. 그러나 시간-의존형 슈뢰딩거 방정식은 그 용도가 다양하지 않기 때문에, 여기서는 간략하게 설명하는 것으로 그치고자 한다. 식 (53) 에 나타낸 시간-독립형 슈뢰딩거 방정식의 E 대신에 $-\frac{\hbar}{j}\frac{\partial}{\partial t}$ 를 대입하면 다음 식에 나타낸 시간-의존형 슈뢰딩거 방정식을 얻을 수 있다.

$$j\hbar\frac{\partial}{\partial t}\Psi(x,t) = \left(-\frac{\hbar^2}{2m}\frac{\partial^2}{\partial x^2} + U(x)\right)\Psi(x,t) \tag{54}$$

3.5. 전위우물 (무한 전위우물)

무한 전위우물에 있는 입자 문제는 고립된 입자의 고전적인 예로서 자주 언급된다. [그림 17]에서 보듯이, 전자가 특정 영역 $0 < x < \mathrm{a}$ 사이에 갇혀있는 경우에 위치 에너지 (potential energy) 는 전자가 갇혀있는 영역에서는 0 이고, 외부 영역에서는 무한대가 된다.

전자는 무한대의 위치 에너지를 가져야만 갇혀있는 영역을 나갈 수 있으나, 전자가 무한대의 위치 에너지를 가질 수 없기 때문에 밖으로 나가는 것은 불가능하다. 그러므로 $0 < x < \mathrm{a}$ 영역의 외부에서 단위 체적당 전자를 발견할 수 있는 확률은 0 이 된다. 따라서 $x \leq 0$ 및 $x \geq \mathrm{a}$ 인 영역에서는 $\psi(x) = 0$ 이고, $0 < x < \mathrm{a}$ 인 영역에서의 ψ 는 $\mathrm{V} = 0$ 인 조건과 함께 슈뢰딩거 방정식으로 결정된다. 즉, $0 < x < \mathrm{a}$ 인 영역 II 에서의 슈뢰딩거 파동방정식은 다음과 같다.

$$\frac{\partial^2\psi(x)}{\partial x^2} + \frac{2mE}{\hbar^2}\psi(x) = 0 \tag{55}$$

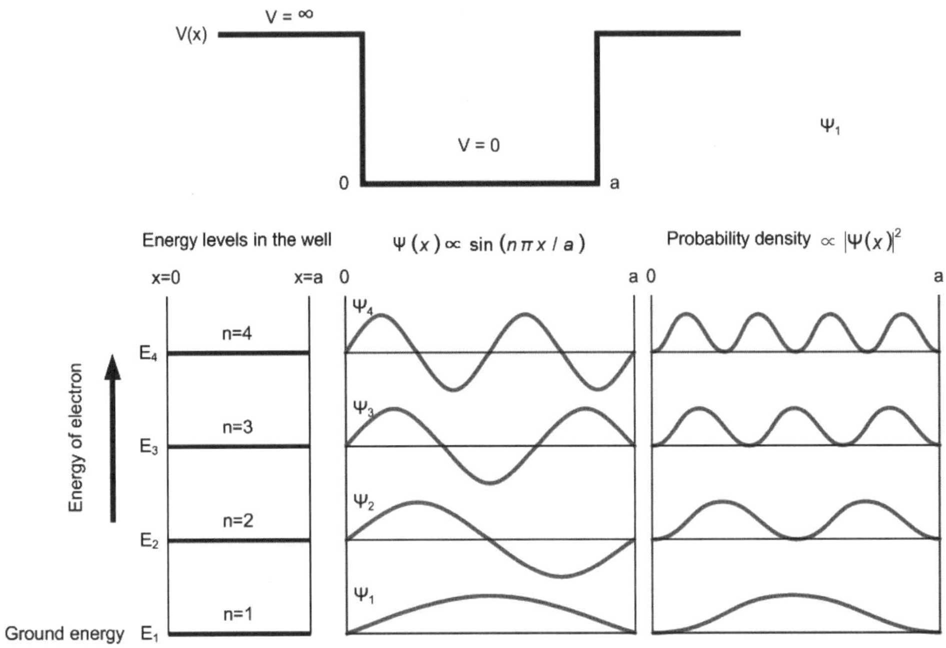

[그림 17] 무한 전위 우물의 전위 함수

식 (55) 는 2 계 선형 미분 방정식으로, 그 일반해는 다음과 같다.

$$\psi(x) = A_1 \cos kx + A_2 \sin kx \quad (\text{여기서, } k = \sqrt{\frac{2mE}{\hbar^2}}) \tag{56}$$

경계조건에 따라 파동함수 $\psi(x)$ 는 연속이어야 하므로 다음과 같이 나타낼 수 있다.

$$\psi(x=0) = \psi(x=a) = 0 \tag{57}$$

$x = 0$ 에서의 경계조건을 적용하면 $A_1 = 0$ 이어야 하며, 파동방정식은 다음과 같이 정리된다.

$$\psi(x=a) = 0 = A_2 \sin ka \tag{58}$$

이 방정식은 $ka = n\pi$ 일 때 성립되며, 여기서 n 은 양의 정수이다. 이 조건을 다시 정리하면 다음과 같다.

$$k = \frac{n\pi}{a} \qquad (n = 1,2,3....) \tag{59}$$

양의 정수로 언급된 변수 n 은 양자수 (quantum number) 라고 한다. 전자의 전체에너지는 운동 에너지와 위치 에너지의 합으로 표현할 수 있는데, 이 경우 전자의 위치 에너지는 0 이므로 전자는 운동 에너지만 가지고 있다. 따라서 전자의 전체 에너지는 다음과 같이 나타낼 수 있다.

$$E = \frac{p^2}{2m} = \frac{\hbar^2 k^2}{2m} \tag{60}$$

이 식에 식 (59) 를 대입하면, 전자에 대해 허용된 에너지 값 E_n 은 다음과 같다.

$$E_n = \frac{\pi^2 \hbar^2}{2ma^2} n^2 \quad (n = 1,2,3.....) \tag{61}$$

전자에 허용되는 에너지는 n 이 양의 정수이므로, 비연속적인 값 즉, 양자화되어 있음을 알 수 있다.

계수 A_2 는 정규화 조건으로부터 구할 수 있다. 전자는 $0 < x <$ a 인 영역 내에 반드시 존재하므로, 이 영역 내에서 전자를 발견할 확률은 1 이다. 따라서, $0 < x <$ a 인 영역 내에서 $|\psi|^2 = 1$ 이 되어야 한다.

$$\int_0^a |\psi|^2 dx = \int_0^a A_2^2 \sin^2 kx\, dx = 1 \tag{62}$$

이 적분식으로 부터 A_2 를 구하면 다음과 같다.

$$A_2 = \sqrt{\frac{2}{a}} \tag{63}$$

마지막으로 시간-독립형 슈뢰딩거 파동방정식의 해는 다음과 같이 주어진다.

$$\psi(x) = \sqrt{\frac{2}{a}} sin\left(\frac{n\pi x}{a}\right) \quad (n = 1,\ 2,\ 3,\ ...) \tag{64}$$

상태함수의 값 k 는 π/a 의 양의 정수배 값만을 취할 수 있으므로, 전자는 어떤 특정한 에너지 값과 상태만을 가질 수 있다. 이는 고전 물리학과는 상반된 결과이다.

3.6. 터널링 효과

전자가 $x < 0$ 인 영역에서 에너지 E 를 갖고 이동한다고 가정할 때, 위치 에너지가 0 이라고 하면 에너지 E 는 모두 운동 에너지일 것이다. 전자는 높이가 V0 인 전위 장벽과 만나게 되고, 그 높이는 $x = 0$ 에서 전자의 에너지 E 보다 큰 값이다. 전위 장벽의 폭을 a 라고 하면 전위 장벽의 반대편 $x >$ a 영역에서 위치 에너지는 다시 0 이 될 것이다. 고전 물리학에서는 전자의 총 에너지가 V0 보다 작을 경우 장벽을 통과하지 못하고 다시 튀어 나와 $x < 0$ 인 영역에 갇히게 될 것이다. 그러나 양자의 세계에서는 전자가 전위 장벽을 뚫고 지나가서 반대편에 존재할 확률이 있다. 이러한 관계를 [그림 18] 에 나타내었다.

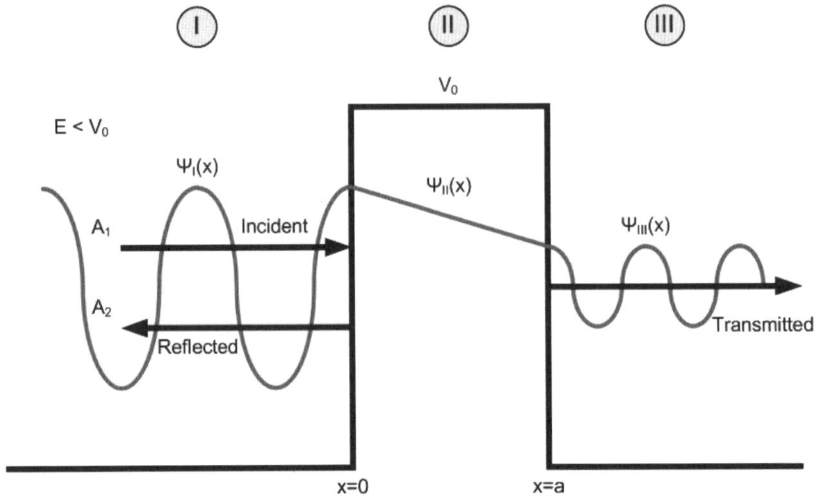

[그림 18] 위치 에너지 (potential energy) 장벽에서의 전자의 파동함수

전자가 전위장벽을 통과하여 반대편 영역에 존재하는 확률을 보이기 위해서는 V(x) 조건에 대하여 슈뢰딩거 파동 방정식을 풀어야 한다. 슈뢰딩거 파동 방정식이 $\psi(x)=0$ 라는 해를 갖는 방법은 위치 에너지가 무한대 ($V=\infty$) 인 경우이다. 위치 에너지가 0 이거나 유한한 값을 갖는 영역에서는 항상 0 이 아닌 해 $\psi(x)$ 가 존재하여 전자를 발견할 확률이 존재하게 된다.

[그림 18] 에 나타낸 것처럼, 슈뢰딩거 파동 방정식은 3 가지 영역으로 이루어진 전위장벽 모델에서 각 영역에 대하여 전개되어야 하므로, 파동 함수도 각각의 영역에 대하여 존재한다. 영역 I 과 III 에서는 위치 에너지가 0 이므로 전자는 자유로운 상태로서 운동 에너지를 가진다. 이때 $\psi(x)$ 는 진행파여야 한다. 한편 영역 II 에서는 $E - V_0$ 가 음수이기 때문에 슈뢰딩거 파동 방정식의 일반해는 지수 함수적으로 감소하는 함수와 증가하는 함수의 합으로 표현된다.

$$\psi_1(x) = A_1\exp(jkx) + A_2\exp(-jkx) \tag{65}$$

$$\psi_2(x) = B_1\exp(\beta x) + B_2\exp(-\beta x) \tag{66}$$

$$\psi_3(x) = C_1\exp(jkx) + C_2\exp(-jkx) \tag{67}$$

여기서, k 와 β 는 다음과 같이 정의된다.

$$k= \sqrt{\frac{2mE}{\hbar^2}} \tag{68}$$

$$\beta= \sqrt{\frac{2m(V_0 - E)}{\hbar^2}} \tag{69}$$

영역 I 에서는 $\psi_1(x)$ 가 +x 방향으로의 입사파동 $A_1 \exp(jkx)$ 와 -x 방향으로의 반사파동 $A_2 \exp(-jkx)$ 로 구성된다. 영역 II 에서는 장벽의 폭이 유한하므로, 지수적인 증가 및 감소를 나타내는 두 개의 함수 $\exp(-\beta x)$ 및 $\exp(\beta x)$ 가 모두 존재한다. 영역 III 에서 계수 C_2 는 음으로 진행하는 파를 나타내나, 일단 입자가 영역 III 으로 진입하면 반사시키는 전위장벽이 없기 때문에 계수 C_2 는 0 이 되어야 한다.

$x = 0$ 과 $x = $ a 의 경계점에서 파동함수와 그 1 차 미분함수들은 연속이어야 하는 4개의 경계조건으로부터 4 개의 계수 A_2, B_1, B_2, C_1 을 구할 수 있으며, 이를 계수 A_1 에 대한 형태로 바꿀 수 있다. 전자가 영역 I 에서 II 를 통과하여 III 으로 나올 수 있는 상대적인 확률을 투과계수 T 라고 정의한다. 이 투과계수는 영역 I 의 입사파동에 대한 영역 III 의 투과파동의 비율을 의미하며, 다음과 같이 나타낼 수 있다.

$$T \approx \exp(-2\beta a) \tag{70}$$

전자가 고전 역학에서는 투과 불가능한 장벽을 투과하여 나올 확률은 두 개의 변수에 의존하는데 식 (70) 에 주어진 β 와 장벽의 두께 a 가 그것이다. 실질적으로는 βa 가 상당히 작기 때문에 터널링 확률은 아주 작다. 하지만, 전자가 장벽에 계속 충돌하면 결국에는 장벽을 투과할 수 있다. 터널링 효과를 이용한 가장 주목할 만한 응용은 주사 터널링 현미경 (scanning tunneling microscope, STM) 이다.

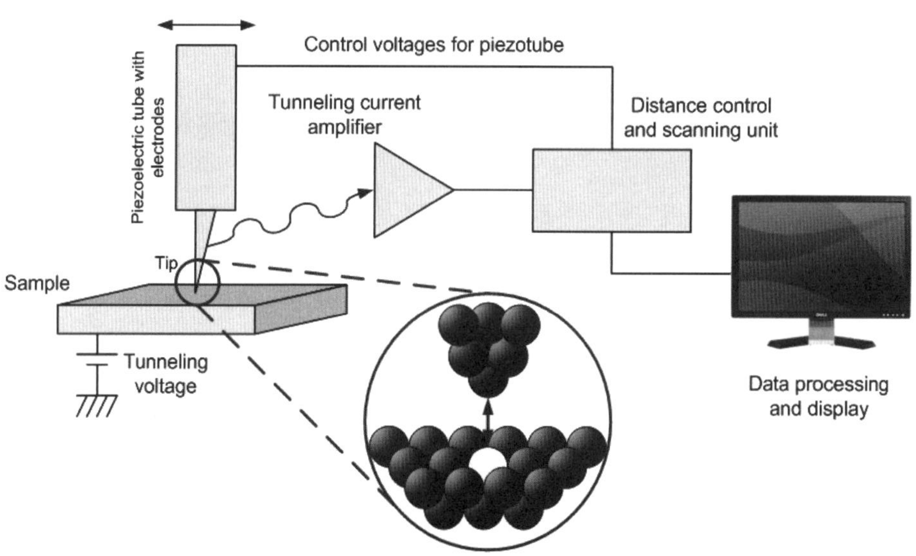

[그림 19] 주사 터널링 현미경

주사 터널링 현미경은 [그림 19] 에 나타내었듯이, 표면에서 약 1 nm 내에 위치하는 전도성 탐침에 흐르는 전류를 측정함으로써 시료 표면의 개별적인 원자의 이미지를 관찰할 수 있다. 이때 흐르는 전류는 전도성 탐침과 시료 표면사이의 장벽을 터널링하는 전자에 의해서만 가능하며, 그 전류량은 장벽을 통한 터널링 확률을 나타낸 식 (70) 에 비례한다. [그림 20] 에 주사 터널링 현미경을 사용해 관찰한 흑연 원자들의 표면을 나타내었다.

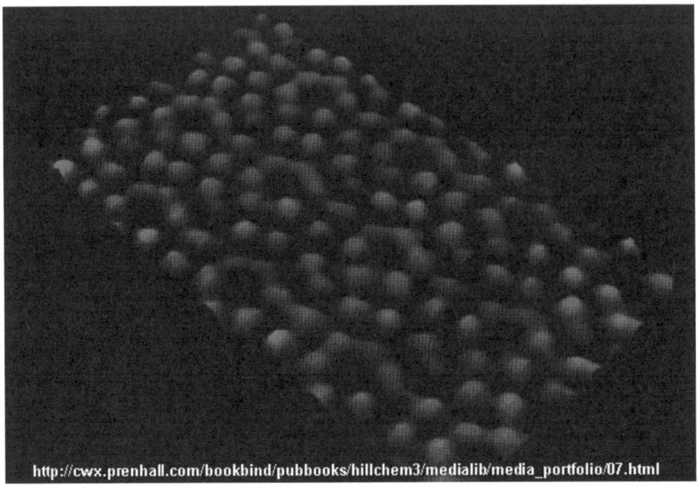

[그림 20] 주사 터널링 현미경으로 관찰한 흑연의 표면

3.7. 양자수

원자의 중심에는 원자핵이 있고, 그 것을 중심으로 전자가 각각 궤도를 돌면서 운동한다. 이때 전자는 원자핵을 몇 겹으로 둘러싸고 돌면서 전자 궤도를 만들고, 각각의 궤도상을 도는 전자의 상태는 양자수라고 하는 여러 종류의 불연속적인 양으로 결정된다. 이 궤도와 에너지는 4 개의 양자수 즉, 주양자수, 궤도양자수, 자기양자수, 스핀양자수로 결정된다.

한편 수소원자의 전자에 관한 파동함수에 대한 편미분방정식을 풀어보면, 수소원자의 전자를 기술하기 위해서는 보어 이론의 단일 양자수 대신에 세 가지 양자수가 필요함을 알 수 있다. 보어 모델에서 전자가 운동할 때에 변화하는 유일한 물리량은 일정한 궤도 위의 전자의 위치이므로, 전자의 운동은 근본적으로 1 차원이다. 이런 전자의 상태는 하나의 양자수만으로도 충분히 규정된다. 이는 1 차원 상자안의 입자의 상태가 하나의 양자수만으로 확실히 규정되는 경우와 같다. 그러나 3 차원 영역안의 입자는 파동함수가 반드시 만족해야할 경계조건들이 세 가지이므로, 세 가지 양자수가 필요하다. 그 세 가지 양자수를 주양자수, 궤도양자수, 자기양자수 라고 한다. 주양자수는 전자의 총에너지를 규정하며, 궤도양자수는 핵을 중심으로 한 전자의 각운동량을 규정하고, 자기양자수는 각운동량의 방향을 규정한다.

3.7.1. 주양자수

총에너지를 결정하는 것이 주양자수 n 으로, n = 1, 2, 3, … 의 양의 정수로 나타낸다.

전자에너지도 n 이 큰 만큼 불연속적으로 증가하는데, n 이 큰 전자일수록 원자핵으로부터 먼 궤도를 돈다. 원자핵으로부터 멀어진다는 것은 높은 에너지를 가지는 것을 뜻하는데, 결국 주양자수는 전자가 존재하는 궤도의 수를 의미한다. 각각의 주양자수에 해당하는 전자궤도를 전자껍질이라고 하며 다음과 같이 나타낼 수 있다.

주양자수 (n)	1	2	3	4	5	6
전자껍질	*K*	*L*	*M*	*N*	*O*	*P*

3.7.2. 궤도양자수

기호는 ℓ 이고, 주양자수 n 에 대하여 0, 1, 2, ⋯, (n − 1) 의 정수를 가질 수 있다. 궤도양자수 0, 1, 2, 3, ⋯ 을 각각 s, p, d, f, ⋯ 라는 기호로 나타내며, 이 수는 전자가 궤도운동을 할 때 각운동량을 정하는 값이다. 전자의 궤도 운동량이 $L = (l\,(l+1)\hbar)^{1/2}$ 과 같이 정의되는데, 여기서 궤도 양자수 값이 0, 1, 2, ⋯, (n-1) 의 정수로 제한되므로, 총에너지처럼 각운동량은 보존되고 양자화 되어 있다고 할 수 있다.

궤도양자수 (ℓ)	0	1	2	3
궤도함수	*s*	*p*	*d*	*f*

3.7.3. 자기양자수

자기 양자수의 기호는 m 으로 표기되며, 궤도 양자수 값이 ℓ 일 때, $(2\ell + 1)$ 개의 자기양자수 값이 가능하다. 궤도 양자수는 전자의 각운동량 크기를 결정한다. 그러나 각운동량도 선형운동량처럼 벡터량이므로, 이 양을 완전히 기술하기 위해서는 크기 외에 방향도 규정되어야 한다. 즉 자기양자수는 전자가 궤도운동을 할 때, 각운동량의 방향 성분을 나타내 주는 값이다. 각운동량을 가지는 원자내의 전자는 외부 자기장과 상호작용을 하는데, 자기양자수는 각운동량의 외부 자기장 방향의 성분을 결정함으로써 각운동량의 방향을 규정하게 된다.

자기양자수 (m)	0, ±1, ±2, ±3, ..., $\pm\ell$

3.7.4. 스핀양자수

수소의 분광 분석에서 분해능이 높은 경우 분광선들은 서로 밀접하게 붙어서 여러 가닥으로 이루어져 있음을 볼 수 있다. 이런 분리되어 있는 선들은 주양자수, 궤도양자수, 자기양자수 등으로는 설명되지 않는다. 이것을 설명하기 위하여 파울리 (Wolfgang Pauli)는 2 개의 값만 가질 수 있는 4 번째 양자수의 필요성을 제안하였다. 이후 호우트스미트

(Goudsmit) 와 윌렌베크 (Uhlenbeck) 등은 이 4 번째 양자수가 전자의 스핀운동과 관련 있다고 제기하였으며, 디락 (Paul Dirac) 은 전자의 스핀은 전자에 대한 이론이 상대적으로 불변이어야 한다는 조건으로부터 유도될 수 있음을 보여주었다. 스핀 각운동량은 궤도 각운동량과 동일한 방식으로 양자화 되지만, 주어진 범위 내의 정수를 취하는 궤도 양자수와는 달리 전자의 스핀 양자수 s 는 s = 1/2 이라는 하나의 값만을 갖는다. 이미 파울리는 배타원리를 통하여 "두 전자는 같은 양자 상태에 있을 수 없다."고 제안하였다. 전자의 양자상태는 스핀 양자수로 표시되는 스핀 방향까지 포함하기 때문에, 배타원리로부터 한 양자상태에 주양자수, 궤도양자수, 자기양자수가 같은 전자는 최대 2 개의 스핀을 가질 수 있게 된다.

스핀양자수 (s)	+1/2, -1/2

3.7.5. 주기율표

원소를 원자번호 순으로 나열했을 때 일정한 간격을 두고 성질이 비슷한 원소들이 주기적으로 나타나게 되는데, 이러한 성질을 정리하여 나타낸 것을 원소의 주기율표 (periodic table) 라고 한다. 최초의 주기율표는 1869 년에 멘델레프 (Mendeleyev) 가 당시까지 알려져 있던 63 종의 원소를 원자량 순으로 나열하여 발표하였으나, 1913 년 모즐리 (Moseley) 가 원자번호와 원자량의 순서가 일치하지 않는 것을 발견하고 원소의 주기적인 성질은 원자번호와 관련이 있다는 사실에 착안하여 발표한 주기율표가 현대적 주기율표의 전형으로 사용되고 있다. 주기율표에서 가로줄을 주기라고 하는데 원자의 전자껍질의 수를 나타내며, 세로줄은 족이라고 부르며 같은 족의 원소들은 가전자의 수가 같아 화학적인 성질이 비슷하다.

앞에 언급한 양자수에 대한 원리는 원자의 전자 구조에 대한 기초로서 대단히 중요한 것이다. 이 원리를 적용하면, 원자의 각 전자에 적합한 각 (shell) 이 어느 것인지 또, 여기에 들어갈 수 있는 전자의 개수가 몇 개인지 등을 결정할 수 있다. 이때에 양자상태와 허용되는 상태수의 관계를 [표 2]에 나타내었다.

모든 주기율표에 나타나 있는 원자들은 양자수에 대한 기본 원리로 전자 배열을 표현할 수 있다. [표 3] 에 원자번호 33번까지의 전자 배열을 나타내었다. 특히, 반도체재료로서 중요한 Si 과 반도체의 불순물 첨가 재료로서 자주 언급될 B, P, As 등의 전자 배열은 꼭 기억해 두어야 한다.

[표 2] $n = 3$ 까지의 양자수와 수소원자의 전자에 대해 허용 가능한 에너지 상태의 수

n	l	m	s	Allowable stater in subshell	Allowable states in complete shell
1	0	0	+1/2, -1/2	2	2
2	0	0	+1/2, -1/2	2	8
	1	-1 0 1	+1/2, -1/2 +1/2, -1/2 +1/2, -1/2	6	
3	0	0	+1/2, -1/2	2	18
	1	-1 0 1	+1/2, -1/2 +1/2, -1/2 +1/2, -1/2	6	
	2	-2 -1 0 1 2	+1/2, -1/2 +1/2, -1/2 +1/2, -1/2 +1/2, -1/2 +1/2, -1/2	10	

[표 3] 기저 상태에서 몇 가지 원자들의 전자 배치

		n:	K	L		M			N			
		n:	1	2		3			4			
Z	Element	l:	s	s	p	s	p	d	s	p	d	f
1	Hydrogen	H	1									
2	Helium	He	2									
3	Lithium	Li	2	1								
4	Beryllium	Be	2	2								
5	Boron	B	2	2	1							
6	Carbon	C	2	2	2							
7	Nitrogen	N	2	2	3							
8	Oxygen	O	2	2	4							
9	Fluorine	F	2	2	5							
10	Neon	Ne	2	2	6							
11	Sodium	Na	2	2	6	1						
12	Magnesium	Mg	2	2	6	2						
13	Aluminum	Al	2	2	6	2	1					

Z	Element		n: l:	K 1 s	L 2 s	 p	M 3 s	 p	 d	N 4 s	 p	 d	 f
14	Silicon	Si		2	2	6	2	2					
15	Phosphorus	P		2	2	6	2	3					
16	Sulfur	S		2	2	6	2	4					
17	Chlorine	Cl		2	2	6	2	5					
18	Argon	Ar		2	2	6	2	6					
19	Potassium	K		2	2	6	2	6		1			
20	Calcium	Ca		2	2	6	2	6		2			
21	Scandium	Se		2	2	6	2	6	1	2			
22	Titanium	Ti		2	2	6	2	6	2	2			
23	Vanadium	V		2	2	6	2	6	3	2			
24	Chromium	Cr		2	2	6	2	6	5	1			
25	Manganese	Mn		2	2	6	2	6	5	2			
26	Iron	Fe		2	2	6	2	6	6	2			
27	Cobalt	Co		2	2	6	2	6	7	2			
28	Nickel	Ni		2	2	6	2	6	8	2			
29	Copper	Cu		2	2	6	2	6	10	1			
30	Zinc	Zn		2	2	6	2	6	10	2			
31	Gallium	Ga		2	2	6	2	6	10	2	1		
32	Germanium	Ge		2	2	6	2	6	10	2	2		
33	Arsenic	As		2	2	6	2	6	10	2	3		

Chapter 2. 반도체의 에너지 밴드와 캐리어 농도

1. 반도체의 에너지 밴드
2. 반도체 재료
3. 캐리어 농도

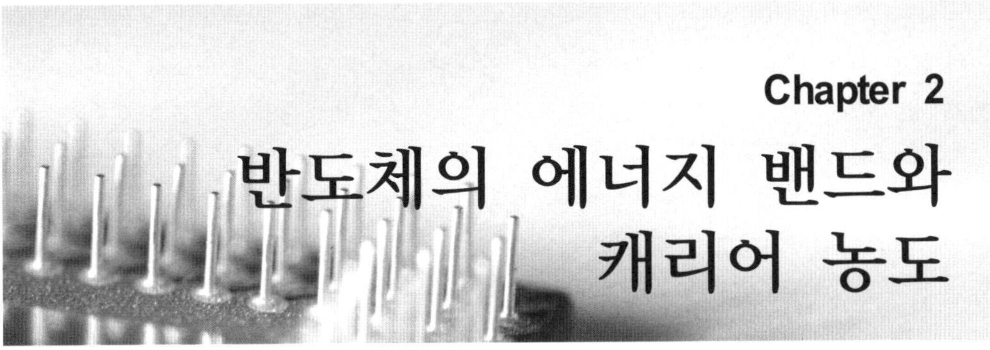

Chapter 2
반도체의 에너지 밴드와 캐리어 농도

반도체는 고체전자소자이므로 수많은 원자들로 구성되어 있고, 전자들은 이들 원자들의 영향 하에 있게 된다. 반도체의 특성을 이해하기 위해서는 에너지 밴드 (energy band) 의 구조를 잘 알아야 한다.

반도체는 불순물이 거의 없는 순수한 반도체인 진성 반도체 (intrinsic semiconductor) 와 의도적인 불순물 첨가 즉, 도핑과정을 통한 외인성 반도체 (extrinsic semiconductor) 로 나눌 수 있다. 외인성 반도체는 다시 첨가된 불순물 종류에 따라 n 형과 p 형으로 구분되며, n 형 반도체의 다수 캐리어는 전자 (electron) 이고 p 형 반도체의 다수 캐리어는 정공 (hole) 이다. 반도체 소자의 전기적 특성을 이해하기 위해서는 반도체 내에서 전류를 생성하는 캐리어 농도에 대한 이해가 중요하다. 반도체 종류에 따른 캐리어 농도를 알기 위해서는 분포함수 (distribution function) 와 상태밀도 (density of state) 의 의미를 이해하고 이들 수학적으로 표현할 수 있어야 한다. 또한, 캐리어 농도는 온도에 따라 변화하므로, 캐리어 농도의 온도의존성도 이해하여야 한다.

본 장에서는 크로니-페니 (Kronig-Penny) 모델과 그 해의 분석을 통해 고체에서의 에너지 밴드 구조를 분석하고 설명하였다. 또, 분포함수와 상태밀도의 의미와 이를 이용하여 캐리어 농도를 구하는 법을 설명하였고, 캐리어 농도의 온도의존성에 관해서도 논의하였다.

1. 반도체의 에너지 밴드

1.1. 에너지 밴드의 생성

보어 (Bohr) 의 수소 원자의 모델에 의하면 하나의 원자에 속해 있는 전자는 연속적인 값들 중에서 임의의 값의 에너지 위치에 있을 수 있는 것이 아니고 단지 불연속적인 값을 갖는 특정한 위치에만 허용된다. 이는 에너지 우물 속에 있는 전자에서도 마찬가지이다. 이와 같은 원자 모델은 수소 원자에서 뿐만 아니라 규칙 배열의 원자 구조를 가지는 반도체에 대해서도 마찬가지로 적용된다.

[그림 1 (a)] 에 나타낸 바와 같이 가장 간단한 두 개의 수소 원자가 서로 상호 작용이 미치지 않을 정도로 충분히 떨어져 있는 경우를 먼저 고려해보자. 당연히 각 원자는 동일한 에너지 준위를 가지고 있게 된다. 그러므로 기저 상태에서는 각 원자핵 주위를 돌고 있는 전자는 모두 동일한 에너지 준위에 있게 된다. 그런데 이들이 공유결합에 의해 수소 분자를 형성하는 경우를 생각해보자. 이와 같은 경우에, 이 수소 분자에서 전자가 가질 수 있는 에너지 준위는 수소 원자 하나가 단독으로 있을 때의 에너지 준위가 이중으로 겹쳐진 상태와 같으며, 수소 원자들이 서로 상호작용을 미칠 정도로 가까이 있기 때문에 전자의 운동 상태가 다른 쪽 원자핵의 영향을 받게 된다. 이처럼 두 개의 인접한 원자핵이 만드는 분자에서 전자의 위치 에너지 분포는 [그림 1 (b)] 와 같다.

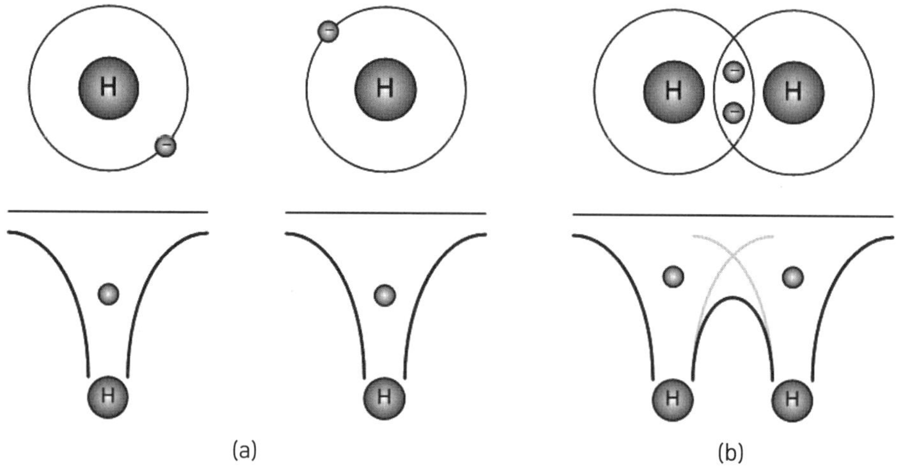

[그림 1] 수소 분자에서의 전자의 위치 에너지 분포

[그림 1 (b)] 를 보면 두 수소 원자핵 사이의 전위 장벽이 낮아져 있음을 알 수 있다. 두 원자핵 사이의 전위 장벽보다 높은 에너지 준위에 있는 전자는 두 원자핵 사이를 움직일 수 있게 된다. 이러한 전자는 각각의 수소 원자핵에 구속되어 있는 것이 아니라 두 원자핵으로 구성된 하나의 수소 분자에 구속된 형태로 되어 있다. 이때, 고체 내부에 전자의 존재가 허용된 에너지 준위에 있을 경우에, 이 에너지 준위를 점유할 수 있는 전자는 단지 스핀 (spin) 이 다른 두 개의 전자까지만 허용된다는 파울리 (Pauli) 의 배타원리를 따른다. 따라서 전자가 어느 특정 수소 원자에만 속하는 것이 아니고 전체 수소 분자 내에서 움직일 수 있게 되면, 이들은 서로 영향을 주어 각각의 전자는 서로 다른 에너지 값을 갖게 된다. 이것은 마치 원래의 에너지 준위가 새로운 두개의 준위로 갈라진 것과 같이 보인다.

이러한 결과를 N 개의 원자가 결합된 보다 일반적인 경우에 대하여 생각해보도록 하자. 이 경우에 에너지 준위 구조는 각 원자가 단독으로 고립되어 존재할 때의 에너지 준위가 각각 N 개로 갈라진 모양으로 된다. 따라서 6 개의 준위를 가지는 2p 상태의 경우에는 6 N 개의 준위로 갈라진 형태를 보이게 된다. 이러한 것을 에너지 준위의 갈라짐이라고 한다. [그림 2] 는 N 개의 원자가 결정을 이룰 때 원자 간격이 좁아짐에 따라 갈라진 준위 사이의 차이가 넓어지는 모양을 나타난 예이다. 큰 궤도를 돌고 있는 전자일수록 상호작용은 크게 작용한다. 따라서 원자 간격을 좁혀 가면 높은 준위일수록 먼저 갈라지기 시작하고 폭이 넓어진다.

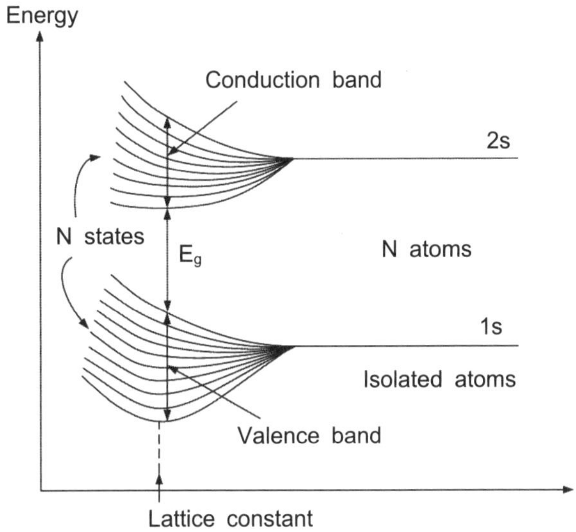

[그림 2] 에너지 준위의 갈라짐 (N 은 원자의 수)

반도체에서 원자와 원자 사이의 거리가 가까워짐에 따라 이 단결정 속에 있는 원자들은 서로 독립되어 있을 때와는 달리 에너지 함수가 서로 겹쳐지게 된다. 따라서 이와 같이 여러 개의 원자로 구성된 계에서는 본래 같은 에너지 값을 가졌던 전자가 파울리의 배타원리를 따르게 되어 여러 갈래로 갈라진 새로운 에너지 값을 갖게 된다. 이와 같이 수많은 갈래로 나누어진 에너지 값의 묶음은 하나의 띠 모양을 이루게 되며, 이것을 에너지 밴드라고 한다.

반도체 재료로 가장 광범위하게 사용되는 실리콘의 경우도 수소의 경우와 유사하다. 두 개의 고립된 실리콘 원자의 위치 에너지를 [그림 3 (a)] 에 나타내었다. 고립된 실리콘 원자의 경우, 원자핵을 중심으로 $n = 1, 2, 3$ 의 궤도에 전자들이 존재하고 있는 것을 볼 수 있다. 그러나 두 개의 실리콘 원자가 서로 영향을 줄 정도로 근접할 경우, 이들 원자 내 전자들은 서로 결합하여 [그림 3 (b)] 에서처럼 전위 장벽을 낮추게 된다. 각 실리콘 원자당 $n = 1$ 인 궤도에 2 개의 전자, $n = 2$ 인 궤도에 8 개의 전자, $n = 3$ 인 궤도에 4 개의 전자가 존재한다. 10 개의 전자는 원자핵에 단단히 속박되어 있고, n = 3 인 궤도에 있는 4 개의 최외각 전자만 궤도를 공유하고 있음을 볼 수 있다.

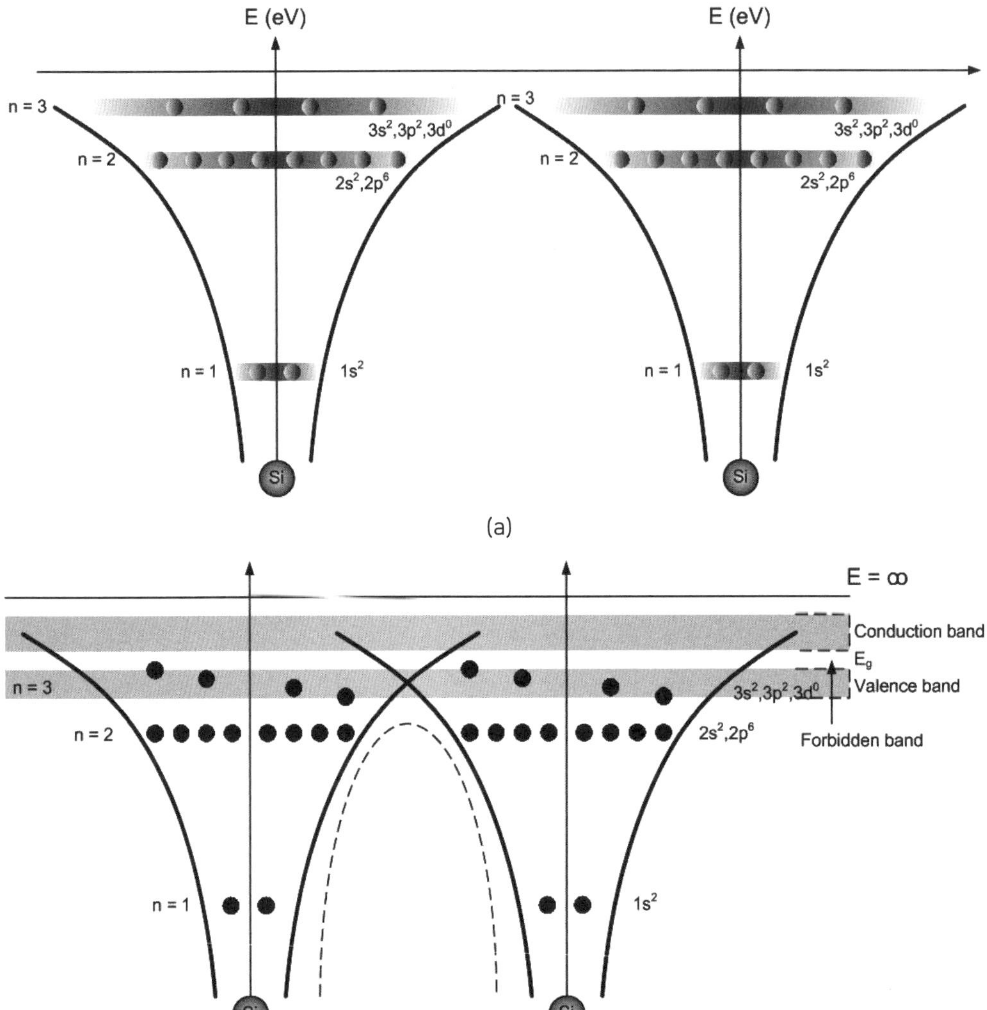

[그림 3] 실리콘 원자의 위치 에너지 : (a) 고립상태, (b) 근접상태

[그림 4] 에 실리콘에서 원자 간의 거리에 따른 에너지 밴드의 형성 모습을 나타내었다. 실리콘의 원자에서 본래 전자가 점유할 수 있는 자리가 2 N 개의 3s 와 6 N 개의 3p 상태였던 것이 이들 원자 사이의 거리가 가까워짐에 따라 섞이게 되고, 더욱 가까워지면 위에 4 N 개와 밑에 4 N 개로 에너지 준위가 갈리지는 모습을 보여준다. 실리콘 원자 사이의 거리가 5.43 Å 일 때, 명확히 두 개의 구간으로 분리된 에너지 밴드의 모습을 보여주는데, 이것이 반도체 성질의 핵심이다.

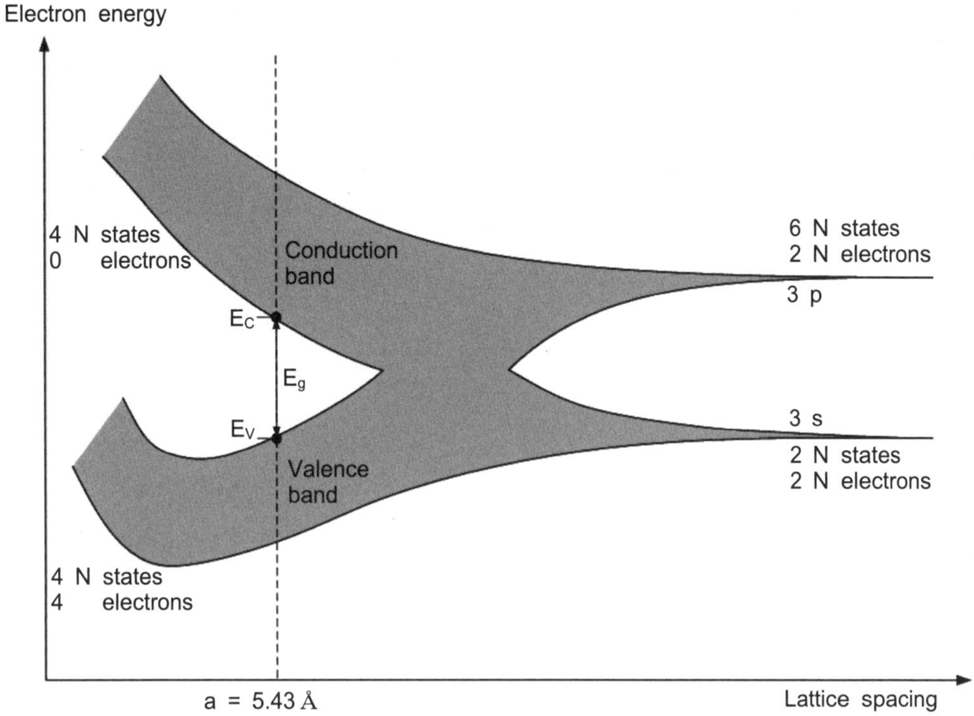

[그림 4] 실리콘에서 원자 간의 거리를 줄일 때의 에너지 밴드 형성

이때 두 개의 에너지 밴드는 각각 전도대 (conduction band) 와 가전자대 (valence band) 라고 불린다. 먼저 위쪽에 있는 전도대는 절대온도 0 도에서 전자가 없는 에너지 준위로 채워져 있고, 반대로 아래에 있는 가전자대는 전자로 채워져 있다. 전도대에는 절대온도 0 도에서 전자가 없지만, 외부로부터 에너지가 주입되면 가전자대의 전자가 이곳으로 올라올 수가 있다.

절대온도 0 도에서는 가전자대의 에너지 준위에는 모두 전자가 채워져 있기 때문에 전자의 이동이 불가능하다. 물론 전도대에는 전자 자체가 없으므로 전자 이동이 있을 수 없다. 온도가 올라가면, 가전자대에 있던 전자 중 일부가 에너지를 얻게 되어 전자가 없었던 전도대, 즉 높은 에너지 준위로 올라갈 수 있게 된다. 전도대로 올라간 전자는 수많은 비어 있는 에너지 준위들을 통하여 이동이 가능하며, 전류를 발생시킬 수 있게 된다.

1.2. 크로니-페니 (Kronig-Penny) 모델

이미 앞에서 살펴본 바와 같이, 원자 사이의 거리가 충분히 떨어져 있을 경우 각 원자에 소속되어 있는 전자는 다른 원자들과의 상호작용이 없는 상태이다. 그러나 고체 상태와 같이 원자들이 상호작용을 일으킬 수 있을 정도로 가까워지면 [그림 5] 에 나타내었듯이, 위치 에너지 함수들이 서로 겹치게 된다.

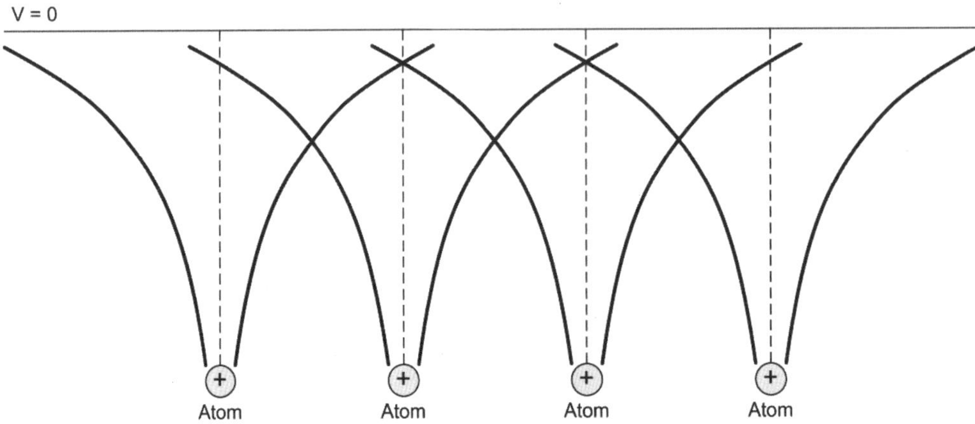

[그림 5] 인접한 원자들의 위치 에너지

고체 내에서 전자는 규칙적으로 배열되어 있는 원자들에 의해 쿨롱 (coulomb) 힘을 받게 되며, 이에 따라 주기적인 위치 에너지 분포가 형성된다. 이 위치 에너지 분포 모양을 수학적으로 쉽게 다룰 수 있도록 [그림 6] 에 나타낸 주기적인 구형 함수로 가정하여 나타내는 것이 편리하며, 이를 크로니-페니 (Kronig-Penny) 모델이라고 한다.

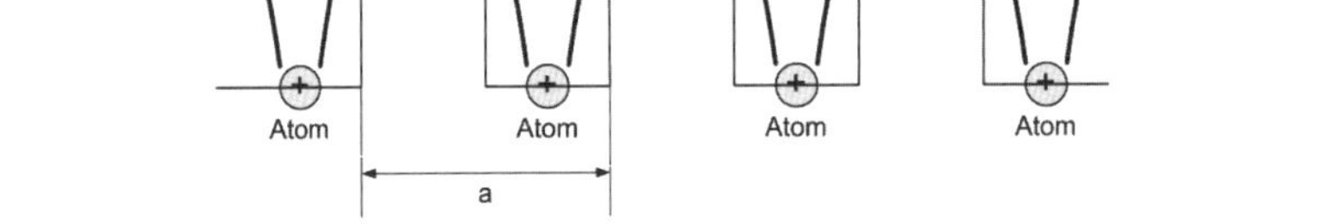

[그림 6] 주기적인 구형 함수

[그림 6] 에서와 같이, 주기 a 로 나타난 N 개의 원자로 이루어진 1 차원 결정에서 주기적인 위치에너지 $V(x)$ 의 영향을 받아 움직이는 전자의 파동방정식은 다음과 같이 나타낼 수 있다.

$$-\frac{\hbar^2}{2m}\frac{d^2\psi(x)}{dx^2}+V(x)\psi(x)=E\psi(x) \tag{1}$$

위치 에너지 $V(x)$ 는 결정과 같은 주기 a 를 가지고 있으므로 다음과 같이 나타낼 수 있다.

$$V(x) = V(x+a) \tag{2}$$

식 (1) 의 해를 통하여, 결정 내 전자의 파동 함수를 알 수 있다. V(x) 가 주기적이기 때문에 식 (1) 의 해 $\psi(x)$ 도 주기적이라고 예상할 수 있으며, 실제로 식 (1) 의 해는 다음에 나타낸 것과 주기성을 가진다.

$$\psi(x) = \exp(jkx) u_k(x) \tag{3}$$

여기서, $u_k(x)$ 는 $V(x)$ 와 같은 주기 a 를 갖는 주기함수이며, $\exp(jkx)$ 항은 진행파를 나타낸다. 이와 같은 형태를 Bloch 파동 함수라고 한다.

[그림 7] 에 나타내었듯이, 위치에너지의 영향을 받으며 움직이는 전자의 파동 방정식을 세 영역으로 나누어 고찰해보자.

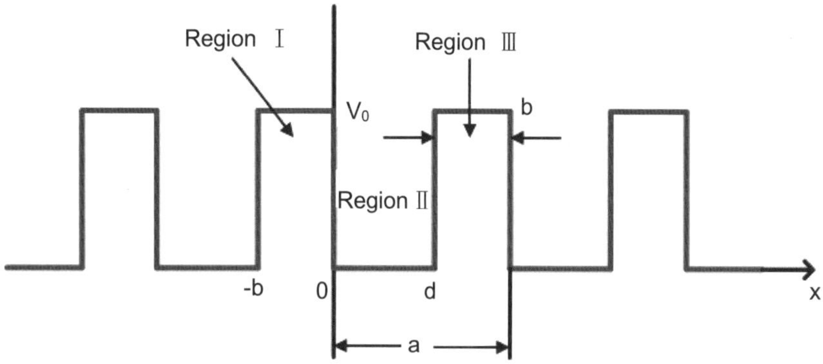

[그림 7] 크로니-페니 (Kronig-Penny) 모델

1) 영역 Ⅱ $(0 < x < d)$ 에서 $V(x) = 0$ 이므로 슈뢰딩거 파동방정식은 다음과 같다.

$$-\frac{\hbar^2}{2m}\frac{d^2\psi}{dx^2} = E\psi \tag{4}$$

이 파동방정식의 해는 다음과 같다.

$$\psi_{\mathrm{II}}(x) = A\exp(j\alpha x) + B\exp(-j\alpha x) \tag{5}$$

여기서, α 는 다음과 같이 정의된다.

$$\alpha = \sqrt{\frac{2mE}{\hbar^2}} \tag{6}$$

2) 영역 Ⅰ (-b<x<0) 에서 $V(x) = V_0$ 이므로 슈뢰딩거 파동방정식은 다음과 같이 표현된다.

$$-\frac{\hbar^2}{2m}\frac{d^2\psi}{dx^2} + V_0\psi = E\psi \tag{7}$$

이 경우, 파동방정식의 해는 다음과 같다.

$$\psi_{\mathrm{I}}(x) = C\exp(\beta x) + D\exp(-\beta x) \tag{8}$$

여기서, β 는 다음과 같이 정의된다.

$$\beta = \sqrt{\frac{2m}{\hbar^2}(V_0 - E)} \tag{9}$$

3) 영역 Ⅲ 에서의 해는 Bloch 정리를 이용하여, 영역 Ⅰ 에서의 해로부터 구할 수 있다. 즉, x 가 영역 Ⅲ 에 있다면 $(x-a)$ 는 영역 Ⅰ 에 있게 되어 $\psi(x-a)$ 에 대해 (8) 식을 사용할 수 있다. 따라서 파동방정식의 해는 다음과 같다.

$$\psi_{\mathrm{III}}(x) = \exp(jka)[C\exp(\beta(x-a)) + D\exp(-\beta(x-a))] \quad (d < x < a) \tag{10}$$

위치 에너지 함수 $V(x)$ 는 모든 영역에서 유한하므로, $x=0$ 과 $x=d$ 에서 파동함수와 파동함수의 1 차 미분도 반드시 연속이어야 한다. $x=0$ 에서 경계조건 $\psi_{\mathrm{I}}(x) = \psi_{\mathrm{II}}(x)$ 를 적용하면 다음과 같은 식을 얻을 수 있다.

$$A + B = C + D \tag{11}$$

또, $x=0$ 에서 $d\psi_{\mathrm{I}}(x)/dx = d\psi_{\mathrm{II}}(x)/dx$ 를 적용하면 다음과 같은 식을 얻을 수 있다.

$$j\alpha(A-B) = \beta(C-D) \tag{12}$$

유사한 방법으로 $x=d$ 에서 경계조건을 이용하면 $\psi_{\mathrm{II}}(x)$ 와 $\psi_{\mathrm{III}}(x)$ 로부터 다음 식을 얻을 수 있다.

$$\begin{aligned} &A\exp(j\alpha d) + B\exp(-j\alpha d) \\ &\quad = \exp(jka)[C\exp(\beta(d-a)) + D\exp(-\beta(d-a))] \end{aligned} \tag{13}$$

$$\begin{aligned} &j\alpha(A\exp(j\alpha d) - B\exp(-j\alpha d)) \\ &\quad = \exp(jka)\beta[C\exp(\beta(d-a)) - D\exp(-\beta(d-a))] \end{aligned} \tag{14}$$

A, B, C, D 가 모두 0 이 될 수는 없다. 따라서 식 (11) 부터 식 (14) 까지 에서 이들의 계수로 이루어진 행렬식이 0 이 되어야 한다. 즉, 아래 행렬식의 determinant 가 0 이어야 한다.

$$\begin{vmatrix} 1 & 1 & -1 & -1 \\ j\alpha & -j\alpha & -\beta & \beta \\ e^{j\alpha d} & e^{-j\alpha d} & -e^{jk\alpha}e^{\beta b} & -e^{jk\alpha}e^{-\beta b} \\ j\alpha e^{j\alpha d} & -j\alpha e^{-j\alpha d} & -\beta e^{jk\alpha}e^{\beta b} & \beta e^{jk\alpha}e^{-\beta b} \end{vmatrix} \tag{15}$$

여기서, b 는 a-d 이다. 이 행렬식을 전개하면 다음과 같은 에너지 제한 조건이 얻어진다.

$$\cos ka = \frac{\beta^2 - \alpha^2}{2\alpha\beta} sin\alpha d \sinh\beta b + \cos\alpha d \cosh\beta b \tag{16}$$

이 식의 좌변은 항상 1 보다 작아야 하므로 이 식의 우변이 1 보다 작게 되는 에너지는 허용 (allowed) 된다고 하고 1 보다 큰 경우의 에너지는 금지 (forbidden) 된다고 한다. 해의 성질을 이해하기 위해 다음에 나타낸 몇 가지 특별한 경우를 살펴보자.

1) $V_0 \rightarrow 0$ 이고, $b \rightarrow 0$ 인 경우 : 장벽이 없는 경우 (자유전자에 해당)
이 경우 식 (16) 은 다음과 같이 표현할 수 있다.

$$\cos ka = \cos\alpha a \tag{17}$$

전위가 0 이므로 총 에너지는 운동에너지와 같게 된다.

$$\alpha = k = \sqrt{\frac{2mE}{\hbar^2}} = \sqrt{\frac{2m(\frac{1}{2}mv^2)}{\hbar^2}} = \frac{p}{\hbar} \tag{18}$$

여기서, k 는 파수 (wave number) 를 의미한다.
자유입자의 에너지와 운동량은 다음과 같은 관계를 가진다.

$$E = \frac{p^2}{2m} = \frac{k^2\hbar^2}{2m} \tag{19}$$

자유입자의 운동량과 에너지의 관계는 [그림 8] 에 나타내었다. [그림 8] 에서 보듯이, 자유입자의 에너지와 운동량의 관계는 포물선 모양을 나타낸다.

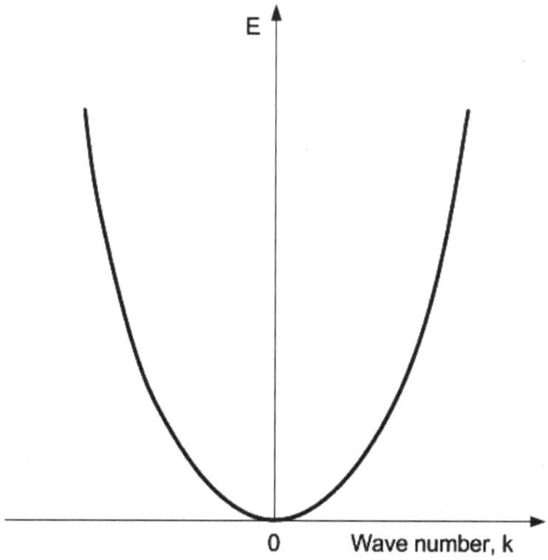

[그림 8] 자유입자 에너지와 운동량과의 관계

2) $V_0 \rightarrow \infty$, $b \rightarrow \infty$ 인 경우 : 무한 포텐셜 장벽에 갇혀 있는 입자

이 경우 식 (16) 은 다음과 같이 나타낼 수 있다.

$$\cos ka = S\frac{1}{2}\exp(\beta b) \tag{20}$$

여기서 S 는 다음식과 같이 나타낼 수 있다.

$$S = \frac{(\beta^2 - \alpha^2)}{2\alpha\beta} sin\,\alpha d + \cos\alpha d \tag{21}$$

S = 0 가 되어야만 식 (20) 이 성립할 수 있다. 따라서 다음의 조건을 만족해야 실근을 갖는 해를 얻을 수 있다.

$$\alpha d = n\pi \quad (n = 0,\ 1,\ 2,\ \cdots) \tag{22}$$

따라서, 입자가 가질 수 있는 에너지는 다음과 같이 나타낼 수 있다.

$$E_n = \frac{\hbar^2\pi^2 n^2}{2md^2} \quad (n = 0,1,2,\cdots) \tag{23}$$

3) 단결정 내에서의 입자

단결정에서는 장벽의 크기 V_0 는 굉장히 크고 반면 장벽의 폭 b 는 대단히 작아서 거의 0 으로 취급할 수 있고, 그 곱 bV_0 는 일정하다. 이 경우 d = a-b 이므로 식 (16) 은 다음과 같이 표현된다.

$$\cos ka = \frac{\beta^2 - \alpha^2}{2\alpha\beta} sin\alpha(a-b)\sinh\beta b + \cos\alpha(a-b)\cosh\beta b \tag{24}$$

장벽의 폭 b 는 거의 0 으로 감소하는 경우이므로 식 (24) 는 다음과 같이 표현할 수 있다.

$$\cos ka = \frac{\beta^2 - \alpha^2}{2\alpha\beta} sin\alpha a\beta b + \cos\alpha a = \frac{b(\beta^2 - \alpha^2)}{2\alpha} sin\alpha a + \cos\alpha a \tag{25}$$

식 (25) 는 다음과 같이 간략하게 나타낼 수 있다.

$$\cos ka = \frac{P'}{\alpha a} sin\alpha a + \cos\alpha a \tag{26}$$

여기서, P' 는 다음과 같이 나타낼 수 있다.

$$P' = \frac{ab(\beta^2 - \alpha^2)}{2} \tag{27}$$

식 (26) 의 좌변을 함수 $f(\alpha a)$ 로 정의하면, 다음과 같다.

$$f(\alpha a) = \frac{P'}{\alpha a} sin\alpha a + \cos\alpha a \tag{28}$$

이 함수 $f(\alpha a)$ 를 도시하면 [그림 9] 와 같은 형태가 된다. 함수 $f(\alpha a)$ 는 $\cos ka$ 이므로 이 식이 성립하려면 함수 $f(\alpha a)$ 는 반드시 +1 과 -1 사이에 존재해야 하고, 이를 [그림 9] 에서 어두운 영역으로 표시하였다. α 는 식 (18) 에 나타내었듯이 입자의 에너지 E 와 연관되어 있다.

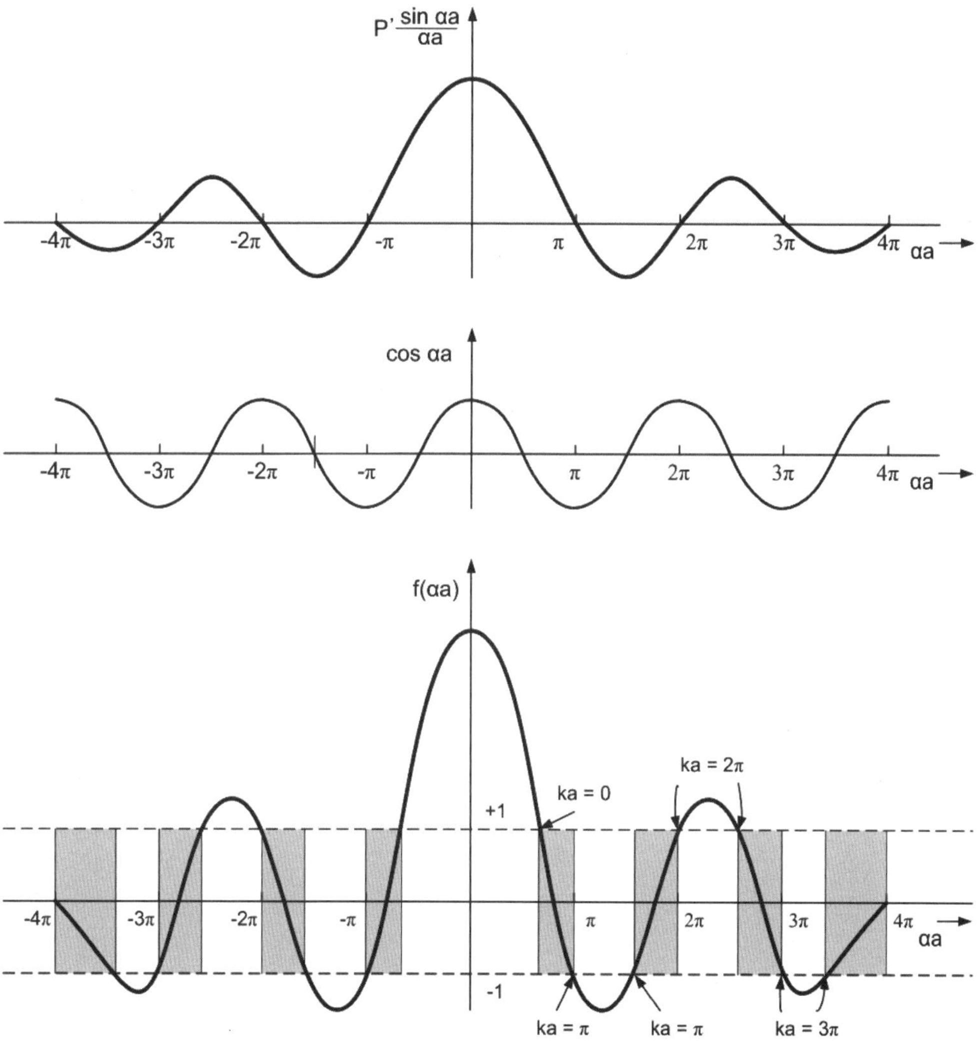

[그림 9] $f(\alpha a)$ 함수를 αa 의 함수로 그린 그림

결국, 결정내의 입자는 [그림 9] 에서 보듯이 어떤 구간내의 에너지 값을 가질 수 없다는 결론을 내릴 수 있다. 이 구간을 금지대 (forbidden band) 라고 하며, 에너지 값을 가질 수 있는 구간은 허용대 (allowed band) 라고 한다.

결정 내 입자의 에너지와 운동량과의 관계를 나타내는 E-k 다이어그램을 [그림 10 (a)] 에 나타내었다. 식 (16) 의 좌변에 있는 $\cos ka$ 는 주기함수이므로 ka 값이 2π 의 정수배 만큼 바뀌어도 식은 변하지 않는다. 따라서 k 값이 -π/a 에서 π/a 까지의 범위 내에 오도록 [그림 10 (a)] 를 다시 그리면 축소된 k 공간에서의 E-k 다이어그램을 얻을 수 있다. 이를 [그림 10 (b)] 에 나타내었다.

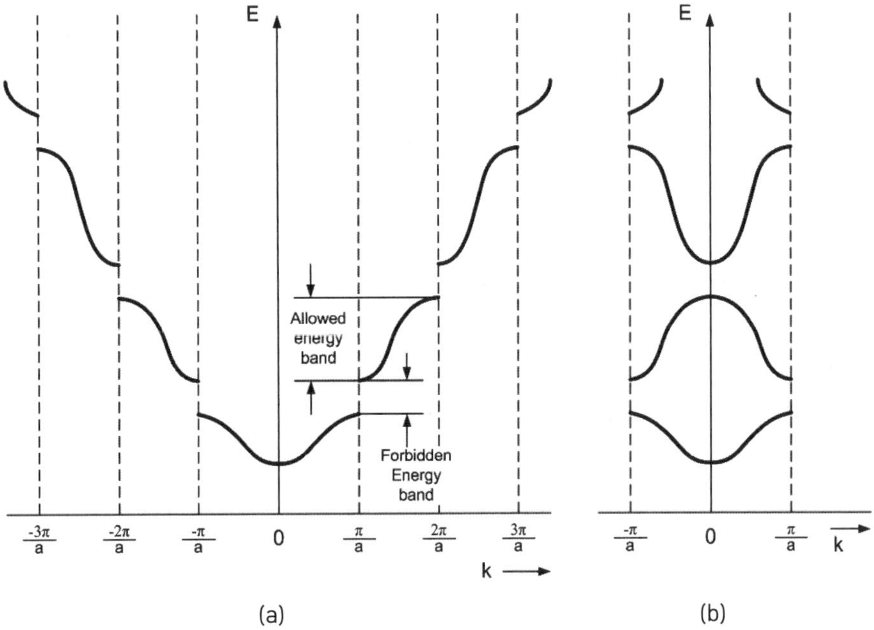

[그림 10] (a) 결정내 입자의 에너지와 운동량과의 관계를 나타내는 E-k 다이어그램
(b) 축소된 k 공간에서의 E-k 다이어그램

지금까지 단결정에서 입자들의 움직임을 모델링하기 위해 1 차원 주기 함수를 사용한 크로니-페니 (Kronig-Penny) 모델을 살펴보았다. 이 모델에서 중요한 것은 전자들은 결정에서 허용된 에너지 구간만을 차지할 수 있고, 금지된 에너지 구간은 차지할 수 없다는 것이다. 실제 3 차원 단결정에도 이와 유사한 에너지 밴드 이론을 적용할 수 있다.

1.3. 도체, 절연체, 반도체의 에너지 밴드

모든 고체는 [그림 11] 에 나타내었듯이, 각자의 에너지 밴드 구조를 가지고 있다. 이러한 에너지 밴드 구조는 각 물질의 전기적 특성의 원인이 된다.

먼저 금속과 같은 도체의 경우에는 가전자대와 전도대가 중첩되어 있거나, 전도대가 부분적으로 전자로 채워져 있게 된다. 따라서 전도대에는 전자로 채워진 에너지 준위와 전자가 없는 빈 에너지 준위가 공존하게 되므로, 외부 전계의 영향을 받으면 전자가 자유롭게 이동을 할 수 있게 된다. 그런 이유로 금속은 높은 전기 전도도를 가지게 된다.

반면, 절연체와 반도체는 절대온도 0 도에서 전자가 하나도 없는 빈 전도대와 전자로 완전히 차있는 가전자대로 구분되어 있는 에너지 밴드 구조를 가지고 있다. 즉 전자가 하나도 없이 비어있는 전도대와 전자가 가득 차 있는 가전자대는 전자가 존재할 수 있는 에너지 준위가 하나도 없는 에너지 밴드 갭 (energy band gap, E_g) 만큼 떨어져 있다.

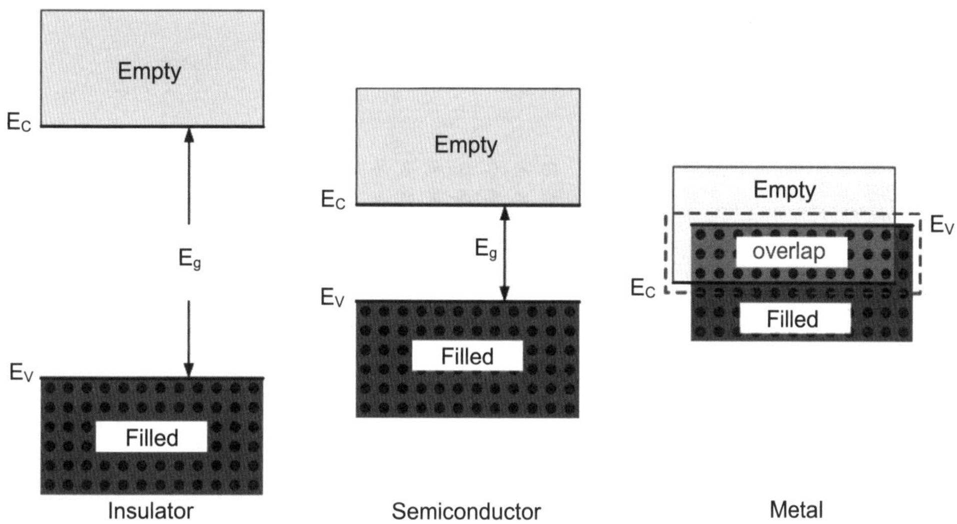

[그림 11] 절대온도 0 도에서의 대표적인 에너지 밴드 구조

절연체와 반도체의 차이는 이 에너지 밴드 갭 크기의 차이에 있다. 다이아몬드 구조의 경우에는 대역간극이 약 5 eV 정도인데, 반도체 실리콘은 약 1.1 eV 이다. 따라서 반도체는 에너지 밴드 갭이 작기 때문에, 어느 정도의 에너지를 공급받으면 가전자대에서 전도대로 전자가 올라갈 수 있게 된다. 그러나 절연체는 큰 에너지를 공급받아야만 전자가 전도대로 올라갈 수 있게 된다. 그 결과 반도체에서는 손쉽게 전기 전도도를 제어할 수 있으며, 이를 통하여 원하는 전기적 특성을 얻을 수 있게 된다.

1.4. 전자와 정공

반도체의 전기적 특성은 전도대의 전자뿐만 아니라 가전자대에 있는 전자도 함께 전류의 흐름에 기여한다는 것이다. 절대온도 0 도에서 공유결합에 의하여 모든 전자가 구속되어 있기 때문에 전기적으로 중성을 띠게 된다. 그러나 온도가 증가하면 [그림 12 (a)] 에서 보듯이 결정의 격자구조는 열 진동 때문에 가전자를 방출한다. 이와 같이 공유결합을 깨뜨리기에 필요한 에너지는 에너지 밴드 갭에 해당하며, 이를 이온화 에너지라고 한다.

에너지 밴드 구조에서 생각해보면 절대온도 0 도에서 전도대는 에너지 준위는 많지만 전자가 없기 때문에 전자의 운동이 불가능하며, 가전자대는 전자는 많지만 빈 에너지 준위가 없기 때문에 역시 전자의 운동이 불가능하여 전기적으로 중성을 유지하는 완전한 절연체가 된다. 그러나 온도가 증가하면 [그림 12 (b)] 에서 보듯이 열에너지를 받은 가전자대의 전자가 전도대의 빈 에너지 준위로 올라가게 되어 전도대에 전자가 존재하게 된다.

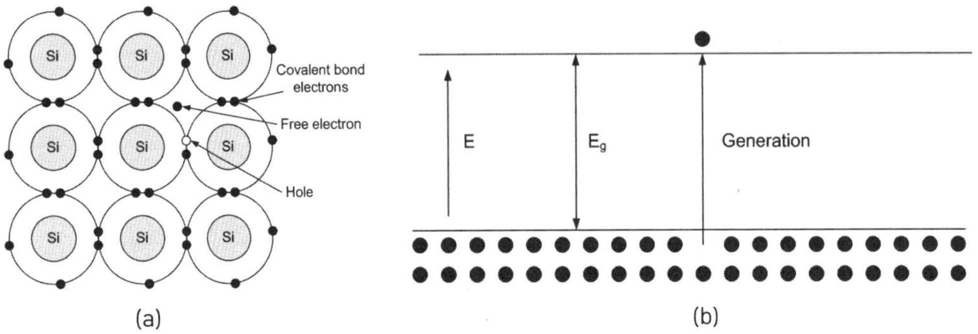

[그림 12] 공유결합이 깨지면서 발생한 전자와 정공의 생성을 (a) 2차원 그림과 (b) 에너지 밴드에 나타낸 모습

실온에서 순수한 실리콘의 경우를 고려해보면, 전도대에 존재하는 전자는 열적 평형 상태에서 10^{10}개/cm^3 이지만 실리콘 원자의 밀도는 $5\times10^{22}/cm^3$ 에 이른다. 따라서 전도대에는 전자의 수에 비해서 빈 에너지 준위가 매우 많기 때문에 이들을 통하여 전자의 자유로운 이동이 가능하다.

반면에 가전자대에는 전자가 빠져나간 빈 에너지 준위가 존재하게 되며, 이곳으로 다른 전자들의 이동이 가능해진다. 이처럼 전류 전도에 기여하는 것은 전도대에 있는 전자뿐만 아니라 가전자대에 있는 전자도 포함한다. 이때 가전자대에서는 빈 에너지 준위를 채우는 식으로 전자의 이동이 일어나므로, [그림 13] 에 나타낸 것과 같이 거시적으로 보면 빈 에너지 준위가 이동하는 것과 같은 모습을 보이게 된다. 따라서 이러한 가전자대의 빈 에너지 준위를 정공 (hole) 이라고 하며, 가전자대에서는 정공의 이동이 전류에 기여하는 것으로 생각할 수 있다. 이러한 이유는 가전자대에서는 어떤 특정 전자의 이동에 의하여 전류가 생기는 것이 아니라, 빈 에너지 준위를 순차적으로 채우는 수많은 전자들의 움직임에 의하여 전류에 기여하기 때문이다. 따라서 전자의 이동으로 가전자대에서의 전류의 기여를 고려하기에는 매우 어렵기 때문에, 정공의 움직임을 따라서 전류의 효과를 따지는 것이 용이하다.

가전자대의 전자가 전도대로 올라가면서 전도대의 전자와 가전자대의 정공이 동시에 생성되므로, 이들을 전자-정공쌍 (electron-hole pair : EHP) 이라고 한다. 따라서 반도체에서 전류에 대한 고려를 할 때에는 전자와 정공 모두에 대해서 함께 따져야만 한다. 이때 전자는 음의 전하 (-q) 를 가지며, 정공은 양의 전하 (+q) 를 가지게 된다. 정공의 전하는 정공의 운동이 전자의 운동과 반대로 움직인다는 것을 고려하면 쉽게 이해될 수 있다.

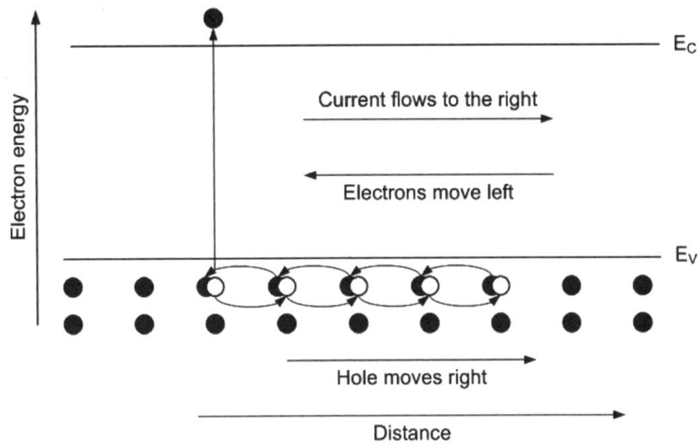

[그림 13] 반도체에서 정공의 운동

1.5. 유효질량

전자와 정공의 또 다른 기본 성질로 질량을 고려할 수 있다. 그러나 전자와 정공의 질량은 일반적인 진공에서의 전자 질량과는 차이를 보이게 된다.

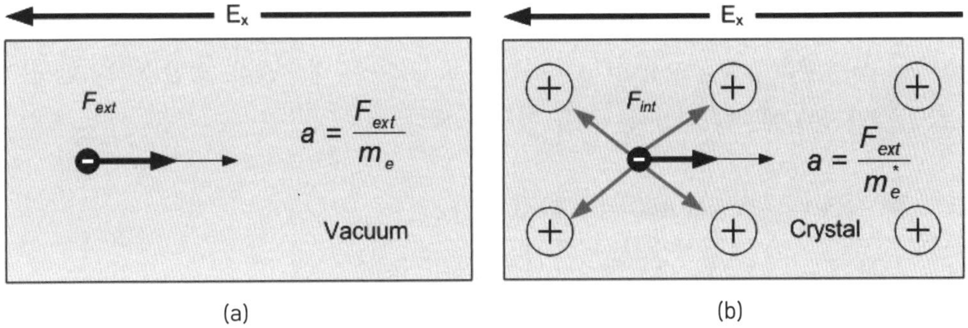

[그림 14] 전계에 의한 전자의 운동

[그림 14 (a)] 에서 보듯이, 진공 중에 있는 전자에 $+x$ 방향으로 전계가 인가되면 전자가 힘을 받게 된다.

$$F_{ext} = qE(x) \tag{29}$$

이때, 전자의 가속도는 다음과 같이 나타낼 수 있다.

$$a = \frac{F_{ext}}{m_e} \tag{30}$$

여기서, m_e 는 진공 중에서 전자의 질량을 나타낸다.

반도체 결정 내에서 움직이는 전자들은 진공 중에서 움직이는 전자들과는 달리 반도체 원자들과 충돌하여 그 속도가 주기적으로 감소한다. 즉, 단순히 외부 전기장의 힘뿐만 아니라 결정 자체의 영향을 받아 발생하는 힘 F_{int} 도 존재하게 된다. 따라서 전자의 가속도는 다음 식과 같이 표현될 수 있다.

$$a_{cryst} = \frac{F_{ext} + F_{int}}{m_e} \tag{31}$$

고체 결정 내에서 원자는 주기적으로 배열되어 있으므로, 내부 힘 F_{int} 도 주기적으로 변화한다. 따라서 x축 상의 위치 변화에 대한 위치 에너지 $V(x)$ 도 역시 주기적이다. 주기적인 위치에너지 $V(x)$ 에 대해 슈뢰딩거 방정식을 풀면 내부 힘의 효과가 전자의 운동에 미치는 영향을 알 수 있다. 그러므로 진공중의 전자의 질량 m_e 대신에 전자의 유효질량 m_e^* 를 사용하면 식 (30) 을 그대로 적용할 수 있다. 유효질량은 양자역학적인 양으로서 뉴턴 (Newton) 역학에서의 관성질량과 같은 역할을 한다. 따라서 결정 내에서 전자의 가속도는 다음과 같이 주어진다.

$$a_{cryst} = \frac{F_{ext}}{m_e^*} \tag{32}$$

즉, 전자에 영향을 주는 모든 내부 힘들은 유효질량 m_e^* 에 포함되어 있다. 정공에 대해서는 m_p^* 라는 유효질량을 사용한다. 이러한 유효질량은 결정 자체의 영향을 고려한 값이므로 물질과 온도에 따라서 다른 값을 가지게 된다.

[표 1] 300 K 에서의 각 반도체 물질들의 유효질량

Material	m_n^*/m_0	m_p^*/m_0
Si	1.18	0.81
Ge	0.55	0.36
GaAs	0.066	0.52

2. 반도체 재료

2.1. 진성 반도체

불순물이나 결정 결함이 하나도 없는 반도체를, 실질적으로는 무시할 만한 양의 불순물만을 가지는 극히 순수한 반도체를 진성 (intrinsic) 반도체라고 한다.

반도체 내에 존재하는 전자 (전도대) 와 정공 (가전자대) 의 농도를 각각 n (개/cm^3) 과 p (개/cm^3) 라고 정의하면, 평형 상태에서의 진성 반도체는 $n_0 = p_0 = n_i$ 로 주어진다 (이때 아래첨자 0 은 평형 상태를 의미한다). 그 이유는 진성 반도체에서의 전하 캐리어는 EHP 생성에 의한 것이 유일하므로 전자와 정공은 쌍을 이루어 생성되고, 따라서 전도대의 전자 농도와 가전자대의 정공의 농도는 동일하게 된다.

주어진 온도에서는 전자-정공쌍의 어떠한 일정한 농도 ni 가 있다. 정상 상태의 캐리어 농도가 일정하게 유지되려면 EHP 발생과 같은 비율로 EHP 의 재결합 (recombination)이 있어야 한다. 재결합은 전도대의 전자가 다시 가전자대의 빈 에너지 준위 (정공) 로 내려가면서 생기며, 이로서 EHP 는 소멸된다. EHP 의 생성률을 gi(/cm^3 · s), 재결합률을 r_i 로 정의하면, 평형 상태에서 $g_i = r_i$ 가 되어야 한다.

2.2. 외인성 반도체

진성 반도체에는 열적으로 생성된 EHP 에 의한 전하 캐리어만이 존재하지만, 그 외에도 결정에 고의적으로 불순물을 넣어서 캐리어를 생성시키는 방법도 있다. 이러한 불순물의 주입을 도핑 (doping) 이라고 하며, 결정에 도핑이 된 반도체를 외인성 (extrinsic) 반도체라고 한다.

도핑 (doping) 이라는 것은, 반도체에 전자나 정공의 농도를 높이기 위해서 특별한 불순물 원자의 양을 조절하여 넣는 것을 말한다. 반도체 물질에 조절된 양의 도펀트를 첨가하는 것은 대부분의 모든 반도체 소자의 제작에서 일반적으로 행해지는 과정이다. 실리콘에 첨가하는 도펀트들을 [표 2] 에 정리하였다.

[표 2] 실리콘에 사용되는 도펀트들 (* 표시는 주로 사용되는 도펀트)

Donor		Acceptor	
P* As* Sb	5 족 원소	B* Ga In Al	3 족 원소

2.2.1. n 형 반도체

순수한 반도체에 5 가의 도펀트 (도너) 를 넣으면 n 형 반도체가 된다. 이때 도너 원자들이 제공하는 자유전자들이 전기 전도의 주요한 역할을 한다. 도너 원자는 최외각 궤도에 5 개의 가전자를 가지고 있다. [그림 15] 에서 보듯이, 순수한 실리콘 결정에서 한 개의 실리콘 원자를 도너 원자로 바꾸어 놓으면 5 개의 가전자 가운데 4 개는 주위의 실리콘 원자들과 공유 결합을 이루게 되며, 나머지 1 개의 가전자는 자유 전자로 존재하게 된다.

[그림 15] (a) n 형으로 도핑된 실리콘, (b) 도너 에너지 밴드

[그림 16] 에 에너지 밴드를 사용한 도너의 움직임을 나타내었다. 도너를 넣으면 에너지 밴드 그림에서 전도대 근처에 도너 준위가 추가된다. T = 0 K 일 경우, 모든 도너 준위는 전자들로 채워져 있다. 그러나 전도대와 도너 준위는 매우 가깝기 때문에 약간의 에너지만 인가되어도 도너 준위의 전자들은 전도대로 올라가게 된다. 이와 같이 도너를 주입한 n 형 반도체는 상온에서는 도너 준위의 전자들이 모두 전도대로 올라가서 자유 전자로 존재하게 된다.

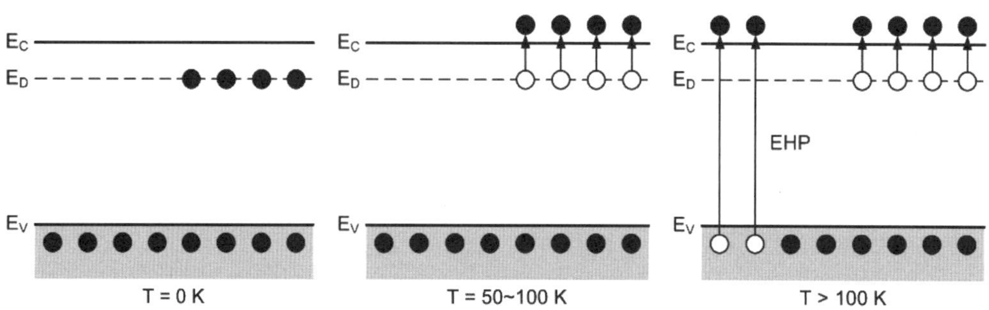

[그림 16] 도너의 움직임을 에너지 밴드에 나타낸 모양

보통 n 형 반도체에서는 정공의 수가 대단히 적으며 전기 전도는 주로 자유전자의 운동에 의해서 이루어진다. 그러므로 전자를 다수 캐리어 (majority carrier), 정공을 소수 캐리어 (minority carrier) 라고 한다.

2.2.2. p 형 반도체

순수한 반도체에 3 가의 도펀트 (억셉터) 를 넣은 반도체를 p 형 반도체라고 한다. 억셉터 원자의 가전자는 3 개이므로, [그림 17] 에 나타내었듯이 실리콘 원자와 바꾸어 놓으면 공유결합을 만족시키지 못하고 결합의 공백이 생긴다. 이러한 결합의 공백은 정공으로 존재하며 모두 자유 캐리어로 전기 전도에 기여하게 된다.

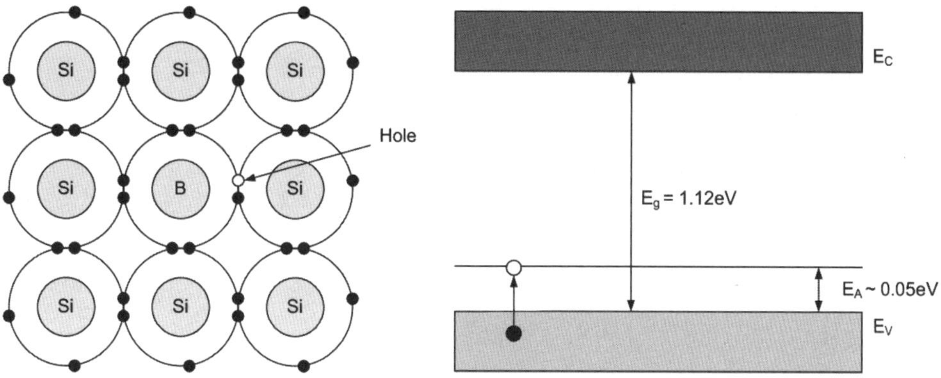

[그림 17] (a) p 형으로 도핑된 실리콘, (b) 억셉터 에너지 밴드

[그림 18] 에 에너지 밴드를 사용한 억셉터의 움직임을 나타내었다. 억셉터를 넣으면 에너지 밴드 그림에서 가전자대 근처에 억셉터 준위가 추가된다. T = 0 K 일 경우, 모든 억셉터 준위는 비어있다. 그러나 가전자대와 억셉터 준위는 매우 가깝기 때문에 약간의 에너지만 주어져도 가전자대의 전자들은 억셉터 준위로 올라가게 된다. 이와 같이 억셉터를 주입한 p 형 반도체는 상온에서는 가전자대의 전자들이 억셉터 준위로 올라가서 가전자대에 정공을 존재하게 한다. 따라서 p 형 반도체에서는 정공이 다수 캐리어, 자유전자가 소수 캐리어가 된다.

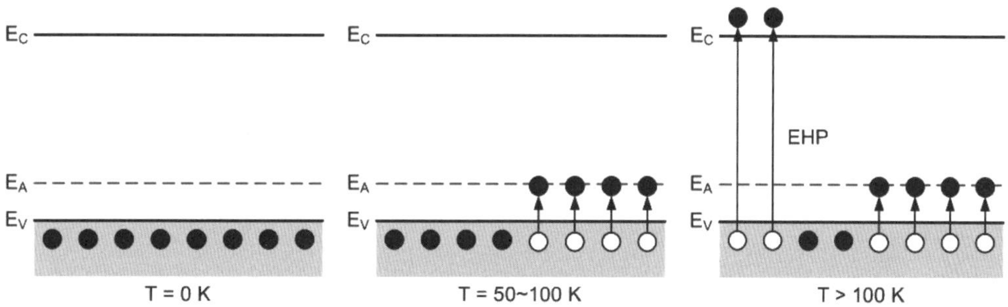

[그림 18] 억셉터의 움직임을 에너지 밴드에 나타낸 모양

3. 캐리어 농도

반도체의 전기적 성질을 계산하고 전자 소자의 동작을 분석하기 위해서는 전하 캐리어의 농도를 알아야 한다. 캐리어에는 앞 절에서 설명한 바와 같이 전도대에 있는 전자와 가전자대에 있는 정공 두 가지가 있다. 반도체내에 있는 전자는 우리가 이미 알고 있듯이 전위 에너지 장벽에 갇혀있는 것으로 간주되기 때문에 연속적인 에너지 값을 가질 수 없다. 따라서 전자의 농도를 구하기 위해서는 다음의 두 가지를 알아야 한다.

1) 전도대에 허용된 에너지 상태가 단위 체적 당 얼마인가?

2) 전도대에 허용된 에너지 상태가 전자로 차있을 확률은 얼마인가?

3.1. 상태 밀도 함수

에너지 밴드는 많은 에너지 준위들로 구성되어 있고, 각각의 에너지 준위에는 허용되는 에너지 상태들이 존재한다. 단위 체적 당 허용되는 에너지 상태의 밀도를 상태 밀도 (density of state) 라고 한다. 상태 밀도 함수를 구하기 위해서는 결정내의 전자가 만족해야 하는 조건을 구해야 한다. 이를 위해 간단히 반도체내의 전자를 한 변의 길이가 각각 L_x, L_y, L_z 인 육면체형의 무한 에너지 장벽에 갇힌 것으로 가정한다. 결정에서 원자간 거리가 세 축에 대해 각각 l_x, l_y, l_z 라고 하면, 결정의 각 축 상의 원자들의 수는 다음과 같이 나타낼 수 있다.

$$n_x = \frac{L_x}{l_x}\ ,\ n_y = \frac{L_y}{l_y}\ ,\ n_z = \frac{L_z}{l_z} \tag{33}$$

k_x 방향의 브릴리언 영역의 폭은 $2\pi\,/\,l_x$ 이고, 다른 방향에 대해서도 동일하다. 그러므로 허용된 x 방향 k 값의 폭은 다음과 같이 나타낼 수 있다.

$$\nabla k_x = \frac{2\pi/l_x}{n_x} - \frac{2\pi}{L_x} \tag{34}$$

한 준위가 차지하는 k 공간상의 체적은 $\nabla k_x \nabla k_y \nabla k_z$ 가 된다. 반대 스핀을 갖는 두 개의 상태는 같은 에너지 준위를 가질 수 있으므로, 한 상태는 단지 이 체적의 절반만 가지면 된다.

$$\frac{1}{2}\nabla k_x \nabla k_y \nabla k_z = \frac{(2\pi)^3}{2\,L_x L_y L_z} \tag{35}$$

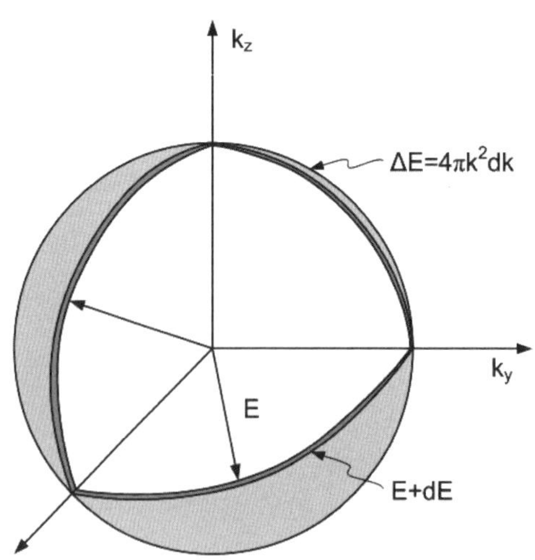

[그림 19] k-공간에서의 부피

[그림 19] 에서 보듯이, 에너지가 E 인 구와 에너지가 $E+dE$ 인 구 사이에서 허용된 에너지 상태의 수는 구면의 표면적을 한 상태가 차지하는 체적으로 나누어 구할 수 있다.

$$N(E)dE = \frac{4\pi k^2 dk}{(2\pi)^3/2L_xL_yL_z} = \left(\frac{k}{\pi}\right)^2 L_xL_yL_z dk \tag{36}$$

단위 결정 체적 당 상태밀도 $N(E)$ 는 식 (36) 을 결정의 체적 $L_xL_yL_z$ 로 나누면 구할 수 있다.

$$N(E) = \frac{\left(\frac{k}{\pi}\right)^2 L_xL_yL_z}{L_xL_yL_z}\frac{dk}{dE} \tag{37}$$

상태 밀도 함수를 전도대와 가전자대에 도입하기 위해서는 에너지 밴드의 포물선 근사식을 적용해야 한다. 자유전자의 경우, 에너지와 운동량은 다음 식에 나타내었듯이 포물선 관계를 가진다.

$$E = \frac{\hbar^2k^2}{2m} \tag{38}$$

[그림 20 (a)] 와 [그림 20 (b)] 는 k-공간에서 전도대와 가전자대의 에너지 밴드를 나타낸 것이다.

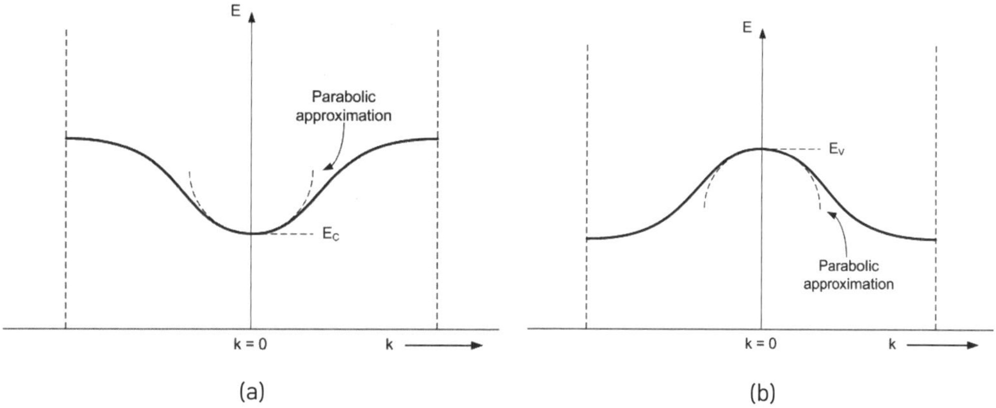

[그림 20] k-공간에서 전도대와 가전자대의 포물선 근사

[그림 20 (a)] 에서 보듯이, 전도대 하단부, 즉 $k=0$ 근처의 $E-k$ 곡선은 다음에 나타낸 식과 같이 포물선으로 근사화 할 수 있다.

$$E = E_c + \frac{\hbar^2k^2}{2m_n^*} \tag{39}$$

여기서, E_c 는 전도대의 최저점 에너지이고 m_n^* 는 전자의 유효질량이다.

가전자대의 경우도 동일한 방법으로 다음과 같은 포물선 식으로 근사화 시킬 수 있다.

$$E = E_v - \frac{\hbar^2 k^2}{2m_p^*} \tag{40}$$

여기서, E_v 는 가전자대의 최고점 에너지이고 m_p^* 는 정공의 유효질량이다.

식 (39) 를 식 (36) 에 적용시키면, 전도대에서의 상태밀도 함수는 다음과 같이 나타낼 수 있다.

$$N_c(E) = \frac{1}{2\pi^2}\left(\frac{2m_n^*}{\hbar^2}\right)^{3/2}\sqrt{E - E_c} \tag{41}$$

마찬가지로 가전자대에서의 상태밀도 함수는 다음과 같이 나타낼 수 있다.

$$N_v(E) = \frac{1}{2\pi^2}\left(\frac{2m_p^*}{\hbar^2}\right)^{3/2}\sqrt{E_v - E} \tag{42}$$

3.2. 분포 함수

캐리어 농도를 구하기 위해서는 에너지 준위 범위에서의 캐리어의 분포 상태를 조사하여야 한다. 고체 내의 전자는 전자들의 구별 불가능성 (indistinguishability), 파동성 및 파울리의 배타 원리를 고려하여 나온 결과인 Fermi-Dirac 의 통계를 따른다. 따라서 열적 평형 상태에서 허용된 에너지 준위 범위에서의 전자 분포는 다음 식과 같이 표현된다.

$$f(E) = \frac{1}{1 + \exp\left(\frac{E - E_F}{kT}\right)} \tag{43}$$

여기서, k 는 Boltzmann 상수 (k = 8.62×10^{-5} eV/K = 1.38×10^{-23} J/K) 이다.

함수 f(E), 즉 Fermi-Dirac 분포 함수는 전자가 절대온도 T 에서, 에너지 E 에 있는 에너지 준위를 점유할 확률을 의미한다. 이때 E_F 는 Fermi 준위라고 하며, 반도체의 동작을 분석하는데 있어서 중요한 양으로, E_F 의 에너지에서 점유확률은 식에 따라서 1/2 이 된다. 따라서 Fermi 준위에서의 에너지 준위는 전자에 의하여 점유될 확률이 1/2 이다. f(E)의 모양은 0 K 에서는 단순한 직사각형 모양을 취한다. (T = 0 K 일 경우, E < E_F 이면 f(E) 는 1/(1+0) = 1 이고, E > E_F 이면 1/(1+∞) = 0). 따라서 [그림 21] 에서 보듯이 0 K 에서는 E_F 까지의 모든 에너지 준위는 전자들로 채워져 있고, E_F 를 초과하는 모든 에너지 준위는 비어있다. 0 K 보다 높은 온도의 경우 Fermi 준위 이상의 에너지 준위는 f(E) 라는 확률로 전자들을 채우게 된다. 또한 Fermi-Dirac 분포 함수는 모든 온도에서 E_F 에 대하여 대칭적인 모양을 가지게 되므로, Fermi 준위보다 낮은 에너지 준위는 (1-f(E)) 의 확률로 비어 있게 된다. 즉, Fermi 준위 (E_F) 를 기준으로 하여 동일한 에너지 차이를 가지는 곳에서의 전자가 채워질 확률과 비어있을 확률은 서로 동일하게 된다.

진성 반도체의 경우 전도대에 존재하는 전자의 농도와 가전자대에 존재하는 정공의 농도는 동일하므로 Fermi 준위 E_F 는 에너지 밴드 갭의 중앙에 위치할 것이다. 그러나 n 형 반도체의 경우에는 전도대 전자의 농도가 가전자대 정공의 농도보다 크기 때문에, E_F 는 전도대쪽인 E_c 에 근접하게 된다. 반대로 p 형 반도체의 경우에는 가전자대의 정공의 농도가 전도대의 전자의 농도보다 크므로, E_F 준위는 가전자대쪽인 E_v 에 근접하게 된다.

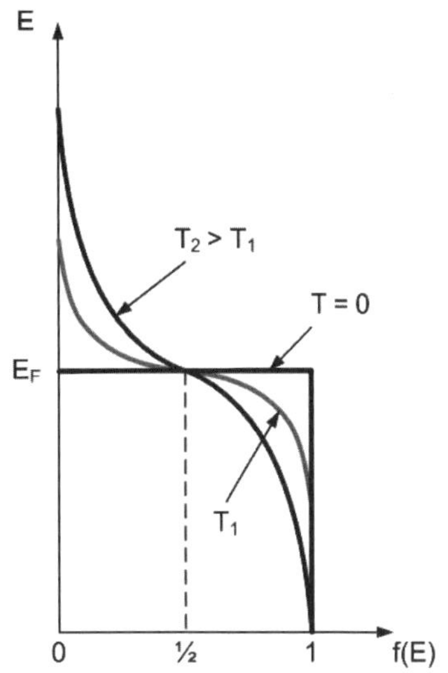

[그림 21] 온도에 따른 Fermi-Dirac 분포 함수

3.3. 평형상태에서의 전자와 정공의 농도

전자와 정공의 농도를 구하기 위해서는 앞에서 언급한 바와 같이 에너지 밴드 내에서 허용된 에너지 준위의 분포를 아는 것이 필요하다. 전도대와 가전자대에서 에너지 E 일 때의 상태밀도는 각각 $N_c(E)$ 와 $N_v(E)$ 로 식 (41) 과 (42) 에 주어졌다.

여기에 앞에서 배운 Fermi-Dirac 분포 함수와 함께 고려를 하면, 전도대의 전자 농도는 다음 식과 같이 표현된다.

$$n_0 = \int_{E_c}^{\infty} f(E) N_c(E) dE \tag{44}$$

여기서 N(E)dE 는 에너지 영역 dE 에 있는 에너지 상태의 밀도(/cm^3) 이다. 같은 방법으로, 가전자대의 정공 농도는 다음 식과 같이 나타낼 수 있다.

$$p_0 = \int_{\infty}^{E_v} (1 - f(E)) N_v(E) dE \tag{45}$$

이를 종합적으로 정리하여 [그림 22] 에 나타내었다.

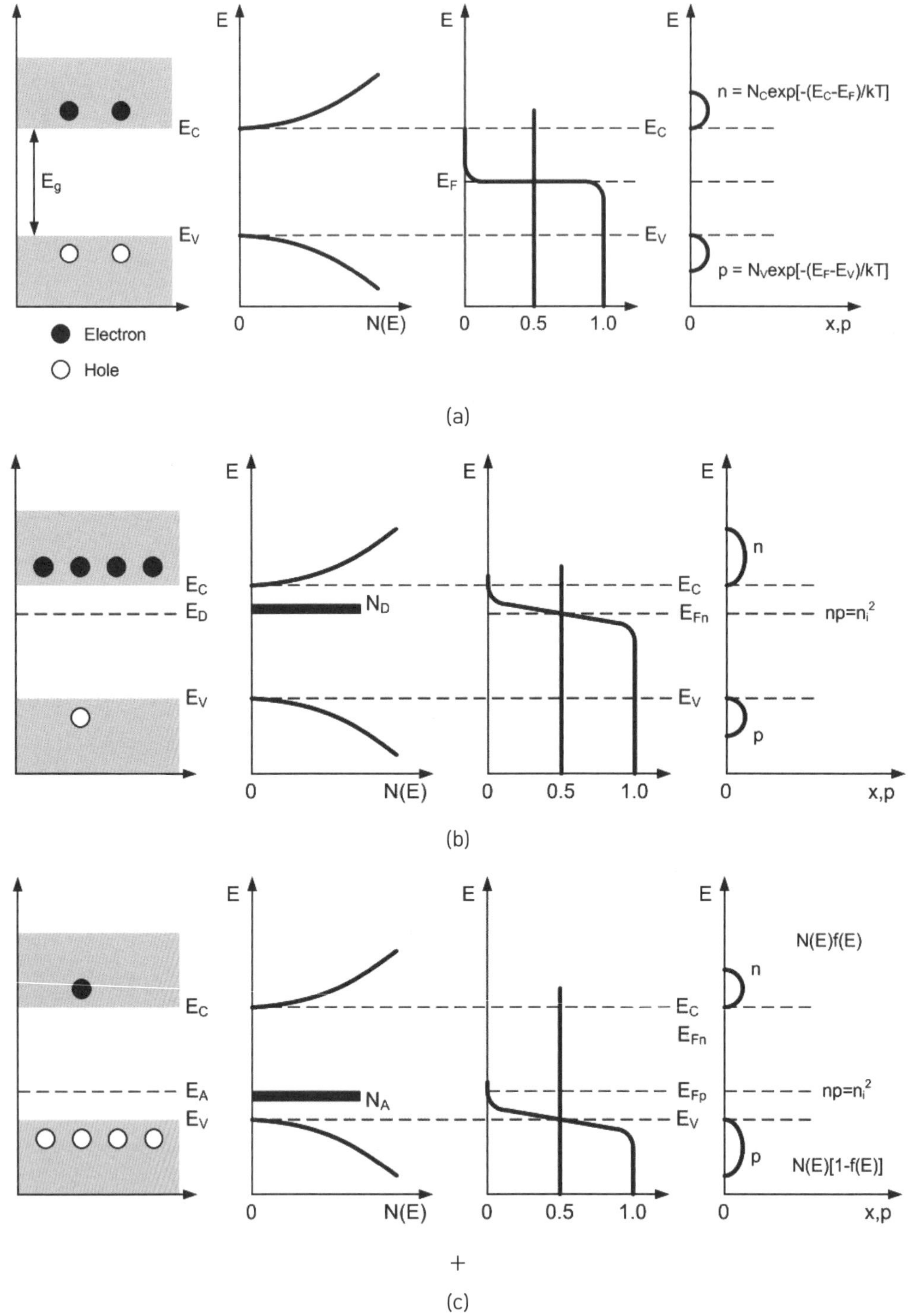

[그림 22] (a) 진성 (b) n 형 (c) p 형 반도체의 평형 상태에서의 에너지 밴드, 상태밀도함수, Fermi-Dirac 분포 및 캐리어 농도

이제부터는 직접 캐리어 농도를 계산해 보도록 하자. 평형 상태에서 전도대의 전자 농도 n_0 을 구하기 위하여 식 (44) 에 식 (41) 의 $N_c(E)$ 와 식 (43) 의 f(E) 를 대입하면 다음과 같은 식을 얻을 수 있다.

$$n_0 = \frac{m_n^* \sqrt{2m_n^*}}{\pi^2 \hbar^3} \int_{E_c}^{\infty} \frac{\sqrt{E-E_c}}{1+\exp\left(\dfrac{E-E_F}{kT}\right)} dE \tag{46}$$

식 (46) 에서 Fermi-Dirac 분포 함수는 [그림 23] 에서 보듯이 Boltzmann 근사, 즉 $E_v + 3kT \leqq E_F \leqq E_c - 3kT$ 의 조건을 만족할 때 다음 식과 같이 근사화 할 수 있다.

$$f(E) = \frac{1}{1+\exp\left(\dfrac{E-E_F}{kT}\right)} \approx \exp\left(-\frac{E-E_F}{kT}\right) \tag{47}$$

이런 경우의 반도체를 축퇴되지 않았다 (nondegenerate) 라고 하며, E_F 가 그 외의 위치에 있을 경우에 그 반도체는 축퇴되었다 (degenerate) 고 말하며, 이와 같은 근사를 적용할 수 없게 된다.

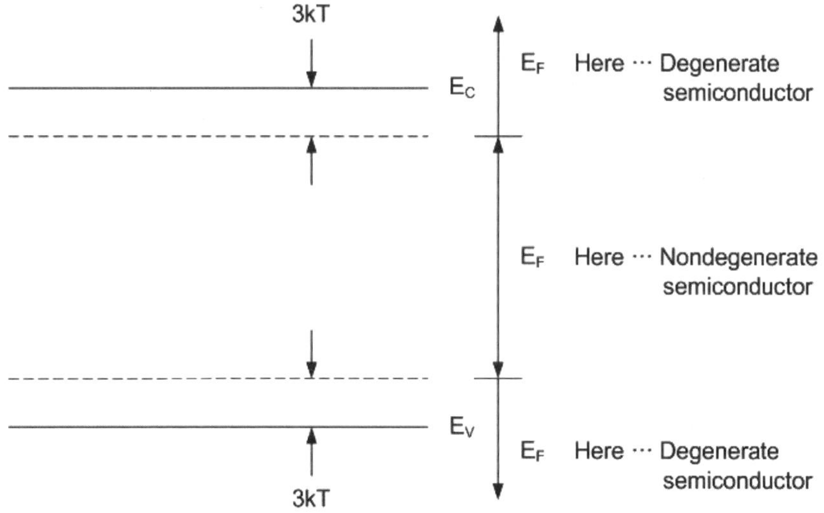

[그림 23] 축퇴된 (degenerate) 반도체와 축퇴되지 않은 (nondegenerate) 반도체

식 (46) 에 식 (47) 을 적용하여, 평형 상태에서 전도대의 전자 농도 n_0 를 구하는 식을 다시 쓰면 다음 식과 같이 표현된다.

$$n_0 = \frac{m_n^* \sqrt{2m_n^*}}{\pi^2 \hbar^3} \int_{E_c}^{\infty} \sqrt{E - E_c}\, \exp\left(-\frac{E - E_F}{kT}\right) dE$$

$$= \frac{m_n^* \sqrt{2m_n^*}}{\pi^2 \hbar^3} \int_{E_c}^{\infty} \sqrt{E - E_c}\, \exp\left(-\frac{E - E_c + E_c - E_F}{kT}\right) dE \tag{48}$$

식 (48) 에서 $E - E_c / kT$ 를 x 로 치환하면 n_0 는 다음 식과 같이 표현된다.

$$n_0 = \frac{kT m_n^* \sqrt{2m_n^* kT}}{\pi^2 \hbar^3} exp\left(-\frac{E_c - E_F}{kT}\right) \int_0^{\infty} \sqrt{x} \cdot \exp(-x)\, dx \tag{49}$$

식 (49) 를 적분해서 정리하면 다음 식과 같다.

$$n_0 = 2\left[\frac{m_n^* kT}{2\pi\hbar^2}\right]^{3/2} \exp\left(-\frac{E_c - E_F}{kT}\right) = N_c \exp\left(-\frac{E_c - E_F}{kT}\right) \tag{50}$$

여기서, N_c 는 전도대에서의 유효상태밀도 (effective density of states) 를 의미하며 다음 식과 같다.

$$N_c = 2\left[\frac{m_n^* kT}{2\pi\hbar^2}\right]^{3/2} \tag{51}$$

같은 방법으로 평형 상태에서 가전자대의 정공의 농도는 다음과 같은 식으로 정리될 수 있다.

$$p_0 = N_v \exp\left(-\frac{E_F - E_v}{kT}\right) \tag{52}$$

이때, N_v 는 가전자대에서의 유효상태밀도이며, 다음 식과 같이 표현된다.

$$N_v = 2\left[\frac{m_p^* kT}{2\pi\hbar^2}\right]^{3/2} \tag{53}$$

식 (50) 과 식 (52) 를 이용하면, $E_c - E_F$ 로서만 n_0 를 구할 수 있으며, 또한 n_0 를 안다면 Fermi 준위를 쉽게 구할 수 있음을 알 수 있다.

진성 반도체의 경우, $n_i = p_i$, $E_F = E_i$ 이므로 다음 두 식이 성립한다.

$$n_i = N_c \exp\left(\frac{E_i - E_c}{kT}\right) \tag{54}$$

$$p_i = n_i = N_v \exp\left(\frac{E_v - E_i}{kT}\right) \tag{55}$$

또, 식 (54) 와 (55) 의 두 항을 곱하면 다음과 같은 식을 얻을 수 있다.

$$n_i^2 = N_c N_v \ \exp\left(-\frac{E_c - E_v}{kT}\right) = N_c N_v \ \exp\left(-\frac{E_g}{kT}\right) \tag{56}$$

진성 캐리어 농도는 온도에 매우 의존적이며, 300 K 에서 실리콘의 경우 1.5×10^{10} /cm^3 이다. 식 (56) 을 정리하면 다음과 같은 식을 얻을 수 있다.

$$n_i = \sqrt{N_c N_v} \ \exp\left(-\frac{E_g}{2kT}\right) \tag{57}$$

또한 식 (54) 와 (55) 를 N_c 와 N_v 에 대하여 정리하면 다음 두 식과 같다.

$$N_c = n_i \exp\left(\frac{E_c - E_i}{kT}\right) \tag{58}$$

$$N_v = n_i \exp\left(\frac{E_i - E_v}{kT}\right) \tag{59}$$

식 (50) 과 (52) 를 식 (58) 과 (59) 에 대입하면 다음의 식들을 구할 수 있다.

$$n_0 = n_i \exp\left(\frac{E_F - E_i}{kT}\right) \tag{60}$$

$$p_0 = n_i \exp\left(\frac{E_i - E_F}{kT}\right) \tag{61}$$

이로부터 알 수 있는 사실은 Fermi 준위가 E_i 로부터 멀어져서 전도대나 가전자대로 이동하면 n_0 나 p_0 가 지수 함수적으로 크게 증가한다는 것이다. 이 두개의 식 (60) 과 (61) 의 두 항을 곱하면 다음과 같이 정리된다.

$$n_0 p_0 = n_i^2 \tag{62}$$

따라서 반도체가 평형 상태일 경우에, 하나의 캐리어 농도를 알면, 나머지 캐리어의 농도는 식 (62) 에 의하여 쉽게 구할 수 있다는 것을 알 수 있게 된다.

3.4. 캐리어 농도의 온도 의존성

앞에서 구한 n_i 에 대한 식 (57) 을 온도에 대한 함수로 나타내면 다음 식과 같다.

$$n_i(T) = 2\left(\frac{2\pi kT}{\hbar^2}\right)^{3/2} (m_n^* m_p^*)^{3/4} \exp\left(-\frac{E_g}{kT}\right) \tag{63}$$

식 (63) 에 의하면 n_i 는 온도 T 를 제외하고는 모두 상수이거나 물질 고유의 값에 의하여 계산되므로, 온도의 함수라는 것을 알 수 있다. 상온에서의 $n_i(T)$ 의 온도 의존성은 지수가 주도하게 되므로 ([그림 24 (a)]), ln n_i 에 대한 $10^3/\mathrm{T}$ 을 그래프로 나타내면 거의 선형의 결과를 얻게 된다 ([그림 24 (b)]).

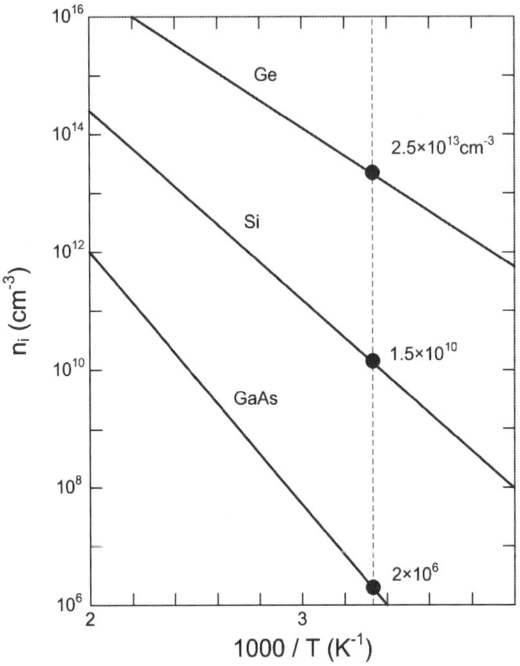

[그림 24] 온도 역수의 함수로 나타낸 Ge, Si, GaAs 의 진성 캐리어 농도

임의의 온도에서 n_i 값은 주어진 반도체 물질에서는 일정한 값을 가지고 있으며, 대부분의 반도체 물질의 n_i 값은 알려져 있다. 따라서 식 (60) 과 (61) 에서 n_i 값은 대부분 주어진 값을 사용하게 된다. (예를 들어, 300 K 에서 실리콘의 n_i 값은 $1.5\times10^{10}/\mathrm{cm}^3$ 으로 알려져 있다)

[그림 25] 에 $10^{15}/\mathrm{cm}^3$ 의 도너로 도핑된 반도체 물질에서 전자 농도의 온도 의존성을 나타내었다. 매우 낮은 온도의 경우, 도너 전자는 도너 원자에 속박되어 있으며 진성 EHP 는 무시할 수 있는 양만이 존재한다. 온도가 상승하면 이들 도너 전자는 전도대로 보내지며, 약 100 K 에서는 모든 도너 원자가 이온화된다. 이 범위를 이온화 영역 (ionization region) 이라고 부른다. 모든 도너 원자들이 이온화되면 각 도너 원자는 하나의 전자를 생성하므로 전도대의 전자농도는 도핑된 도너 원자의 수와 같게 되어 $n_0 = N_D = 10^{15}/cm^3$ 이 된다. 이 상태에서는 온도가 올라가도 진성 EHP 의 수 보다 도너로 부터의 전자인 외인성 전자가 많을 때까지는 일정한 n_0 를 가지게 되며, 이 영역을 외인성 영역 (extrinsic region) 이라고 부른다. 높은 온도에서는 n_i 가 N_D 보다 훨씬 많아져서 진성 캐리어가 주

축이 되며, 이 영역을 진성 영역 (intrinsic region) 이라고 한다.

도핑을 한 반도체의 경우에는 이 외인성 영역이 반도체의 동작 온도에 포함되도록 도핑을 한다. 그렇지 않을 경우에는 온도 변화에 의하여 소자의 특성이 바뀌게 되기 때문이다.

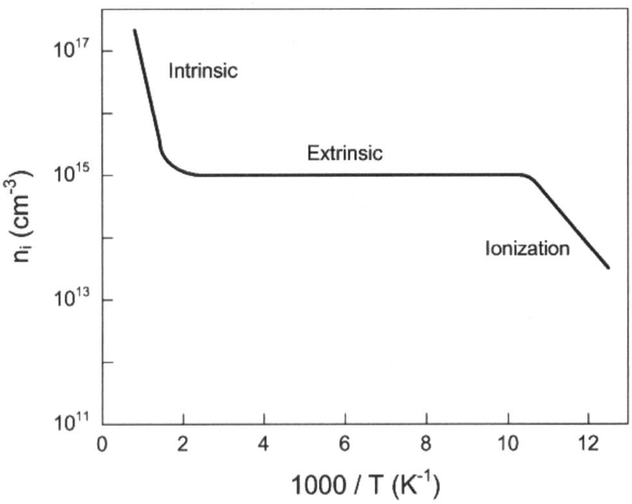

[그림 25] 10^{15}/cm^3 로 도핑된 Si 에서의 캐리어 농도 대 온도 역수의 관계

3.5. 전하중성 조건

평형 상태에서 반도체 내부는 전하중성 조건을 만족한다. 즉, 이 물질에 포함된 모든 양전하 (정공과 이온화된 도너 전자) 와 모든 음전하 (전자와 이온화된 억셉터 원자) 의 합은 0 이 된다.

$$qp_0 - qn_0 + qN_D^+ - qN_A^- = 0 \tag{64}$$

따라서 다음과 같은 식으로 정리할 수 있다.

$$p_0 - n_0 + N_D^+ - N_A^- = 0 \tag{65}$$

만약에 모든 불순물이 이온화되어 있다면, $N_D^+ = N_D$, $N_A^- = N_A$ 로 나타낼 수 있으므로 다음의 식 (66) 으로 표현이 가능해진다.

$$p_0 - n_0 + N_D - N_A = 0 \tag{66}$$

식 (62) 로부터 다음과 같은 식 (67) 을 구할 수 있으며, 이 식 (67) 을 식 (66) 에 대입하면 식 (68) 을 얻을 수 있다.

$$p_0 = \frac{n_i^2}{n_0} \tag{67}$$

$$\frac{n_i^2}{n_0} - n_0 + N_D - N_A = 0 \tag{68}$$

식 (68) 은 식 (69) 와 같은 이차 방정식으로 정리할 수 있으므로, n_0 를 식 (70) 과 같이 표현할 수 있다.

$$n_0^2 - n_0(N_D - N_A) - n_i^2 = 0 \tag{69}$$

$$n_0 = \frac{N_D - N_A}{2} + \left[\left(\frac{N_D - N_A}{2}\right)^2 + n_i^2\right]^{1/2} \tag{70}$$

마찬가지로 p_0 는 식 (71) 과 같이 구해지게 된다.

$$p_0 = \frac{n_i^2}{n_0} = \frac{N_A - N_D}{2} + \left[\left(\frac{N_A - N_D}{2}\right)^2 + n_i^2\right]^{1/2} \tag{71}$$

식 (70) 과 (71) 을 진성 반도체 경우에 대해 적용해보면 $N_A = 0$, $N_D = 0$ 이므로 우리가 이미 알고 있는 진성 반도체의 평형 상태 캐리어 농도인 $n_0 = p_0 = n_i$ 을 얻을 수 있다.

외인성 반도체의 경우, 도너의 농도가 억셉터 농도 보다 매우 크고 진성 캐리어 농도보다도 매우 크다면 ($N_D - N_A \simeq N_D \gg n_i$), 각각 식 (72) 와 (73) 과 같은 캐리어 농도에 대한 식을 얻을 수 있다.

$$n_0 \simeq N_D \tag{72}$$

$$p_0 \simeq n_i^2 / N_D \tag{73}$$

반대로 억셉터의 농도가 도너의 농도와 진성 캐리어 농도보다 매우 크다면 ($N_A - N_D \simeq N_A \gg n_i$), 각각 식 (74) 와 (75) 와 같은 캐리어 농도에 대한 식을 얻을 수 있다.

$$p_0 \simeq N_A \tag{74}$$

$$n_0 \simeq n_i^2 / N_A \tag{75}$$

Chapter 3. 반도체의 캐리어 전송

1. 전기 전도도
2. 캐리어 생성과 재결합
3. 반도체에서의 광학적 프로세스
4. 연속방정식
5. 소수 캐리어 수명
6. 소수 캐리어의 확산 길이
7. 의사 페르미 준위
8. 비동질성 반도체

Chapter 3
반도체의 캐리어 전송

반도체내에서 전자와 정공의 순 흐름은 전류를 생성한다. 이러한 하전 입자들의 이동과정을 전송 (transport) 현상이라고 한다. 반도체의 두 가지 전송 메카니즘은 전계 (electric field) 에 의한 전하의 이동인 드리프트 (drift) 와 캐리어의 농도 차에 의해 발생하는 확산 (diffusion) 이다. 캐리어의 전송 현상은 반도체 소자의 전기적 특성을 결정짓는 기초가 된다. 반도체가 빛과 같은 외부에너지를 얻게 되면 여기과정에 의해 전도대 (conduction band) 에는 전자가 가전자대 (valence band) 에는 정공이 동시에 생성 (generation) 된다. 이와는 반대로 전도대의 전자와 가전자대의 정공이 동시에 소멸되는 것을 재결합 (recombination) 이라고 하며, 이 경우 에너지 방출 과정이 수반된다. 흡수와 방출은 반도체의 광학적 특성에 연관된 매우 중요한 과정일 뿐만 아니라 연속방정식 (continuity equation) 을 이해하는데도 중요한 역할을 한다. 연속방정식은 반도체내에서 캐리어들의 확산과 드리프트 및 캐리어의 생성과 재결합을 한 개의 식으로 나타낸 것으로 반도체의 전기적 및 전기-광학적 특성을 이해하는데 기본이 되는 매우 중요한 식이다.

본 장에서는 반도체에서 실제로 전류의 흐름을 야기하는 드리프트와 확산과정에 대해 알아보고, 캐리어의 생성과 재결합 과정을 반도체의 전기적 및 광학적 특성과 연관해서 설명하였다. 또한, 연속방정식을 이용하여 시간과 위치에 따른 캐리어 농도 변화와 이에 따른 반도체의 전기적 및 전기-광학적 특성들에 대한 영향을 자세히 논의하였다.

1. 전기 전도도

지금까지는 평형상태에서의 캐리어 농도에 대하여 살펴보았다. 이제는 실제로 반도체가 동작하여 전류가 흐르는 경우의 캐리어의 동작에 대해서 살펴보도록 한다.

1.1. 드리프트 (drift) 와 이동도

평형상태에서 캐리어는 움직이지 않을 것이라고 생각되지만, 실제로는 열적으로 계속해서 움직이고 있다. 이 때 격자 원자, 불순물, 다른 전자 및 결함 등과 충돌을 하면서 [그림 1] 과 같은 불규칙적인 산란을 하게 된다. 이러한 캐리어의 움직임은 매우 빠르며, 예측이 불가능하다. 그러나 거시적으로 많은 수의 캐리어에 대하여 고려를 하면 이러한 움직임은 0 이며, 실제로 전류를 발생시키지 않게 된다.

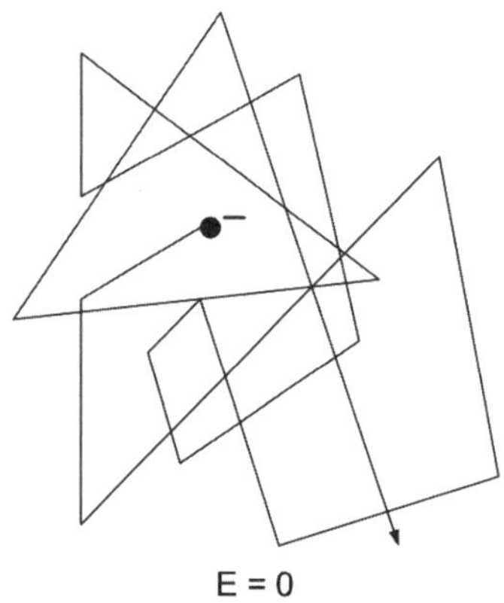

[그림 1] 캐리어의 열적 운동

반도체에 전계를 걸게 되면, 가해진 전기장에 따라서 전하를 가진 캐리어들은 움직이게 되는데 ([그림 2 (a)]) 이것을 드리프트 (drift) 라고 한다. 그러나 캐리어들은 산란에 의하여 움직임을 방해받게 된다. ([그림 2 (b)]) 하지만 이러한 산란을 직접 고려하여 캐리어의 움직임을 따지는 것은 불가능한 일이다. 따라서 거시적으로 캐리어의 움직임을 고려한다. ([그림 2 (c)])

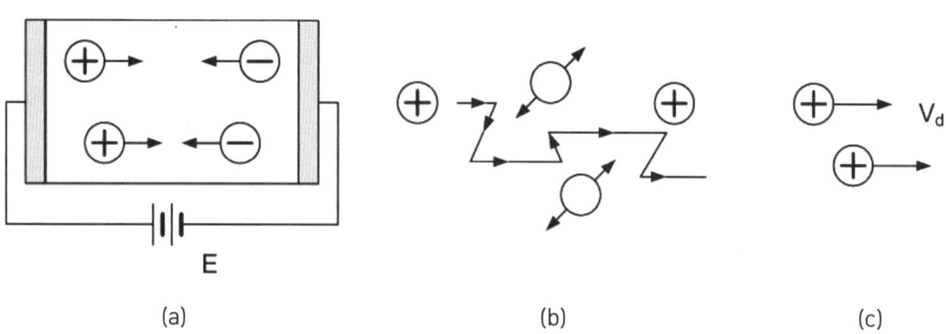

[그림 2] 인가된 전기장에 따른 캐리어의 움직임

반도체에 전계 E 가 걸리면 전자에 $-qE$ 만큼의 힘이 작용하게 된다. 만약에 전자가 충돌을 겪은 평균 시간 간격을 $\bar{t}$ 라고 하면, 전자에 가해지는 충격량은 $-qE\ \bar{t}$ 이고, 전자가 얻은 운동량은 $m_n^*\ v_d^n$ 이므로 다음과 같은 관계가 성립된다.

$$-qE\ \bar{t} = m_n^*\ v_d^n \tag{1}$$

따라서 캐리어가 전계의 영향으로 움직이는 평균 속도 (drift velocity) 는 다음과 같이 나타낼 수 있다.

$$v_d^n = \left(-\frac{q\ \bar{t}}{m_n^*}\right)E \tag{2}$$

이러한 선형 관계를 나타내도록 하는 비례 상수를 전자의 이동도 (electron mobility) μ_n 이라고 부르며, 식 (3) 과 같이 정의된다.

$$\mu_n \equiv \frac{q\ \bar{t}}{m_n^*} \tag{3}$$

이동도를 이용하여 전류 밀도를 나타내면 다음 식과 같이 표현할 수 있다.

$$J = qn\mu_n E = \sigma E \tag{4}$$

여기서, σ 는 전도도(/Ω · cm) 라고 하며 다음과 같이 정의된다.

$$\sigma = qn\mu_n = \frac{nq^2\ \bar{t}}{m_n^*} \tag{5}$$

만약, 전류 발생에 전자와 정공이 모두 기여한다면 식 (4) 는 식 (6) 과 같이 변형된다.

$$J = q(n\mu_n + p\mu_p)E = \sigma E \tag{6}$$

1.2. 이동도의 온도 및 농도 의존성

이동도란 캐리어의 움직이기 쉬운 정도를 나타내는 것이다. 일반적으로 온도가 상승할수록 캐리어의 운동속도는 빨라지게 된다. 따라서 전자가 이온화된 불순물 근처를 통과할 때 영향을 받는 불순물 산란 (impurity scattering) 은 온도가 증가할수록 전자가 이온화된 불순물 근처에 머무는 시간이 감소되므로, 이동도는 증가하게 된다. 이러한 불순물 산란에 의한 전자의 이동도는 다음과 같은 관계를 보인다.

$$\mu \propto T^{3/2} \tag{7}$$

반면, 캐리어는 이온화된 불순물뿐만 아니라 결정 사이를 움직이면서 격자 산란 (lattice scattering) 의 영향을 받게 된다. 일반적으로 온도가 증가하면 격자 진동은 증가되므로 격자 산란의 영향을 크게 받게 된다. 따라서 온도가 증가할수록 이동도는 감소되게 될 것으로 예측되며, 다음과 같은 관계를 보인다.

$$\mu \propto T^{-3/2} \tag{8}$$

이러한 두 가지의 영향을 동시에 받을 경우, 이동도는 다음 식과 같이 역수의 합으로 나타낼 수 있다.

$$\frac{1}{\mu} = \frac{1}{\mu_1} + \frac{1}{\mu_2} \tag{9}$$

[그림 3] 에 격자 및 불순물 산란에 따른 이동도의 온도 의존성을 나타내었다. 이 그림에서 알 수 있듯이, 낮은 온도에서는 주로 불순물 산란의 영향을 받고, 높은 온도에서는 격자 산란의 영향을 더 크게 받는다. 물론 도핑이 적게 된 반도체의 경우에는 격자 산란의 영향이 주로 나타나며, 높게 도핑된 반도체일수록 불순물 산란의 영향이 커지게 된다.

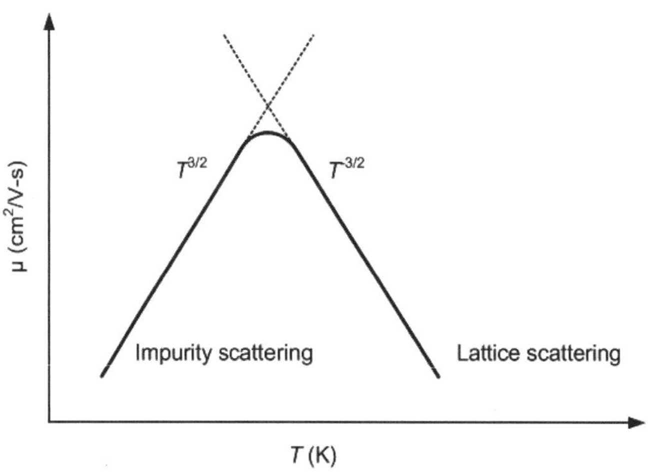

[그림 3] 격자 및 불순물 산란에 의한 이동도의 온도 의존성

그렇다면 일정한 온도에서 도핑 농도를 증가시킬 경우, 이동도의 변화는 어떻게 될 것인지를 고려해보자. 도핑 농도를 증가시키면, 불순물의 양이 증가하게 되므로 불순물 산란의 영향이 커지게 된다. 따라서 도핑 농도의 증가에 따라 이동도가 감소하는 것을 알 수 있다.

1.3. 강전계 효과

식 (4) 에서, 캐리어의 드리프트에 옴 (Ohm) 의 법칙을 적용할 수 있다고 가정하여, 드리프트 전류는 전계에 비례한다고 나타내었다. 그러나 전계가 특정 값을 넘어서는 강전계가 될 경우, 이러한 비례도가 감소한다. 이때에는 전계에 의한 에너지가 캐리어의 속도 증가에 기여하지 못하고 격자 쪽으로 전송되기 때문이다. 그 결과 [그림 4] 에서 보듯이 포화속도 (v_{sat}) 에 도달하게 되어 전류는 전기장에 대한 의존성을 나타내지 않게 된다.

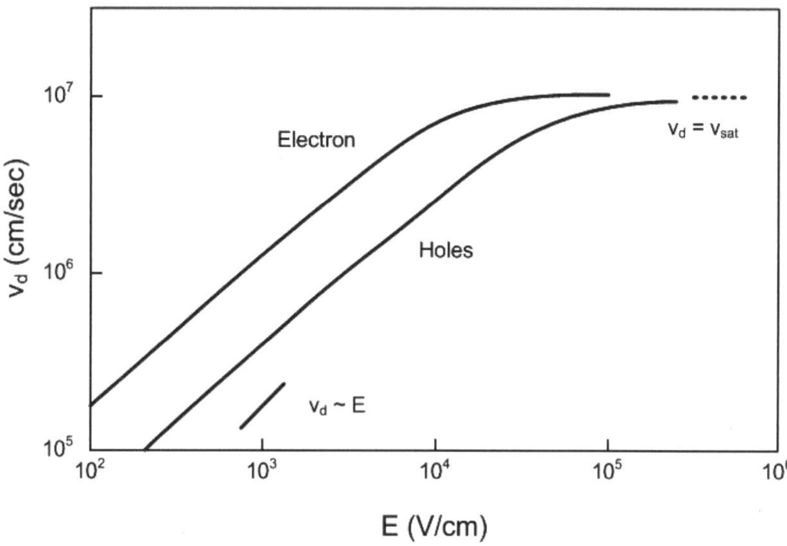

[그림 4] 300 K 에서 실리콘 캐리어의 속도 포화

1.4. 확산전류 (Diffusion current)

이미 앞장에서 전계가 어떻게 드리프트 전류 (drift current) 를 야기 시키는지에 대해 논의하였다. 여기에서는 반도체에서 두 번째 형태의 전류인 확산전류 (diffusion current) 에 대하여 살펴보고자 한다. 확산이란 고농도 영역에서 저농도 영역으로 입자들이 이동하는 과정을 의미한다. 이 확산은 입자의 불규칙적인 운동의 결과로서 발생한다.

하나의 예로서, 쟁반 한가운데에 탁구공들이 반듯하게 무리를 이루어 정렬되어 있는 경우를 생각해보자. 그 쟁반에 진동을 가하면 (격자에 열에너지를 가하는 것과 유사하게), 탁구공들은 시간이 경과하면서 흐트러지게 된다. 즉, 탁구공들은 확산을 하게 되며, 결국에는 쟁반 전체에 걸쳐 균일하게 퍼져 있게 될 것이다. 이와 같은 확산 과정은 이동성 전자와 정공들에 대해서도 마찬가지로 적용되며, 이들은 대전된 입자들이므로 그 움직임은 확산 전류라는 전류로 나타난다.

[그림 5 (a)] 에서처럼 실온에서 단면적이 A 인 막대 형태의 반도체를 고려해보자. 이때에는 전계가 존재하지 않는다. [그림 5 (b)] 에서 보듯이, 시간 t 에서 전자는 위치에 따라 불균일하게 분포되어 있다고 가정한다. 반도체의 온도는 0 이 아니므로, 각 전자는 어느 정도의 열에너지를 가지고 있으며, 그로인해 속도 또한 가지게 된다. 그러나 전자가 움직

이는 방향은 전계가 없기 때문에 무작위적이다. 각 전자는 50 % 의 확률을 가지고 왼쪽 또는 오른쪽으로 이동할 수 있다.

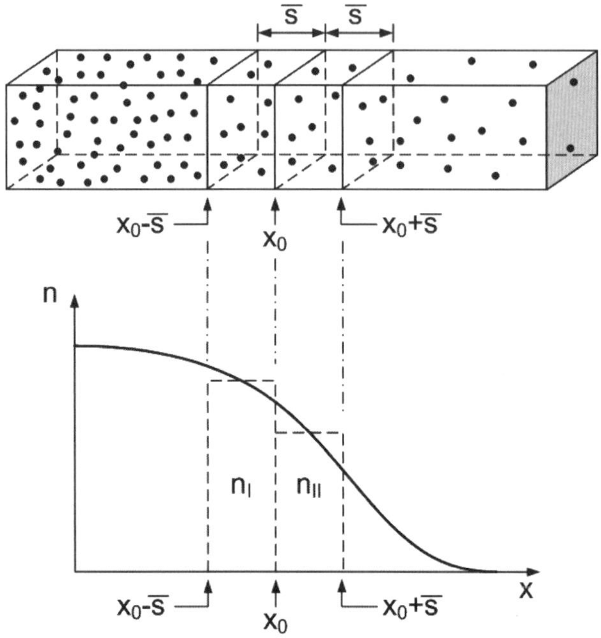

[그림 5] 확산 모델: (a) 전자가 불균일하게 분포된 반도체, (b) 전자밀도 분포

$x = x_0$ 인 면을 고려하면, 전자들은 이 면을 통과하여 어느 방향으로든지 이동할 수 있다. 이 면의 왼쪽 영역에는 고농도 전자들이 모여 있는 n_{I} 이 존재하며, 이 전자들은 왼쪽으로 50 %, 오른쪽으로 50 % 이동할 수 있다. x_0 의 오른쪽 영역에는 전자들의 농도가 좀 더 낮은 n_{II} 가 있으며, 이 전자들의 50 % 는 왼쪽으로 이동한다. 따라서 오른쪽에서 왼쪽으로 이동하는 것보다 왼쪽에서 오른쪽으로 이동하는 경우, 더 많은 전자들이 $x = x_0$ 면을 통과한다. 전자의 순 유속 (net flux) 은 오른쪽 방향으로 형성되며, 따라서 순 전자 확산 전류는 왼쪽으로 형성된다. (정공들도 항상 고농도 영역에서 저농도 영역으로 같은 방법으로 확산된다. 정공 확산 전류는 정공이 양 전하이기 때문에 정공 유속 (hole flux) 과 동일한 방향이다.)

다음으로 확산 전류 밀도를 계산해보자. 단위 시간당 x_0 의 단위 면적을 가로질러 지나가는 전자의 수를 의미하는 전자 유속 밀도 (electron flux density) 를 구하는 것으로부터 시작한다. $\bar{t}$ 를 충돌 사이의 평균 자유 시간 (mean free time) 이라고 하고, $\bar{s}$ 을 전자의 평균 자유 경로 (electron mean free path) 라고 하자. 이 평균 자유 경로는 평균 자유 시간 동안 캐리어가 진행한 평균 거리이다. x_0 의 양쪽 면에 각각 $\bar{s}A$ 의 체적을 가지는 두 영역을 고려해보자. 평균적으로, 이 체적에서 시간 $\bar{t}$ 안에 전자의 50 % 가 충돌 없이 x_0 면에 도달할 것하고 나머지 반은 반대 방향으로 진행할 것이다. 시간 $\bar{t}$ 에서, 왼쪽 영역에 있는 전자의 50 % 는 오른쪽으로 x_0 를 가로지를 것이고, 오른쪽 영역에 있는 전자의 50 % 는 왼쪽으로 x_0 를 가로지를 것이다. 시간 $\bar{t}$ 동안 x_0 를 가로지르는 전자의 총 수는 x_0 로부터 거리 $\bar{s}$ 만큼 떨어진 양쪽 영역에 있는 전자의 50 % 일 것이다. 따라서 전자 유속 밀도는 다음과 같이 나타낼 수 있다.

$$F_n = \frac{(n_{\mathrm{I}} - n_{\mathrm{II}})\bar{s}}{2\bar{t}} \tag{10}$$

여기서, n_{I} 과 n_{II} 는 각각 왼쪽과 오른쪽 영역의 전자 밀도이다. 거리 $\bar{s}$ 에서 n 의 변화가 작다면, 다음과 같은 식을 만족하게 된다.

$$(n_{\mathrm{I}} - n_{\mathrm{II}}) \approx -\frac{dn}{dx}\bar{s} \tag{11}$$

따라서, 전자 유속 밀도는 다음과 같다.

$$F_n = -\frac{\bar{s}^2}{2\bar{t}}\frac{dn(x)}{dx} = -D_n\frac{dn(x)}{dx} \tag{12}$$

여기서, D_n 을 전자에 대한 확산 계수라고 부르며, 다음과 같은 식으로 정의된다.

$$D_n \equiv \frac{\bar{s}^2}{2\bar{t}} \tag{13}$$

식 (12) 에 표기한 (−) 부호는 전자 유속 밀도가 n 이 감소하는 방향, 즉 낮은 농도의 영역을 향하는 것을 의미한다.

전자 확산 전류 밀도는 유속 밀도에 전자의 전하를 곱한 것과 같다.

$$J_{n(diffusion)} = -qF_n = qD_n\frac{dn(x)}{dx} \tag{14}$$

정공의 경우도 유사한 방법을 통하여 정공 확산 전류 밀도를 나타낼 수 있다.

$$J_{p(diffusion)} = +qF_p = -qD_p\frac{dp(x)}{dx} \tag{15}$$

확산의 경우 중요한 것은 작용하는 힘은 없고, 단지 전류를 발생시키는 것이 캐리어의 열에너지와 농도 변화뿐이라는 것이다.

많은 소자에서 dn(x)/dx 와 dp(x)/dx 는 위치에 따라 변하기 때문에 J_n(diffusion) 와 J_p(diffusion) [식 (14) 와 (15)] 도 위치에 따라 변한다. 총 전류를 일정하게 유지하기 위해,

드리프트 전류가 적절하게 변한다. 이 문제는 뒷부분에서 논의되는 연속 방정식 (continuity equation) 에서 상세히 다룰 것이다.

확산계수와 이동도 모두 얼마나 쉽게 입자들이 물질을 통하여 이동하는지에 의해 측정되며, 서로 연관이 있음을 알 수 있다. 다음 절에서, 아인슈타인 관계식 (Einstein relation) 으로 알려진 이 관계에 대하여 논의할 것이다. 여기에서는 그 결과만을 다음 식으로 나타내었다.

$$\frac{D_n}{\mu_n} = \frac{kT}{q} \tag{16}$$

$$\frac{D_p}{\mu_p} = \frac{kT}{q} \tag{17}$$

위의 식에서 보듯이, 확산계수는 이동도에 비례한다. 전계를 인가하는 것과 마찬가지로 농도의 변화로도 전자와 정공에 힘을 가하는 것이 가능하다. 전자가 전계와 농도 변화 모두에 대하여 의존하는 경우, 총 전자 전류는 다음과 같이 표현된다.

$$J_n = J_{n(drift)} + J_{n(diffusion)} = q\mu_n n(x)E + qD_n \frac{dn(x)}{dx} \tag{18}$$

그리고 정공 전류 또한 드리프트와 확산 성분 모두를 가지며, 총 정공전류는 다음과 같은 식으로 표현된다.:

$$J_p = J_{p(drift)} + J_{p(diffusion)} = q\mu_p p(x)E - qD_p \frac{dp(x)}{dx} \tag{19}$$

아인슈타인 관계식을 이용하면 식 (18) 과 (19) 는 다음과 같이 나타낼 수 있다.

$$J_n = q\mu_n \left[nE + \frac{kT}{q}\frac{dn}{dx} \right] \tag{20}$$

$$J_p = q\mu_p \left[pE - \frac{kT}{q}\frac{dp}{dx} \right] \tag{21}$$

각각의 경우 두 성분은 드리프트 전류와 확산전류를 나타낸다. 총 전류는 다음과 같이 나타낼 수 있다.

$$\begin{aligned} J &= J_{n(drift)} + J_{p(drift)} + J_{n(diffusion)} + J_{p(diffusion)} \\ &= q\mu_n nE + q\mu_p pE + qD_n \frac{dn}{dx} - qD_p \frac{dp}{dx} \end{aligned} \tag{22}$$

여기서 p 형 반도체의 경우, μ_n 과 D_n 은 소수 캐리어의 이동도와 확산계수, μ_p 와 D_p 는 다수 캐리어의 이동도와 확산계수이다. n 형 반도체의 경우에는 반대가 된다.

많은 소자들에서, n 과 p 모두가 위치에 무관하게 일정한 영역이 있다 ($d_n/d_x = d_p/d_x = 0$). 이런 경우 식 (22) 는 다음과 같이 표현된다.

$$J = (q\mu_n n + q\mu_p p)E = (\sigma_n + \sigma_p)E = \sigma E \tag{23}$$

1.5. 홀 효과 (Hall Effect)

면 저항법의 한계는 집적된 캐리어 농도를 알기 위해 이동도를 알아야 한다는 것이다. [그림 6] 에 나타낸 홀 효과 (hall effect) 는 집적된 캐리어 농도를 직접 측정하기 위해 사용될 수 있다.

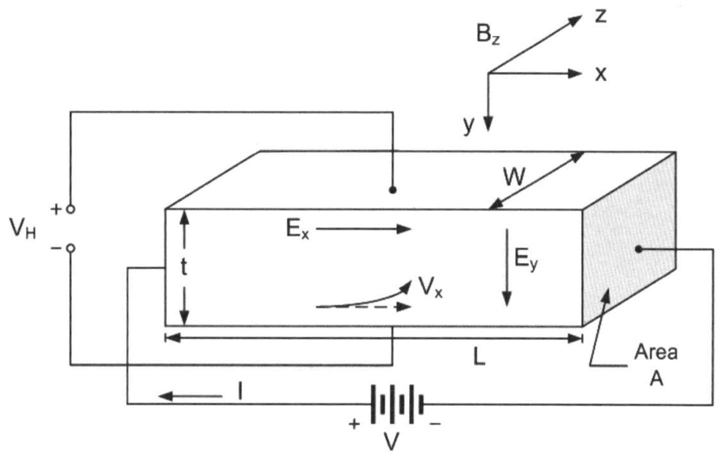

[그림 6] 홀 효과 (hall effect)

반도체가 p 형이고 x 방향으로 전기장이 z 방향으로 자기장이 인가되면 로렌츠 힘 (Lorentz force) qv_xB_z 에 의해 x 방향으로 움직이는 정공은 위쪽 방향 즉, $-y$ 방향으로 힘을 받는다. 따라서 반도체 시료의 윗부분에 정공이 축적되고 이는 아래쪽 방향 즉, y 방향으로의 전기장 E_y 를 야기 시킨다. 정상상태에서는 y 방향으로의 전류 흐름이 없으므로 y 방향의 전기장과 로렌츠 힘이 정확하게 일치하게 된다.

$$qE_y = q\,v_x B_z \tag{24}$$

식 (24) 에서의 전기장 E_y 의 형성은 홀 효과로 알려져 있으며, 이로 인한 전압 V_H 를 홀 전압 (hall voltage) 이라고 하며 다음의 식으로 표현할 수 있다.

$$V_H = v_x B_z t \tag{25}$$

여기서, t 는 시료의 두께이다. 정공의 드리프트 속도 (drift velocity) 에 대한 정의를 이용하면, 전기장 E_y 는 다음 식으로 표현된다.

$$E_y = \frac{J_p}{qp} B_z = R_H J_p B_z \tag{26}$$

여기서, R_H 를 홀 계수 (hall coefficient) 라고 하며 다음 식과 같이 정의된다.

$$R_H = \frac{1}{qp} \tag{27}$$

전류 및 자기장의 크기를 알 수 있으면, 홀 전압의 측정으로 정공농도 p 의 값을 얻을 수 있다.

$$p = \frac{1}{qR_H} = \frac{J_p B_z}{qE_y} = \frac{(I/A)B_z}{q(V_H/t)} = \frac{IB_z t}{qV_H A} \tag{28}$$

식 (28) 의 우측 항들은 모두 측정할 수 있는 양이므로, 홀 효과를 이용하면 매우 정확한 캐리어 농도 값을 얻을 수 있다. 시료의 저항 R 을 측정하면 시료의 저항률이 다음의 식으로 계산되어 질 수 있다.

$$\rho = \frac{RA}{L} = \frac{V/I}{L/A} \tag{29}$$

전기 전도도 $\sigma = 1/\rho = q\mu_p p$ 로 주어지므로 이동도는 다음 식에서 보듯이 홀 계수와 저항률의 비로 표시될 수 있다.

$$\mu_p = \frac{\sigma}{qp} = \frac{1/\rho}{q(1/qR_H)} = \frac{R_H}{\rho} \tag{30}$$

확산된 프로파일에 대해, 평균 이동도는 거의 중요하지 않다. 그러나 홀 이동도는 보통 균일한 농도를 가지는 에피층의 품질에 대한 재료평가지수 (figure of merit) 로 사용된다.

2. 캐리어 생성과 재결합

어느 한정된 온도에서, 전도대 (conduction band) 와 가전자대 (valence band) 에는 항상 어느 정도의 전자와 정공이 존재한다. 이러한 캐리어들은 이온화된 불순물들로부터 생겨나거나, 전자-정공 쌍 (electron-hole pair) 을 생성하는 가전자대로 부터 전도대까지의 전자의 여기로부터 발생하기도 한다. 상온 근처나 그 이상의 온도에서 근사적으로 모든 불순물들이 이온화되는 것으로 볼 수 있으므로, 여기서는 전자-정공 쌍을 포함하는 과정만을 고려한다. 전자-정공 쌍을 생성하는 과정이나 또는 가전자대로부터 전도대로 전자를 여기 시키는 과정을 생성 (generation) 이라고 한다. 전도대의 전자가 가전자대로 이동하면서 전자-정공 쌍을 소멸시키는 과정을 재결합 (recombination) 이라고 한다.

평형 상태에서, 반도체에서의 생성과 재결합은 동일한 비율로 발생하며, 전자와 정공의 평형 농도 (n_0 와 p_0) 는 일정하다. 그러나 반도체 소자는 비평형 조건하에서 동작하므로 위의 내용은 맞지 않으며, $n \neq n_0$, $p \neq p_0$ 가 된다. 많은 소자들에서 생성과 재결합 과정은 소자들의 전기적 특성을 결정하는데 매우 중요하다. 생성과 재결합에는 많은 물리학적인 과정들이 포함되어 있으나, 여기서는 더 일반적인 과정만을 논의한다.

2.1. 밴드 대 밴드간의 생성과 재결합

전자는 에너지 밴드 갭 보다 더 큰 에너지를 가지는 광자의 흡수 (예, GaAs), 광자와 포논 (phonon) 의 동시 흡수 (예, Si), 또는 몇몇 포논들의 동시 흡수에 의해 가전자대로부터 전도대로 여기 될 수 있다. 밴드 대 밴드 (band-to-band) 천이 과정을 [그림 7 (a)] 에 나타내

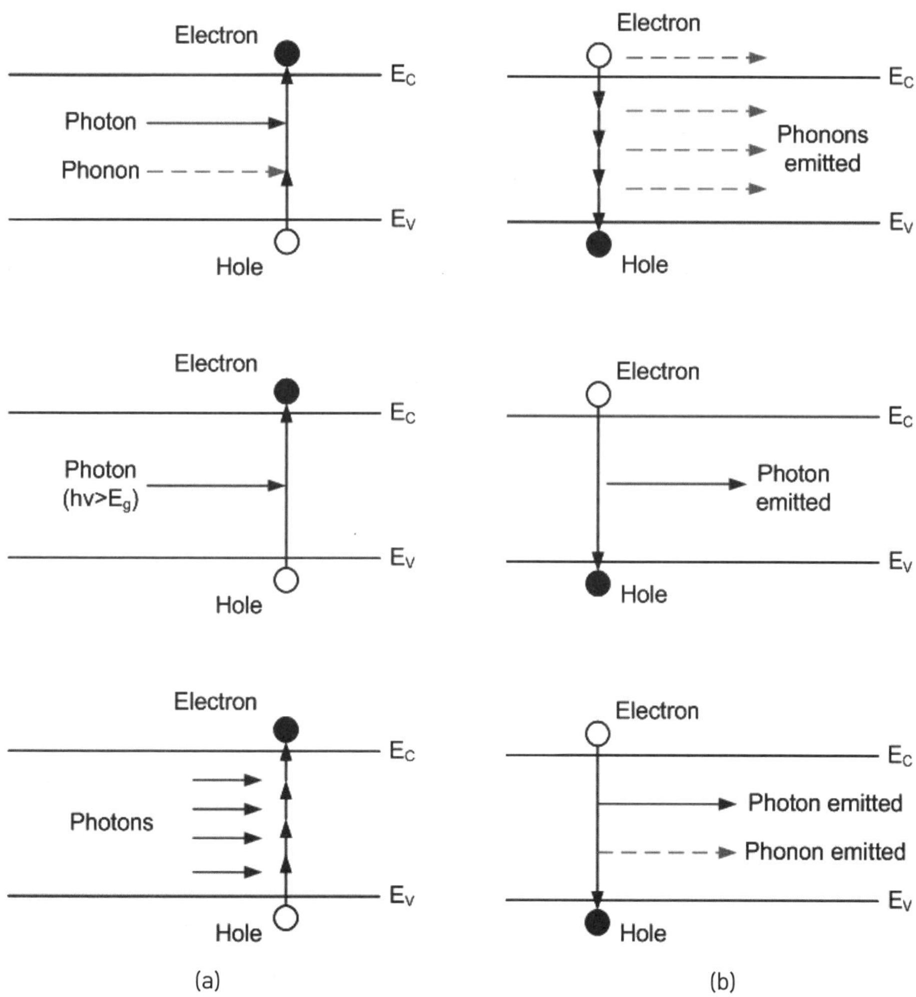

[그림 7] 밴드 대 밴드 천이과정과 EHP 생성

었다. 이 과정에서, 전자-정공 쌍이 생성된다. [그림 7 (b)] 는 반대 과정을 나타낸 것으로 전자가 정공과 재결합 할 때, 하나의 광자나 하나의 광자와 한 개의 포논 또는 다수의 포논들이 생성된다. 생성 또는 재결합의 어느 경우든 에너지와 파동 벡터 (wave vector) 즉, 결정 운동량은 보존된다.

2.2. 2단계 과정

생성과 재결합은 금지대역 (forbidden band) 내의 전자 상태를 포함하는 2 단계 과정 (2-step process) 에 의해서도 발생할 수 있다. [그림 8 (a)] 는 p 형 GaAs 에서의 생성을 나타낸 것이다. 포논들은 가전자대로부터 억셉터 준위까지 전자를 여기 시킨다. 이후, 광자 (또는 다수의 포논) 들은 그 전자들을 억셉터 준위로부터 전도대역까지 여기 시킬 수 있다. [그림 8 (b)] 는 재결합 과정을 나타낸 것이다. 전도대역으로부터 억셉터 준위까지의 천이는 광자를 방출하는 반면, 억셉터 준위에서 가전자 대역으로의 천이는 포논을 방출한다.

Si 에서의 생성과 재결합은 [그림 8 (c)] 와 [그림 8 (d)] 에 나타낸 것과 같이 금지대역 (forbidden band) 중심 근처의 트랩 준위 (trap level) 라고 하는 에너지 준위 E_T 를 포함하고 있는 2 단계 과정을 통해 발생한다. Si 에서 각 단계는 다수 포논들의 흡수 [그림 8 (c)] 또는 방출 [그림 8 (d)] 에 의해 야기된다. 원칙적으로 각 단계가 광자들의 흡수 또는 방출의 결과로 발생한다고 기대될 수 있으나, 실리콘에서 실험적으로 관찰되시는 않는다.

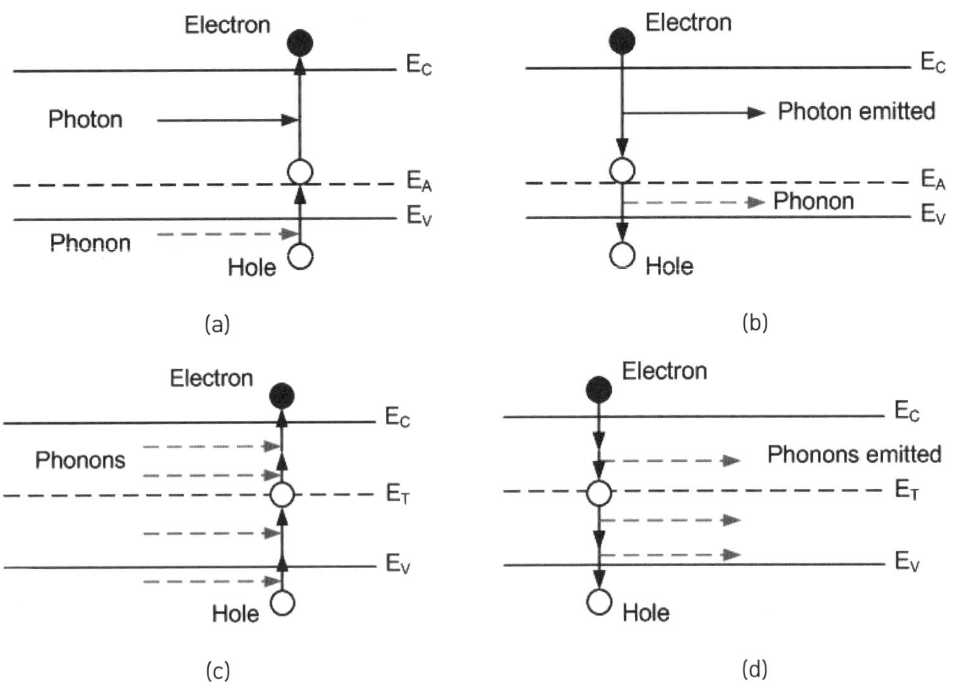

[그림 8] 금지대역 내의 전자상태를 포함하는 2단계 과정에 의한 생성과 재결합 과정

3. 반도체에서의 광학적 프로세스

지금까지는 주로 캐리어 농도가 평형 값을 가지고 있는 반도체에 대해서 고려해왔으나, 반도체 소자에서 캐리어 농도는 종종 비평형 값을 가지고 있다. 예를 들어, 반도체가 빛에 노출되거나 빛을 흡수할 때, 여분의 전자와 정공이 생성되어 평형 농도의 과잉이 발생한다. 이 절에서는 반도체에서의 흡수와 방출에 대한 광학적 프로세스와 과잉 캐리어 농도의 영향에 대해서 논의할 것이다.

3.1. 광학적 흡수

이미 원자에 의한 광자의 흡수에 대해서 논의한 바 있다. 하나의 원자는 불연속적인 에너지 상태를 가지고 있고, 광자가 흡수되면 흡수된 에너지는 두 개의 허용된 에너지 상태 사이에서의 차이에 해당되어야 한다. 반도체에서의 프로세스는 고립된 에너지 상태 대신에 허용된 에너지 밴드가 존재한다는 것을 제외하고는 유사하다. 따라서 흡수될 수 있는 광자 에너지의 범위가 존재한다. 그러나 E-k 다이어그램에 기초를 둔 또 다른 제약이 있다는 것을 알게 될 것이다.

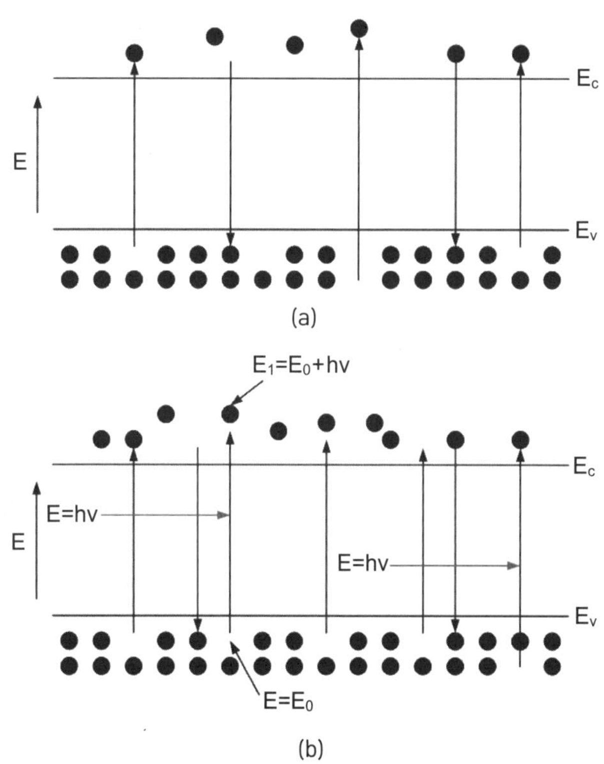

[그림 9] (a) 평형상태 : 전자와 정공은 동일한 비율로 생성과 소멸되어 일정한 평형 농도 n_0 와 p_0 를 유지
(b) 빛이 재료에 입사 : 광자가 흡수되어 과잉 전자-정공 쌍 발생

[그림 9 (a)] 와 같은 에너지 밴드 다이어그램을 가진 반도체 재료를 고려해보자. 전도 대역의 아래 부분과 가전자 대역의 위쪽 부분이 그림에 표시되어 있다.

평형 상태에서 전도 대역에는 n_0 의 전자들과 가전자 대역에는 p_0 의 정공들이 존재한다. 전자-정공 쌍은 열적으로 끊임없이 생성되고 있으며, 전자들은 더 낮은 에너지 상태를 선호하기 때문에 계속적으로 정공과 재결합을 하고 있다. 열적 평형상태에서 이 두 가지 프로세스는 정확히 같은 비율로 일어난다.

다음 식에 나타낸 에너지를 갖는 광자가 [그림 9 (b)] 에 나타낸 것처럼 반도체에 입사되는 경우를 가정해보자.

$$E = h\nu \tag{31}$$

여기서, ν 는 빛의 주파수이고, h 는 플랑크 상수이다.

만약 광자가 흡수되어진다면, 에너지 보존 법칙에 의해 흡수가 일어나기 전과 일어난 후의 에너지는 같아야 한다. 전자와 광자의 충돌 전의 에너지는 다음 식과 같이 표현할 수 있다.

$$E_{\text{electron + photon}} = E_0 + h\nu \tag{32}$$

여기서, E_0 는 초기 상태의 진자의 에너지이다.

광자가 전자와 충돌할 때, 전자가 광자의 에너지를 흡수할 수 있다. 광자의 에너지가 전자에 전달되면, 광자는 소멸된다. 그러므로 전자가 광자를 흡수한 후, 에너지 보존 법칙에 의해서 전자는 다음 식에 나타낸 것과 같은 에너지를 갖게 된다.

$$E_1 = E_0 + h\nu \tag{33}$$

여기서 $E_1 > E_c$ 이다.

만약 광자 에너지 $E = h\nu$ 가 에너지 갭보다 작다면 광자는 흡수될 수 없다. 광자가 흡수되기 위해서는 전자가 금지대역 내의 에너지 상태를 가져야 된다. 금지대역 내에서 특별한 상태를 제공할 수 있는 트랩이나 불순물에 의한 도움을 제외하고는 불가능하다. 그러므로 밴드 갭 에너지보다 작은 에너지를 갖는 광자는 흡수되지 않으며, 반도체는 그 복사광에 대하여 투명한 것처럼 보인다.

에너지 보존 법칙 이외에도 파동 벡터 (wave vector) k 의 보존 법칙도 존재한다. 반도체에서 관심의 대상이 되는 광자의 파동 벡터는 브릴리언 존 (Brillouin zone) 가장자리에서의 파동 벡터에 비해 매우 작기 때문에, 많은 경우에 대체적으로 0 으로 간주할 수 있다. 그러므로 전자가 에너지 천이를 할 때 파동 벡터 k 는 사실상 동일해야 하고, 이는 [그림 10] 에서 보듯이 E-k 다이어그램에서 수직적인 천이를 한다는 것을 의미한다.

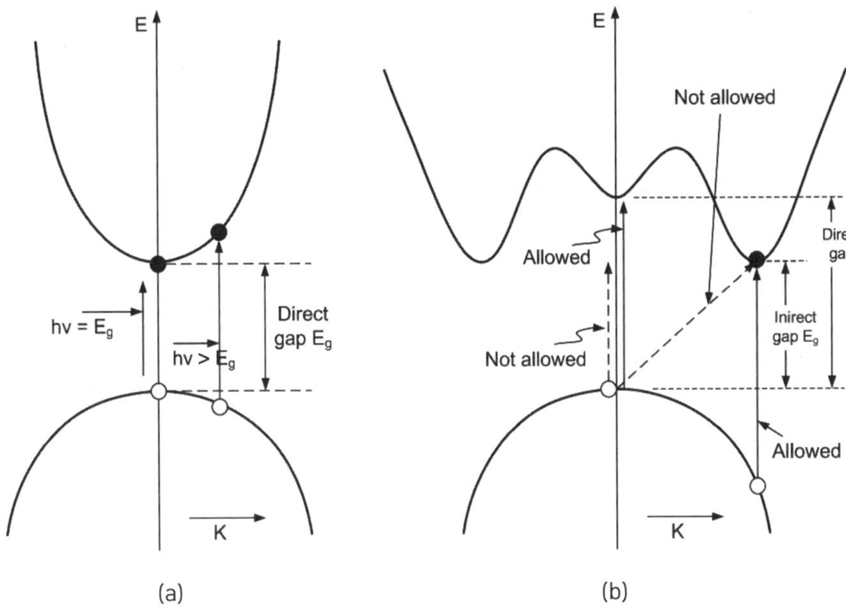

[그림 10] 반도체 형태에 따른 흡수과정

[그림 10 (a)] 에 나타낸 것과 같은 E-k 다이어그램을 갖는 반도체를 직접 갭 반도체 (direct gap semiconductor) 라고 한다. 직접 (direct) 이라는 의미는 k = 0 에서 전도 대역의 최소점이 가전자 대역의 최대점과 동일하다는 것을 뜻한다. 따라서 천이는 전자와 광자의 직접적인 상호작용으로부터 발생한다. 직접 갭 반도체는 일반적으로 k 의 획득 또는 방출 없이 전도 대역과 가전자 대역 사이에서 전자가 이동하기 쉽기 때문에, 광 에너지의 효과적인 방출자와 흡수자가 된다. GaAs 와 InP 는 직접 갭 반도체의 좋은 예이다.

반면에 간접 갭 반도체 (indirect gap semiconductor) 는 [그림 10 (b)] 에 나타내었듯이 전도 대역의 최소점이 가전자 대역의 최대점과 같은 k 값을 가지지 않는다. 전자는 밴드 갭의 크기와 유사한 광자의 흡수로 인해서 간단하게 다른 밴드로 여기 되지 않는데, 그 이유는 광자가 적절한 파동 벡터를 공급하지 못하기 때문이다. 간접 갭 반도체에서 천이하기 위해서는, 전자가 에너지와 파동 벡터 두 가지 모두를 얻어야 한다. 간접 반도체의 예는 Si, Ge, GaP 이다. Si 은 간접 갭 반도체이므로 효율적인 광의 흡수체가 아니지만 광 검출기나 태양전지에서 많이 사용되고 있는 재료이다. Si 의 에너지 밴드 갭은 1.12 eV 이며, 이는 적외선 영역에 가까운 1μm 의 광 파장에 대응하는 것이다. [그림 10 (b)] 에 따르면, 이보다 상당히 더 높은 에너지가 아니면 빛을 더 이상 흡수할 수 없다. 그러나 전자와 광자 그리고 포논을 포함하는 3-입자 충돌을 거쳐 직접 밴드 갭 보다 적은 에너지의 광자가 흡수될 수 있다. 포논들은 적절한 k 값을 가지고 있지만 에너지는 적은 반면, 광자들은 포논과는 반대이다. 만약 광자와 포논이 동시에 전자와 충돌한다면, 전자는 금지대를 가로지를 수 있는 충분한 에너지와 충분한 k 모두를 얻을 수 있다. 이러한 3-입자 충돌과정은 통계적으로 발생할 가능성이 거의 없으며, 결과적으로 실리콘은 밴드 갭에 근접한 파장에서 매우 비효율적인 흡수체이다. 그러나 여전히 낮은 가격으로 인하여 광범위하게 사용되고 있다.

빛이 반도체에 조사될 때, 평형상태는 깨지게 된다. 주어진 광자가 흡수될 때 여분의 전자는 전도 대역에 공급되고, 여분의 정공은 동시에 가전자 대역에 공급된다. 이들 전자와 정공은 과잉 캐리어 (평형 농도에 대한 과잉) 로 간주된다. 과잉 전자 농도는 Δn 이며, 과잉 정공 농도는 Δp 로 표현된다. 전체 캐리어 농도는 다음 식에 표현된 것처럼 과잉 농도와 평형 농도의 합으로 나타낼 수 있다.

$$n = n_0 + \Delta n \tag{34}$$

$$p = p_0 + \Delta p \tag{35}$$

이들 과잉 캐리어들이 불균일하게 분포되어 있으면 확산될 수 있고, 전계에 따라서 이동할 수도 있다. 심지어 드리프트 전류와 확산 전류가 0 이더라도, 과잉 캐리어가 존재하는 한, 재료는 평형 상태가 아니다. 만약 빛이 사라지면, 과잉 캐리어는 시간이 경과함에 따라 사라지고 재료는 다시 평형 상태로 되돌아간다.

3.2. 광학적 방출

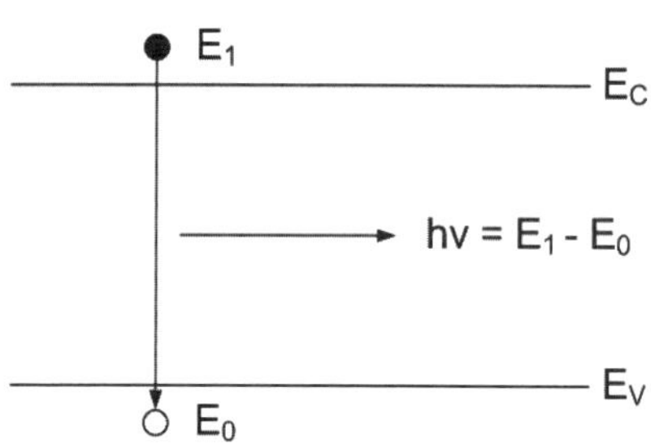

[그림 11] 광학적 방출

흡수의 역 광학 프로세스는 광학적 방출이다.

이 프로세스에서, [그림 11] 에서와 같이 초기에 E_1 에너지 상태에 있는 전자는 더 낮은 에너지 상태인 E_0 로 천이한다. 에너지 보존 법칙에 따라, 과잉 에너지는 광자 (빛) 와 포논 (열) 중 하나, 또는 둘 모두의 형태로 방출되어야 한다.

포논 생성이 없는 경우, 방출된 광자의 에너지는 전자에 의해 잃은 에너지와 같아야 한다. 따라서 우리는 허용된 전자 에너지 사이에서의 차이와 같은 광자 에너지의 방출만을 볼 수 있을 것이다. [그림 12 (a)] 에 나타낸 p 형 직접 갭 반도체를 고려해보자. 에너지 갭보다 더 큰 에너지에서 광자의 방출은 가능하지만, k 는 보존되어야 한다. 그러므로 광학적 천이는 여전히 E-k 다이어그램에서 수직적으로 발생한다. 에너지 밴드 갭 보다 약간 큰 에너지의 경우, 광학적 방출은 직접 갭 반도체에서만 일어날 수 있다. 그러나 더 낮은 에너지를 가진 광자를 방출하는 전도대로 부터 억셉터 준위 (E_A) 로의 광학적 천이도 가능하다. 이와 같은 경우에 억셉터 준위에서 가전자대로의 천이는 포논을 발생시킨다. 좁은 밴드 갭 (narrow bandgap) 을 갖는 재료 (InSb, E_g = 0.17 eV) 의 경우, 대역간의 천이가 더 자주 발생한다. 보다 넓은 밴드 갭 (wide bandgap) 을 갖는 재료 (GaAs, E_g = 1.43 eV) 에 대해서는, 전도대에서 억셉터 상태로의 천이가 더 자주 발생한다.

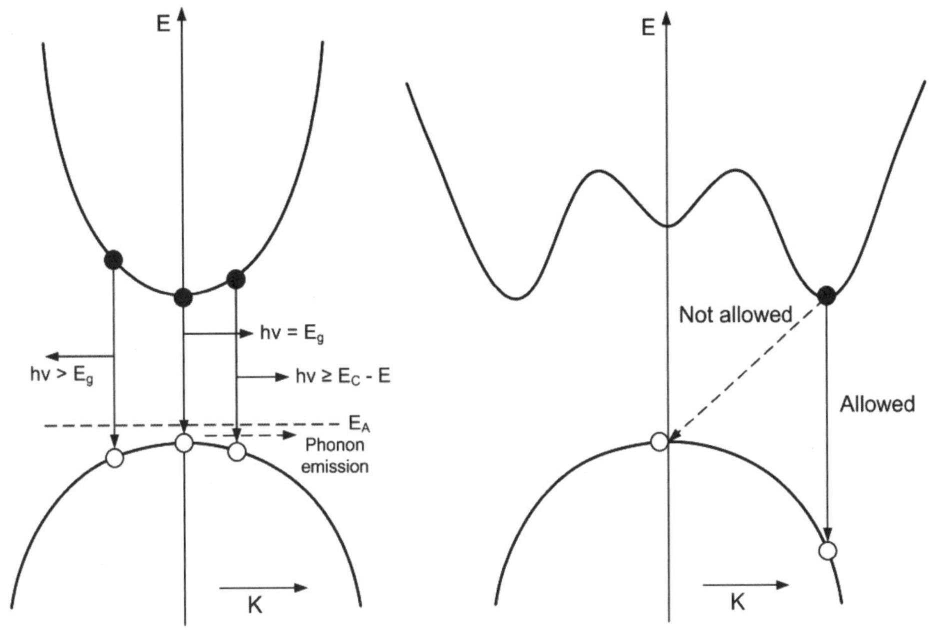

[그림 12] E-k 다이어그램에서의 방출관계 : (a) 직접 갭 물질, (b) 간접 갭 물질

GaP 와 같은 간접 갭 재료의 에너지 밴드 다이어그램을 [그림 12 (b)] 에 나타내었다. 천이는 허용되지만 가능성이 거의 없다는 것에 주목해야한다. 이것은 비록 k 는 보존되지만, 이 낮은 에너지 상에서 정공이 존재할 가능성이 희박하기 때문이다. [그림 12 (b)] 에 나타낸 또 다른 천이는 k 가 보존되지 않기 때문에 허용될 수 없다. 결과적으로, 간접 갭 물질은 직접 갭 물질보다 광 방출체로서 효율적이지 못하다.

4. 연속방정식 (Continuity equation)

연속 방정식은 입자들의 보존에 관한 수학적인 표현법이다. 이 방정식은 시간과 위치에 따른 캐리어 (전자와 정공) 농도의 변화와 그 변화가 정적이거나 과도적으로 전기적 및 전기-광학적 특성들에 대한 영향을 이해하는데 기본이 된다. 문제를 단순화하기 위해, 1 차원인 경우에 x 방향에 대한 캐리어 농도의 시간 의존성만을 고려한다. 따라서 주어진 시간에서 캐리어 농도는 y 와 z 방향에 대하여 일정하다고 가정한다.

금속 막대에서는 단위 시간당 체적을 들어오거나 나가는 전자들의 수를 조사하여 전류를 구할 수 있다. 반도체에서는 전자와 정공들 모두 한쪽 끝으로 들어가고, 다른 한쪽 끝으로 나갈 수 있기 때문에 전자와 정공 모두를 고려해야 한다. 또한 캐리어들은 체적 안에서 축적되거나 재결합으로 사라질 수 있다. 따라서 어느 주어진 시간에서 체적 내부를 떠나는 캐리어들의 수는 체적 내로 들어오는 캐리어들의 수와 같지 않을 수 있다. 연속 방정식은 전자와 정공들의 모든 발생원 (source) 과 소멸원 (sink) 을 고려한다.

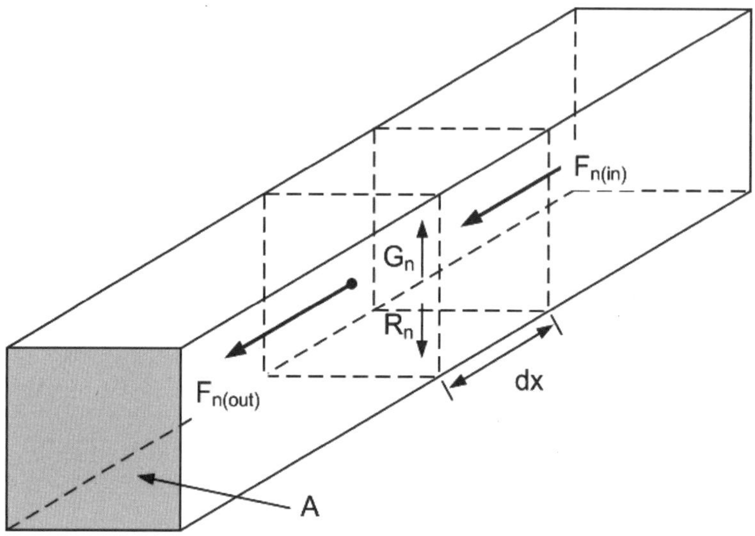

[그림 13] 연속 방정식을 결정하기 위한 구조

[그림 13] 에 나타낸 것과 같이 단위 면적과 길이 d_x 인 미소 체적 (differential volume) 을 가지는 반도체를 고려해보자. 드리프트와 확산 성분으로 구성된 전자 유속 밀도 (electron flux density) F_n 은 체적 안으로 들어가며, 일반적으로 체적 밖으로 나오는 전자 유속 밀도는 들어간 정도와는 다를 수 있다. 이 차이는 체적 내에서의 생성과 재결합, 캐리어들의 축적과 감소에 의해 발생한다. 이 미소 체적에서, 전도대역의 전자 농도 증가율은 다음 식과 같이 표현할 수 있다.

$$\frac{\partial n}{\partial t}dx = -\frac{\partial F_n}{\partial x}dx + (G_n - R_n)dx \tag{36}$$

여기서, G_n 은 전자 생성률이고 R_n 은 전자 재결합률 (단위 시간당, 단위 체적 당 캐리어의 수) 이다. $(\partial F_n / \partial x)dx$ 항은 영역 d_x 의 양쪽 끝에서 발생하는 전자 유속 (electron flux) 의 차이를 의미한다.

생성과 재결합에 관한 몇 가지 기구 (mechanism) 를 이미 살펴보았다. G_{th} 를 열적 (포논 유도, phonon-induced) 생성률, G_{op} 를 광학적 (광자 유도, photon-induced) 생성률, 그리고 G_{other} 를 다른 과정들 (예, trapping, detrapping) 에 기인하는 생성률이라고 하면, 이때 총 전자 생성률은 다음 식과 같다.

$$G_n = G_{n(th)} + G_{n(op)} + G_{n(other)} \tag{37}$$

이는 단위 시간 당 단위 체적에서 발생한 전자들의 수이다. 전자 유속 밀도 와 전류 밀도는 $F_n = -J_n/q$ 관계이므로, 식 (29) 의 d_x 항을 상쇄하여 다시 표현하면 다음 식을 얻을 수 있다.

$$\frac{\partial n}{\partial t} = \frac{1}{q}\frac{\partial J_n}{\partial x} + (G_n - R_n) \quad \text{전자에 대한 연속 방정식} \tag{38}$$

이 방정식은 임의 지점에서 전자 밀도의 증가율이 전자 전류에 기인하는 n 의 증가에 순 전자 생성률 $G_n - R_n$ 이 더해진 것과 같다는 것을 말해준다. J_n 은 총 전자 전류 밀도이며 일반적으로 드리프트와 확산 전류로 이루어져 있다. 식 (38) 을 전자에 대한 연속 방정식이라고 한다. 유사한 방식으로 정공에 대한 연속 방정식은 다음과 같이 나타낼 수 있다.

$$\frac{\partial p}{\partial t} = -\frac{1}{q}\frac{\partial J_p}{\partial x} + (G_p - R_p) \quad \text{정공에 대한 연속 방정식} \tag{39}$$

다시 식 (38) 로 되돌아가서 $n = n_0 + \Delta n$ 이며, 평형상태의 전자 농도 n_0 는 시간에 독립적이라는 것 ($\partial n_0/\partial t = 0$) 을 상기하면, 다음과 같은 식을 얻을 수 있다.

$$\frac{\partial n}{\partial t} = \frac{\partial n_0}{\partial t} + \frac{\partial \Delta n}{\partial t} = \frac{\partial \Delta n}{\partial t} \tag{40}$$

더욱이, 열적 및 광학적 생성률만을 고려하고 다른 과정들에 대한 생성률을 무시하면 생성률에 대한 식은 다음 식과 같이 정리될 수 있다.

$$G_n = G_{th} + G_{op} \tag{41}$$

또한 생성과 함께 재결합 과정도 발생한다. 전자는 이와 관련한 어느 정도의 수명을 가지고 있다. 이 수명은 재결합 전에 전도대역에 존재하는 전자의 평균 시간이다. 소수 캐리어 (전자) 의 수명 τ_n 은 재결합 수명 (recombination lifetime) 이라고도 불리며, 재결합률은 재결합에 이용할 수 있는 전자의 수 (전도대역에 있는 전자를 의미함) 에 비례한다는 사실만을 염두에 둔다. 이는 다음과 같은 식으로 표현될 수 있다.

$$R = \frac{n}{\tau_n} = \frac{n_0}{\tau_n} + \frac{\Delta n}{\tau_n} \tag{42}$$

이 결과를 식 (38) 에 다시 대입하면 다음과 같은 관계를 얻을 수 있다.

$$\frac{\partial n}{\partial t} = \frac{\partial \Delta n}{\partial t} = \frac{1}{q}\frac{\partial J_n}{\partial x} + \left(G_{th} + G_{op} - \frac{n_0}{\tau_n} - \frac{\Delta n}{\tau_n}\right) \tag{43}$$

평형 상태인 특별한 경우를 고려해보자. 평형 상태는 순 전류가 없고 ($J = 0$), 온도 구배나 인가된 외부 전계도 없고, 시료에 빛을 조사하지 않는 경우를 의미한다. 따라서 평형

상태에서는 과잉 캐리어가 없다. 평형 상태의 경우, $\Delta n=0$, $J_n=0$, $G_{op}=0$ 가 된다. 따라서 식 (43) 의 좌변은 0 이 되며, 최종적으로 다음 식을 얻을 수 있다.

$$G_{th}=\frac{n_0}{\tau_n} \tag{44}$$

이때 식 (43) 은 식 (44) 를 이용하여 다음과 같이 나타낼 수 있다.

$$\frac{\partial n}{\partial t}=\frac{\partial \Delta n}{\partial t}=\frac{1}{q}\left(\frac{\partial J_n}{\partial x}\right)+\left(G_{op}-\frac{\Delta n}{\tau_n}\right) \tag{45}$$

유사하게 정공의 경우도 다음과 같은 결과 식을 얻을 수 있다.

$$\frac{\partial p}{\partial t}=\frac{\partial \Delta p}{\partial t}=-\frac{1}{q}\left(\frac{\partial J_p}{\partial x}\right)+\left(G_{op}-\frac{\Delta p}{\tau_p}\right) \tag{46}$$

일반적으로 여기서 G_{op}, Δn 그리고 Δp 는 위치의 함수이다.

전류밀도는 드리프트와 확산 성분으로 구성되므로 다음 식과 같이 나타낼 수 있다.

$$J_n=J_{n(drift)}+J_{n(diffusion)}=qn\mu_n E+qD_n\frac{dn}{dx} \tag{47}$$

$$J_p=J_{p(drift)}+J_{p(diffusion)}=qp\mu_p E-qD_p\frac{dp}{dx} \tag{48}$$

따라서, 연속 방정식은 다음 식과 같이 표현될 수 있다.

$$\frac{\partial n}{\partial t}=\frac{\partial \Delta n}{\partial t}=n\mu_n\frac{\partial E}{\partial x}+\mu_n E\frac{\partial n}{\partial x}+D_n\frac{\partial^2 n}{\partial x^2}+G_{op}-\frac{\Delta n}{\tau_n} \tag{49}$$

$$\frac{\partial p}{\partial t}=\frac{\partial \Delta p}{\partial t}=p\mu_p\frac{\partial E}{\partial x}+\mu_p E\frac{\partial p}{\partial x}-D_p\frac{\partial^2 p}{\partial x^2}+G_{op}-\frac{\Delta p}{\tau_p} \tag{50}$$

3 차원으로 차원을 확장하면, 연속방정식은 다음과 같이 나타낼 수 있다.

$$\frac{\partial n}{\partial t}=\frac{1}{q}\nabla\cdot J_n+(G_n-R_n) \tag{51}$$

$$\frac{\partial p}{\partial t}=-\frac{1}{q}\nabla\cdot J_p+(G_p-R_p) \tag{52}$$

5. 소수 캐리어 수명 (Minority carrier lifetime)

전자와 정공들은 열적 또는 광학적으로 생성될 수 있으며, 재결합이라는 복원력이 존재한다는 것을 이미 알고 있다. 전자들이 높은 에너지 상태, 예를 들어 전도 대역에 있을 때, 전자들은 더 낮은 에너지 상태로 가려는 경향이 있으며, 어느 정도 시간이 경과된 후에 전자들은 가전자 대역의 정공들과 재결합 한다. 이 절에서는 재결합에 걸리는 시간에 대하여 알아보고자 한다.

소수 캐리어 수명 τ 는 p 형 반도체의 전도 대역에서 전자가 존재하는 평균 시간 τ_n 또는 n 형 반도체의 가전자 대역에서 정공이 존재하는 평균 시간 τ_p 로 정의된다. 수명을 결정하는데 사용되는 방법 중의 하나는 반도체가 빛에 노출될 때 광전도도 (photoconductivity) 의 시간 의존성을 측정하는 것이다.

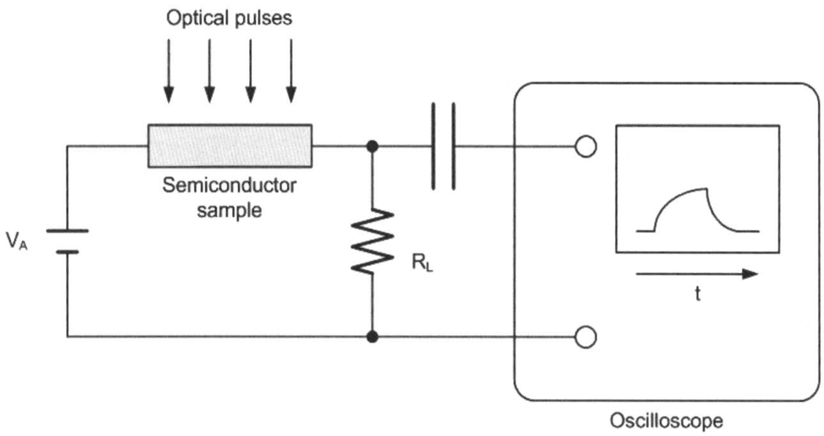

[그림 14] 반도체에서 소수 캐리어 수명을 측정하기 위한 회로도

[그림 14] 의 회로에 연결된 균일한 반도체 시료를 고려해보자. 반도체는 매우 얇으며, 광 파장은 작은 흡수계수를 가지도록 선택된다. 이 경우 빛의 조사는 시료 전체에 걸쳐 균일하다고 생각할 수 있다. 광 펄스 (pulse) 가 인가되면, 광 흡수를 통하여 전자-정공 쌍이 생성된다. 광 흡수는 과잉 캐리어들을 생성하기 때문에 전도를 위한 더 많은 캐리어들이 존재하게 된다. 따라서 전도도는 증가한다. 시간에 따른 이 전류의 변화는 부하저항 R_L 양단의 전압으로 오실로스코프를 통해 측정된다. R_L 값이 반도체의 저항 R_S 와 비교하여 매우 작게 설정되면, 그때 측정된 전류는 V_A/R_S 가 된다. 반도체 시료의 저항이 $R_S = \rho L/A$ 이고 전도도가 $\sigma = 1/\rho$ 이므로, 전류는 다음과 같이 나타낼 수 있다.

$$i(t) = \frac{V_A}{\frac{\rho(t)L}{A}} = \frac{V_A A\sigma(t)}{L} \tag{53}$$

이때 시간 의존적인 전압은 i(t) 에 비례하고, 이것은 다시 캐리어 수가 변함에 따라 시간적으로 변화하는 전도도 σ(t) 에도 비례한다.

반도체 시료의 전도도는 다음과 같이 주어진다.

$$\sigma = \sigma_n + \sigma_p = q(\mu_n n + \mu_p p) \tag{54}$$

여기서, $n = n_0 + \Delta n$ 이고 $p = p_0 + \Delta p$ 이다. n_0 와 p_0 는 전자와 정공의 평형 농도이고, Δn 과 Δp 는 광 유도에 의한 전자와 정공의 과잉 농도이다. 식 (54) 에 $n = n_0 + \Delta n$ 과 $p = p_0 + \Delta p$ 를 적용하면 다음 식을 얻을 수 있다.

$$\sigma = q(\mu_n n_0 + \mu_n \Delta n + \mu_p p_0 + \mu_p \Delta p) \tag{55}$$

또는

$$\sigma = \sigma_0 + \sigma_{pc} \tag{56}$$

광 조사가 없는 경우의 전도도는 다음 식과 같이 나타낼 수 있다.

$$\sigma_0 = q(\mu_n n_0 + \mu_p p_0) \tag{57}$$

또, 광 전노도는 다음과 같이 나타낼 수 있다.

$$\sigma_{pc} = q(\mu_n \Delta n + \mu_p \Delta p) \tag{58}$$

하나의 예로서, p 형 직접 갭 반도체를 고려해보자. 이 경우 재결합은 대역과 대역 사이 즉, 전도 대역의 전자들이 가전자 대역의 정공들과 직접적으로 재결합한다. 열적 생성 (포논 흡수) 과 광학적 생성 (광자 흡수) 에 의한 전자-정공 쌍의 생성을 [그림 15] 에 나타내었다.

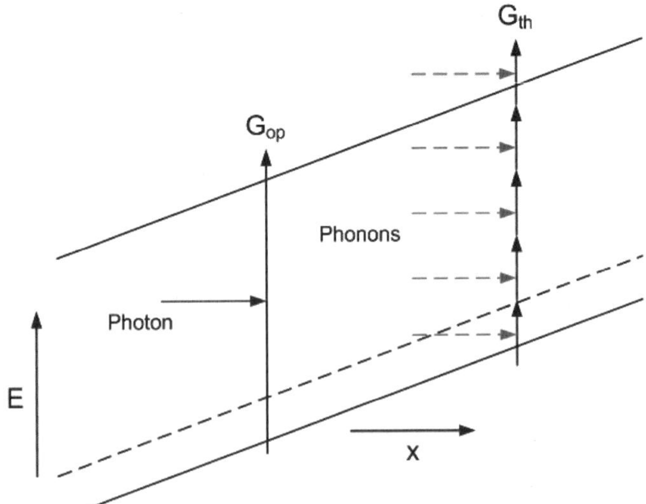

[그림 15] 광학적 생성과 열적 생성 하에서의 반도체 에너지 밴드

각 광자들은 전자-정공 쌍을 생성시키고, 각 재결합하는 전자들은 전자-정공 쌍을 소멸시키므로, 과잉 전자와 정공들의 농도는 같다. ($\Delta n = \Delta p$) 캐리어들이 생성되는 속도는 캐리어들이 재결합되는 속도와 같지 않을 것이기 때문에 캐리어들은 축적되거나 고갈될 것이다.

광 전류의 시간 의존성은 Δn 과 Δp 의 시간 의존성에 비례한다. $\Delta n = \Delta p$ 이므로, Δn 에 대한 연속 방정식 [식 (45) 또는 (49)] 을 풀 수 있다. 반도체가 균질하고, 반도체에 빛이 균일하게 조사되기 때문에, E 는 일정하다. 따라서 dE/dx, dn/dx 그리고 $\partial J_{n/}\partial x = 0$ 가 된다. 이때 다음과 같은 식이 만족되는 것을 알 수 있다.

$$\frac{d\Delta n}{dt} = G_{op} - \frac{\Delta n}{\tau_n} \tag{59}$$

식 (59) 는 특정 문제에 적합한 초기 조건을 가지고 Δn 에 대하여 해를 구할 수 있다. 광전도도는 식 (58) 로부터 결정되며, $\Delta n = \Delta p$ 이므로 다음과 같이 나타낼 수 있다.

$$\sigma_{pc}(t) = q\Delta n(t)(\mu_n + \mu_p) \tag{60}$$

이때 식 (53) 으로 부터 시간 의존성인 전류는 $\Delta n(t)$ 에 좌우된다. 이제 반도체가 초기에 평형상태에 있고, t = 0 에서 빛이 조사되는 경우를 고려해보자.

5.1. 상승 시간 (Rise time)

빛이 조사되기 전에, 반도체는 평형상태에 있다. 따라서 $t = 0$ 일 때 $\Delta n = 0$ 이다. 이 경우, $t > 0$ 에서 식 (59) 의 해는 다음과 같다.

$$\Delta n = G_{op}\tau_n\left[1 - \exp\left(\frac{-t}{\tau_n}\right)\right] \tag{61}$$

이것은 시간에 따라 증가하는 함수이며, 특정 시정수 τ_n 을 갖고 지수 함수적으로 증가한다.

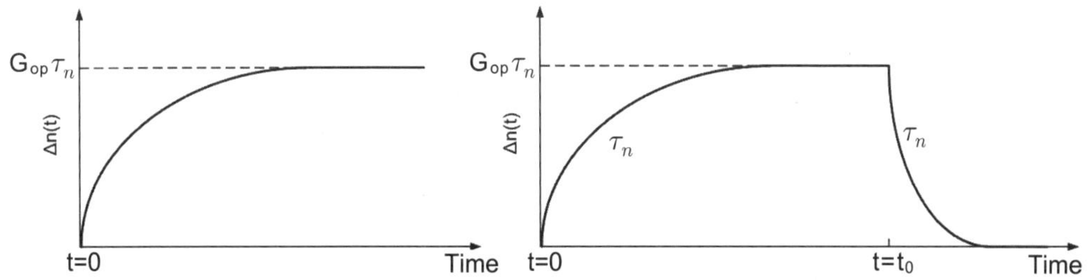

[그림 16] 펄스 형태의 광 조사 하에서 반도체의 과잉 캐리어 변화

[그림 16 (a)] 는 이러한 경우에 대한 $\Delta n(t)$ 를 나타낸 것이다. Δn 은 시정수 τ_n 을 갖고 증가하여, 다음 식에 나타낸 것과 같은 최대값에 도달하는 것을 알 수 있다.

$$\Delta n_{\max} = G_{op}\tau_n \tag{62}$$

최대값은 G_{op} 와 τ_n 에 비례하는데, G_{op} 는 빛의 강도와 흡수율과 관계가 있다. 빛이 조사될 때, 정상 상태 (steady-state) 의 과잉 캐리어 농도가 형성될 때 까지 약간의 시간이 걸리는데 이를 상승 시간 (rise time) 이라고 한다.

5.2. 하강 시간 (Fall time)

이제 빛이 시간 $t = t_0$ 에서 소멸되었다고 가정하자. t_0 후에, 광학적 생성률은 0 이 된다. $G_{op} = 0$ 을 식 (59) 에 대입하면 다음과 같은 해를 얻을 수 있다.

$$\Delta n(t) = \Delta n(t_0)\exp\left[\frac{-(t-t_0)}{\tau_n}\right] \tag{63}$$

Δn 은 동일한 시정수 τ_n 을 갖고 감소한다. n 형 반도체의 경우, 유사한 근사를 통하여, Δn 과 τ_n 은 Δp 와 τ_p 로 각각 대체된다.

식 (42) 로부터 재결합률은 $R = n/\tau_n$ 으로 주어진다. $n \ll N_A$ 인 p 형 직접 갭 반도체의 경우 재결합률은 다음 식과 같이 나타낼 수 있다.

$$R = n\beta p = n\beta N_A \tag{64}$$

여기서, β 는 주어진 전자가 단위 시간에 정공과 재결합할 확률이다. 이때 시정수는 다음과 같이 나타낼 수 있다.

$$\tau_n = \frac{1}{\beta N_A} \tag{65}$$

식 (65) 에서 τ_n 은 N_A 반비례하는 것을 알 수 있다. 즉, 고농도로 도핑 할수록 수명은 더 짧아진다. 그러나 예를 들어 p 형 간접 갭 반도체인 Si 에서, 재결합은 금지대역 내의 트랩 상태를 통해서 이루어진다. 따라서 재결합은 트랩 상태의 밀도 N_T 에 의해 제한된다.

빛이 조사되면, 과잉 캐리어 농도는 빛의 세기에 비례하는 Gop 에 의존하는 최대값에 도달한다. 또한, 최대 전류는 식 (53), (58) 그리고 (63) 으로 부터 알 수 있듯이 소수 캐리어의 수명에 비례한다. 따라서 광검출기 (photodetector) 에서 감도는 캐리어 수명이 길어짐에 따라 증가한다. 하지만, 상승과 감소 시간은 τ_n 에 비례하므로 고속 응답이 필요한 경우에는 감도를 희생해야 한다.

위에서 지적했듯이, 소수 캐리어 수명은 p 형 반도체의 경우 전도 대역에서 전자가 유지되는 평균 시간 또는 n 형 반도체의 경우는 가전자 대역에서 정공이 유지되는 평균 시간으로 정의된다. 소수 캐리어 수명이 보상 효과가 없는 Si 에서 도핑의 함수로서 측정되었는데, 데이터 상에서 상당한 편차를 보인다. 고농도 도핑 준위에서는 수명이 짧아지기 때문에 소수 캐리어의 수명을 측정하기가 어렵다. 저농도 도핑에서, 수명은 트랩 농도에 크게 좌우된다. 소수 캐리어 수명은 다음 식에 나타낸 실험적 수식으로 적절히 맞추어진다.

$$\tau_n = \left[3.45\times10^{-12}N_A + 9.5\times10^{-32}N_A^2\right]^{-1} \tag{66}$$

$$\tau_p = \left[7.8\times10^{-13}N_D + 1.8\times10^{-31}N_D^2\right]^{-1} \tag{67}$$

여기서 N_A 와 N_D 는 cm^{-3} 단위로 표현되며, τ_n 과 τ_p 는 초 단위이다. 고순도 Si 의 경우, 소수 캐리어 수명은 ms 범위에 있음을 알 수 있다. 소수 캐리어의 수명은 도핑 농도가 증가함에 따라 감소하며, $10^{20}cm^{-3}$ 의 도핑 농도에 대해서는 ns 범위에 있다.

6. 소수 캐리어의 확산 길이

재결합은 캐리어들의 수명을 유한하게 제한한다. 이 수명 범위 내에서 캐리어들이 어느 정도의 운동에너지를 가지고 있기 때문에 확산될 수 있다. 이 절에서는 캐리어들이 재결합하기 전에 평균적으로 얼마나 멀리 확산되는지를 살펴 볼 것이다.

[그림 17 (a)] 에 나타내었듯이, 한쪽 끝 부분에 빛이 조사되는 p 형 반도체를 고려해보자. 빛의 조사는 일정하게 계속되고, 흡수 계수가 매우 커서 조사된 빛은 반도체 표면에서 모두 흡수된다고 가정한다. 또한 반도체내에는 전계가 없다고 가정한다. 이때 표면에서 발생한 과잉 전자들은 더 낮은 전자 농도 영역인 반도체 안쪽으로 확산될 것이다. 전자들이 침투해 들어감에 따라, 전자들은 정공들과 재결합할 것이다. [그림 17 (b)] 는 시간을 변수로 한 과잉 전자들의 변화를 위치의 함수로서 나타낸 것이다. 빛이 조사된 후, 시간이 증가함에 따라 표면에서 전자의 농도가 증가한다. 전자는 반도체의 벌크내로 확산하며 재결합한다. 표면에서의 생성률이 벌크 내부의 재결합률과 같을 때 정상 상태에 도달하게 된다.

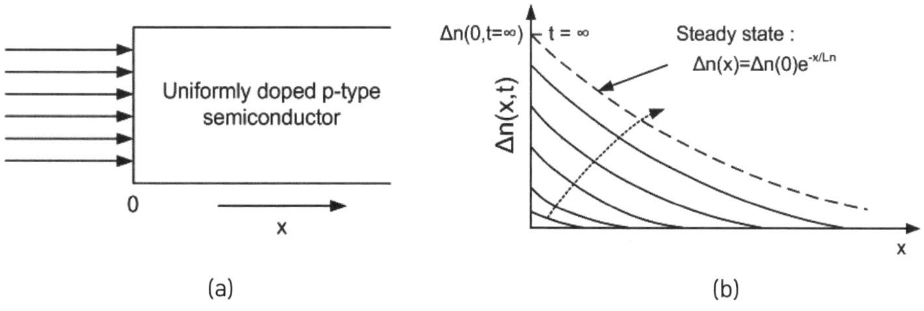

[그림 17] (a) 표면에 빛이 조사된 p 형 반도체에서 소수 캐리어의 확산, (b) 시간에 따른 막대 안에서 거리의 함수로서 나타낸 과잉 소수 캐리어 농도

전자에 대한 연속 방정식의 해 [식 (45)] 를 구함으로써, x 와 t 의 함수로 Δn 을 결정할 수 있다. 정상 상태의 조건 즉, $\partial n/\partial t = 0$ 인 경우에는 간단히 해결할 수 있다. 게다가 모든 과잉 전자들이 표면에서 생성되므로, $x > 0$ 인 경우 $G_{op} = 0$ 이며, $E = 0$ 일 때, $J_{n(drift)} = 0$ 이다. 따라서 식 (45) 는 다음과 같이 나타낼 수 있다.

$$\frac{dJ_n}{dx} = q\frac{\Delta n}{\tau_n} \tag{68}$$

여기서, $J_{n(diffusion)}$ 은 다음과 같은 식으로 표현할 수 있다.

$$J_{n(diffusion)} = qD_n\frac{dn}{dx} = q\left(\frac{dn_0}{dx} + \frac{d\Delta n}{dx}\right) \tag{69}$$

여기서, n_0 는 상수이므로 식 (68) 은 다음과 같이 나타낼 수 있다.

$$qD_n\frac{d^2(\Delta n)}{dx^2} = q\left(\frac{\Delta n}{\tau_n}\right) \tag{70}$$

또는

$$\frac{d^2(\Delta n)}{dx^2} = +\frac{\Delta n}{D_n\tau_n} \tag{71}$$

이것은 2 차 미분 방정식이며, $x = 0$ 에서 $\Delta n = \Delta n(0)$, $x = \infty$ 에서 $\Delta n = 0$ 인 경계조건을 적용해서 해를 구할 수 있다. 그 해는 다음 식과 같다.

$$\Delta n(x) = \Delta n(0)\exp\left(\frac{-x}{\sqrt{D_n\tau_n}}\right) = \Delta n(0)\exp\left(\frac{-x}{L_n}\right) \tag{72}$$

여기서, 다음 식에 나타낸 확산 길이 (diffusion length) 라고 하는 새로운 양을 도입한다.

$$L_n = \sqrt{D_n\tau_n} \tag{73}$$

이것은 전자가 재결합하기 전에 확산하는 평균거리이다. 유사하게 정공에 대한 확산 길이는 다음과 같이 나타낼 수 있다.

$$L_p = \sqrt{D_p\tau_p} \tag{74}$$

더 고농도로 도핑된 Si 의 경우, D_n 과 τ_n 은 진성 일 때의 값 이하로 감소되고 따라서 L_n 도 감소한다. Si 에 대한 소수 캐리어 확산 길이는 $10^{15}/cm^3$ 의 불순물이 있는 경우 약 1mm 에서 $10^{20}/cm^3$ 에서 1μm 이하로 감소한다. 직접 갭 반도체에서 확산 길이는 이러한 값보다 상당히 작은데, 이는 캐리어 수명이 매우 짧기 때문이다.

7. 의사 페르미 준위 (Quasi Fermi levels)

평형 상태의 반도체의 경우, 페르미 (Fermi) 준위는 일정하고 그 값은 전자와 정공의 평형 농도를 측정하는데 사용할 수 있다. 이 절에서는 의사 페르미 준위 (quasi Fermi level)를 도입한다. 이 준위는 물질이 평형상태가 아닐 때 전자와 정공의 농도를 찾는 기준 (reference) 으로써 이용될 수 있다.

평형 상태의 축퇴되지 않은 반도체의 경우, 다음과 같은 관계식을 가진다.

$$n_0 = N_c \exp\left[-\frac{(E_c - E_F)}{kT}\right] = n_i \exp\left(\frac{E_F - E_i}{kT}\right) \quad \text{평형상태} \tag{75}$$

$$p_0 = N_v \exp\left[-\frac{(E_F - E_v)}{kT}\right] = n_i \exp\left(\frac{E_i - E_F}{kT}\right)$$

비평형인 경우에도 전자와 정공 농도에 대한 표현은 여러모로 유용하며, 이를 다음 식에 나타내었다.

$$n = N_c \exp\left[-\frac{(E_c - E_{Fn})}{kT}\right] = n_i \exp\left(\frac{E_{Fn} - E_i}{kT}\right) \quad \text{비평형상태} \tag{76}$$

$$p = N_v \exp\left[-\frac{(E_{Fp} - E_v)}{kT}\right] = n_i \exp\left(\frac{E_i - E_{Fp}}{kT}\right)$$

여기서 n 과 p 는 각각 총 전자와 정공 농도이며, 평형상태의 캐리어와 과잉 캐리어 모두를 포함한다. 식 (76) 은 전자와 정공에 대한 의사 페르미 준위 E_{Fn} 과 E_{Fp} 를 정의한다. 식 (76) 을 의사 페르미 준위에 대하여 정리하면, 다음 식과 같이 나타낼 수 있다.

$$E_{Fn} = E_c - kT \ln\frac{N_c}{n} = E_i + kT \ln\frac{n}{n_i} \tag{77}$$

$$E_{Fp} = E_v - kT \ln\frac{N_v}{p} = E_i + kT \ln\frac{p}{n_i} \tag{78}$$

일례로, [그림 18] 과 같이 빛이 조사되는 p 형 반도체가 정상상태에 있다고 생각하자. 막대의 어두운 끝 부분에서는 $n = n_0$ 와 $p = p_0$ 로서 평형 상태에 있으며, 페르미 준위가 정의되어 있다. [그림 18] 에 나타내었듯이 평형 상태에서 $E_{Fn} = E_{Fp} = E_F$ 이다. 빛이 조사된 시료의 끝 부분에서, n 과 p 모두 평형 값으로부터 증가하고 의사 페르미 준위는 [그림 18] 에 나타내었듯이 서로 분리된다. p 형 반도체 이므로, $p_0 \gg n_0$ 이고 임의의 위치에서 $\Delta n = \Delta p$ 이므로 전자들보다 정공들이 더 많이 존재한다. 따라서 과잉 캐리어의 증가는 전자의 경우보다 정공의 총 농도에 더 작은 영향을 미치기 때문에 E_F 에 대한 E_{Fp} 의 변화는 E_{Fn} 보다 더 작다.

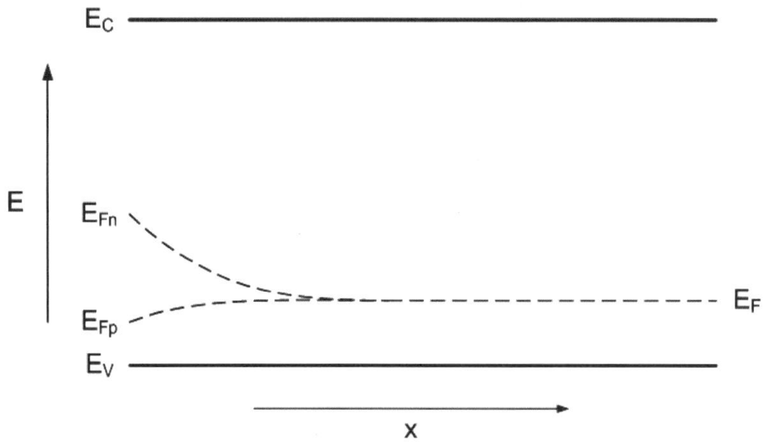

[그림 18] E = 0 일 때, 그림 18 의 정상상태 비평형인 경우에 대한 전자와 정공의 의사 페르미 준위

페르미 준위를 결정하기 위하여 평형 상태의 전자와 정공 농도를 알아야 할 필요가 있듯이, 의사 페르미 준위를 얻기 위해서는 비평형 상태에서 전자와 정공의 농도를 알아야 한다. 에너지 밴드 구조에서 의사 페르미 준위의 사용은 위치에 따른 전자와 정공의 농도를 나타내는 매우 편리한 방법이다. 식 (75) 가 축퇴되지 않은 반도체에 대하여 유효하듯이, 식 (76) 과 (77) 및 (78) 은 의사 페르미 준위가 각각의 대역 끝 (band edge) 으로부터 약 2.3 kT 보다 클 정도로 작은 Δn 에 대해서만 유효하다.

축퇴되지 않은 반도체에서, 전류밀도 J_n 과 J_p 는 각각 의사 페르미 준위 E_{Fn} 과 E_{Fp} 의 기울기로써 표현될 수 있다. 전자 전류는 식 (20) 에 나타낸 것과 같이 표현할 수 있다.

$$J_n = q\mu_n\left[n(x)E(x) + \frac{kT}{q}\frac{dn}{dx}\right] \tag{79}$$

식 (76) 으로 부터 dn/dx 는 다음과 같이 정리될 수 있다.

$$\begin{aligned}\frac{dn}{dx} &= \frac{d}{dx}\left[N_c \exp\left(\frac{-(E_c - E_{Fn})}{kT}\right)\right] \\ &= \frac{1}{kT}N_c \exp\left[\frac{-(E_c - E_{Fn})}{kT}\right]\left[\frac{dE_{Fn}(x)}{dx} - \frac{dE_c(x)}{dx}\right] \\ &= \frac{n(x)}{kT}\left[\frac{dE_{Fn}(x)}{dx} - \frac{dE_c(x)}{dx}\right]\end{aligned} \tag{80}$$

또, $dE_c(x)/dx = qE(x)$ 이므로, 식 (79) 는 다음과 같이 표현된다.

$$J_n(x) = \mu_n(x)n(x)\frac{dE_{Fn}}{dx} \tag{81}$$

또는

$$J_n(x) = q\mu_n(x)n(x)\frac{d}{dx}\left(\frac{E_{Fn}}{q}\right) = \sigma_n(x)\frac{d}{dx}\left(\frac{E_{Fn}}{q}\right) \tag{82}$$

이것은 E 를 $d/dx(dE_{Fn}/q)$ 로 대체한 국소점 형태에서의 옴의 법칙과 유사하다. 마찬가지로 정공 전류에 대해서도 다음과 같이 나타낼 수 있다.

$$J_p(x) = \sigma_p(x)\frac{d}{dx}\left(\frac{E_{Fp}}{q}\right) \tag{83}$$

J_n 과 J_p 에 대한 위의 관계식은 드리프트 전류와 확산 전류가 어떤 상황에 있더라도 유용하다. $dn/dx = dp/dx = 0$ 의 경우, 확산 전류는 없으며 다음과 같은 관계식을 얻을 수 있다.

$$\frac{d}{dx}\left(\frac{E_{Fn}}{q}\right) = \frac{d}{dx}\left(\frac{E_{Fp}}{q}\right) = E \quad \text{no diffusion} \tag{84}$$

이것은 위의 의사 페르미 준위가 축퇴되지 않은 반도체에 대해서만 유효하다는 것을 강조한다.

8. 비동질성 반도체

지금까지는 동일한 물질로 구성되고, 균일한 불순물을 첨가한 동질성의 반도체를 논의하였다. 이제 불균일하게 도핑이 되었거나 다른 반도체끼리 접합된 비동질성의 반도체를 고려할 것이다. 이러한 경우는 반도체가 사용되는 여러 종류의 전자 및 광전자 소자에 있어 매우 중요하다.

8.1. 열평형 상태에서의 페르미 준위

열평형 상태에서 페르미 준위는 일정한 에너지 준위를 가진다. 이를 증명하기 위해 [그림 19 (a)] 에 나타낸 바와 같이, 두 가지 반도체가 접합된 경우를 고려한다. 두 반도체는 에너지 밴드 갭이 다르고, 불순물도 다르게 첨가되어 있다. 따라서 [그림 19 (b)] 에서 보듯이, 페르미 준위가 서로 다르다. 물질들이 접합될 때, 각각의 물질들은 전기적 중성 상태를 유지하고 있다. 접합이 막 이루어진 상태에서는 B 보다 A 에서의 전자들이 더 높은 에너지를 가지고 있기 때문에 불안정하다. 접합된 물질들이 평형상태에 도달할 때까지 전자들이 A 에서 B 로 이동한다. 평형상태에서 전류의 합은 반드시 0 이 되어야 하므로, [그림 19 (c)] 에 나타낸 것과 같이 캐리어가 A 에서 B 로 이동하고 있다면 같은 수의 캐리어가 B 에서 A 로 이동해야만 한다. 물질 A 의 상태밀도함수를 $N_A(E)$, 점유 확률을 $f_A(E)$ 라

하고, 마찬가지로 물질 B 에서의 상태밀도함수를 $N_B(E)$, 점유확률을 $f_B(E)$ 라고 하자. 에너지 E 에서 A 에서 B 로 가는 전자 이동도는 물질 A 의 E 에서 채워진 상태의 수와 물질 B 의 E 에서 빈 상태의 수를 곱한 것에 비례한다. 즉, 다음 식과 같이 표현할 수 있다.

$$F_{A\rightarrow B} = N_A(E) f_A(E) \cdot N_B(E)[1 - f_B(E)]dE \tag{85}$$

마찬가지로 B 에서 A 로 이동하는 비율은 다음 식과 같이 표현된다.

$$F_{B\rightarrow A} = N_B(E) f_B(E) \cdot N_A(E)[1 - f_1(A)]dE \tag{86}$$

평형상태에서 이 두 가지 이동 비율은 같아야 한다.

$$F_{A\rightarrow B} = F_{B\rightarrow A} \tag{87}$$

식 (87) 을 정리하면, 다음 식과 같이 나타낼 수 있다.

$$F_A(E) = F_B(E) \tag{88}$$

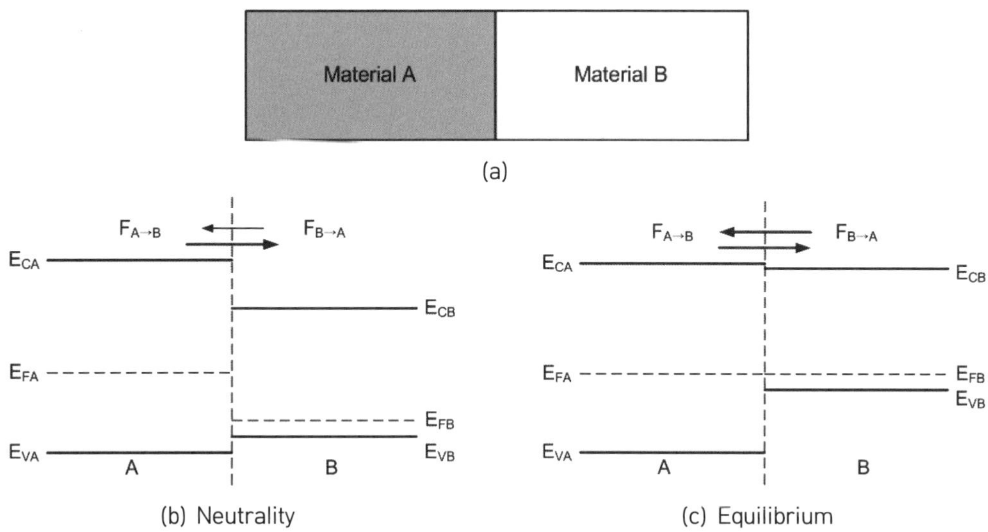

[그림 19] (a) 평형상태에서 다른 두 개의 물질이 접합하면 전류는 0 이 됨 (b) 물질들의 접합초기에는 둘 다 전기적 중성상태 유지 (c) 평형상태에서 페르미 준위는 같아야 함

점유 확률은 페르미 분포함수로 나타낼 수 있으므로 다음 식과 같이 표현할 수 있다.

$$F_A(E) = \frac{1}{1 + \exp\left(\frac{E - E_{FA}}{kT}\right)} \tag{89}$$

$$F_B(E) = \frac{1}{1 + \exp\left(\frac{E - E_{FB}}{kT}\right)} \tag{90}$$

식 (89) 와 (90) 을 식 (88) 에 대입하면, 다음 식을 얻을 수 있다.

$$E_{FA} = E_{FB} \tag{91}$$

그러므로, [그림 19 (c)] 에서 보듯이 평형상태에서 페르미 준위는 같아진다. 다시 말하면, 평형상태의 페르미 준위는 변화성이 존재하지 않는다고 할 수 있다.

$$\frac{dE_F}{dx} = 0 \tag{92}$$

주어진 물질내의 페르미 준위는 전도대와 가전자대 사이에 위치하며, 도핑 농도에 따라 변하는 함수이다. 따라서 페르미 준위들이 원래의 위치로부터 변화하여 정렬된다면, 모든 에너지 준위들도 이에 따라 다시 정렬되어야 한다.

8.2. 경사 도핑 (Graded Doping)

지금까지는 반도체에서 N_D 또는 N_A 와 같이 위치에 따라 일정한 순 도핑 농도들을 사용해왔다. 이 가정은 종종 많은 반도체 소자들에서 잘 맞지 않는다. 이제 불균일한 도핑을 한 경우의 반도체를 고려해보자. 첫째, 평형 에너지 밴드 상에서 도핑 프로파일의 영향을 조사하고, 이것이 캐리어 농도에 어떤 영향을 미치는지 조사한다.

소자에 사용되는 많은 반도체들은 억셉터나 도너가 모두 존재하는 재료이다. 전자와 정공 농도의 계산, 페르미 준위 위치, 에너지 밴드 다이어그램을 정확히 구하는데 가장 중요한 것은 다음 식에 나타낸 순 도핑 농도이다.

$$N_D' = N_D - N_A \qquad \text{n-type} \tag{93}$$

$$N_A' = N_A - N_D \qquad \text{p-type} \tag{94}$$

경사 도핑 (graded doping) 의 예로서, [그림 20] 에 나타낸 보상된 p 형 Si 의 경우를 고려해보자. 이때 순 억셉터 농도 $N_A' = N_A - N_D$ 는 왼쪽에서 오른쪽으로 위치에 따라 감소한다. 이 경우 반도체는 모든 부분에서 축퇴되어 있지 않기 때문에 밴드 갭의 감소는 무시될 수 있으며 또, 밴드 갭은 도핑 농도에 따라 변하지 않는다고 가정한다.

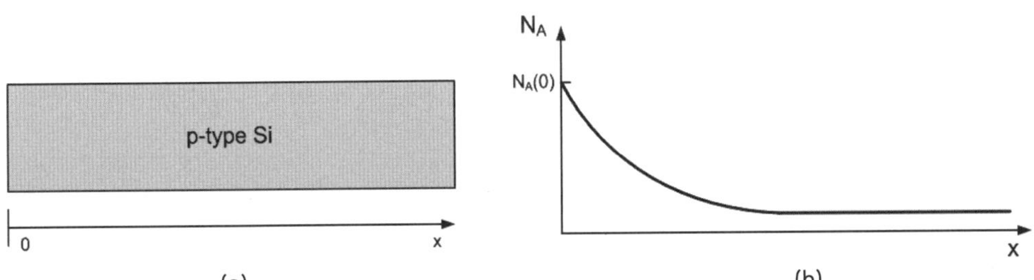

[그림 20] 불균일하게 도핑된 반도체. (a) 막대 형태의 반도체 물질, (b) 거리의 함수인 순 억셉터 농도

앞에서 이미 언급되었듯이, 순 억셉터 도핑이 고농도일수록 더 많은 정공들이 존재한다. [그림 20] 에서 보듯이, 도핑이 고농도로 이루어진 반도체의 왼쪽 끝 부분에서는 가전자 대역 가장자리에 페르미 준위가 근접하게 된다. 반면에, 더 저농도로 도핑된 반도체의 오른쪽 끝 부분에서는 페르미 준위가 밴드 갭 중간부분까지 올라오게 된다. 따라서 에너지 밴드 구조가 [그림 21] 과 같이 되는 것을 예상할 수 있으며, 모든 거시적인 영역에서 전기적 중성 (electrical neutrality) 이 존재한다고 가정할 수 있다. 전기적 중성에 의해, 어느 거시적인 영역에서도 그 영역의 음 전하의 농도는 [그림 21 (a)] 에 나타낸 것과 같이 양전하 농도와 같다. [그림 21 (b)] 에서는 진공 준위 E_{vac} 와 억셉터 에너지 준위 E_A 및 전자 친화도 (electron affinity) χ 등도 표현되어 있다.

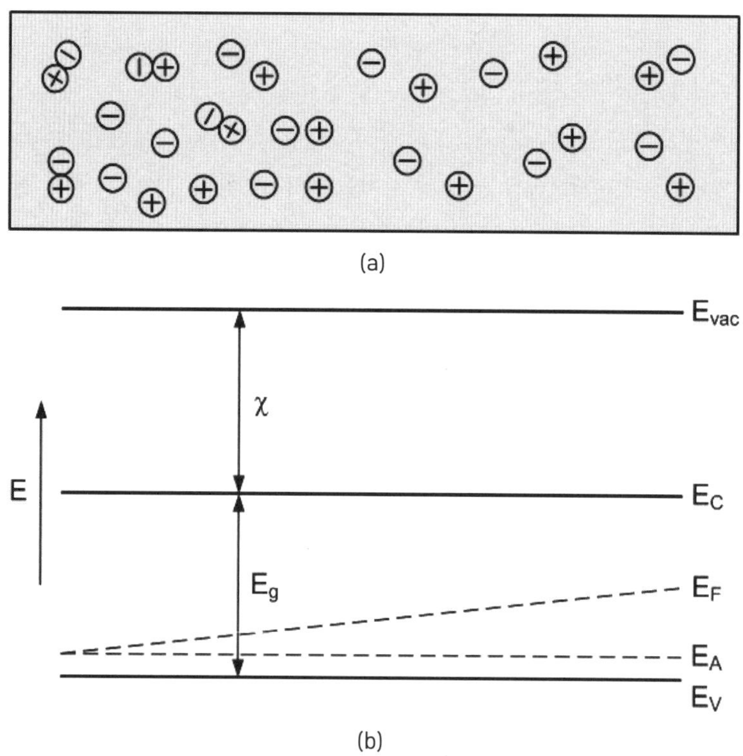

[그림 21] (a) 모든 거시적인 영역에 중성화가 존재함, (b) 불균일하게 도핑된 반도체의 경우 평형전의 에너지 밴드 구조

모든 불순물들이 이온화되었다고 가정하면, 정공 농도는 순 억셉터 농도와 같다. 따라서, 정공 농도는 다음과 같이 나타낼 수 있다.

$$p(x) = N_A'(x) = N_v \exp\left(\frac{-(E_F - E_v)}{kT}\right) \tag{95}$$

식 (95) 의 왼쪽 항은 x 의 함수이므로, 오른쪽 항도 x 의 함수이어야 한다. N_v, k, T

의 양은 모두 상수이므로, $E_F - E_v$ 가 위치에 따라 변해야 한다. 페르미 준위는 페르미 확률 함수가 1/2 인 지점의 에너지 준위이며, 페르미 함수는 상태들의 분포나 도핑 농도 등에 무관하며 단지 온도에만 좌우된다. 그러나 평형상태에서 페르미 준위는 위치에 무관하게 일정한 에너지 상태에 있음을 알고 있다. 가전자대의 가장자리는 도핑 농도가 변화함에 따라 이동한다고 예상할 수 있다. 따라서 [그림 21] 은 잘못되었다는 것을 알 수 있다.

이제 어떻게 이 오류를 바로잡을 것인지 결정할 필요가 있다. 다시 [그림 23] 으로 돌아가서, 전기적 중성을 가정하는 경우, 식 (96) 에 나타낸 전계는 0 이지만 정공 농도의 기울기 (gradient) 는 존재한다.

$$E = \frac{1}{q}\frac{dE_{vac}}{dx} \tag{96}$$

앞에서 살펴본 바와 같이, 정공들은 고농도 영역에서 저농도 영역으로 확산된다. 이 경우 오른쪽 방향으로 확산이 이루어질 것이다. [그림 20] 에서 보듯이, 이온화된 억셉터들의 농도 기울기 또한 존재한다. 억셉터 이온들은 음으로 대전되었으나, 억셉터 이온들이 결정격자 (crystal lattice) 에 갇혀있기 때문에 확산될 수는 없다. 따라서 왼쪽으로부터 오른쪽으로 양전하 (정공) 들의 순 확산 (net diffusion) 이 존재하며, 왼쪽에 보상되지 않은 음이온을 남긴다. 이것을 [그림 22 (a)] 에 나타내었다. 이때 샘플 오른쪽 끝부분에서의 단위 체적 당 양전하 (정공) 들의 수는 증가하고, 왼쪽에는 음으로 대전된 이온들이 남게 된다. 이러한 전하들의 분리는 반도체내에 전계를 생성시키며, 더 이상 전기적 중성의 조건을 만족하지 못하게 한다. 전계의 극성 (polarity) 은 정공을 왼쪽으로 되돌아가게 한다. 즉, 캐리어의 확산은 오른쪽으로 일어나고, 이것에 의해 형성된 전계는 캐리어들을 왼쪽으로 되돌리려 한다.

이로부터 평형상태에서 최종 상황이 어떻게 될 것인지를 결정할 수 있다. 평형상태에서 순 정공 전류밀도는 0 이며, 따라서 내부 전계 (built-in electric field) 에 기인하는 드리프트 전류는 농도 구배에 의해 형성된 확산 전류와 균형을 이루어야 한다.

$$J_p = J_{p(drift)} + J_{p(diffusion)} = 0 = q\mu_p p_0(x)E - qD_p\frac{dp_0(x)}{dx} \tag{97}$$

여기서, 평형상태의 정공 농도 $p = p_0$ 는 위치의 함수이다. 전하의 상대적으로 작은 이동이 이러한 내부 전계를 초래하기 때문에, 근사식 $p(x) = p_0(x) = N_A'(x)$ 는 여전히 유효하며, 식 (97) 은 식 (95) 를 이용하여 다음과 같이 나타낼 수 있다.

$$q\mu_p p_0(x)E = -q\frac{D_p N_v}{kT}\exp\left(-\frac{(E_F - E_v)}{kT}\right)\left[\frac{d(E_F - E_v)}{dx}\right] \tag{98}$$

$$= -q\frac{D_p}{kT}p_0(x)\frac{d(E_F - E_v)}{dx}$$

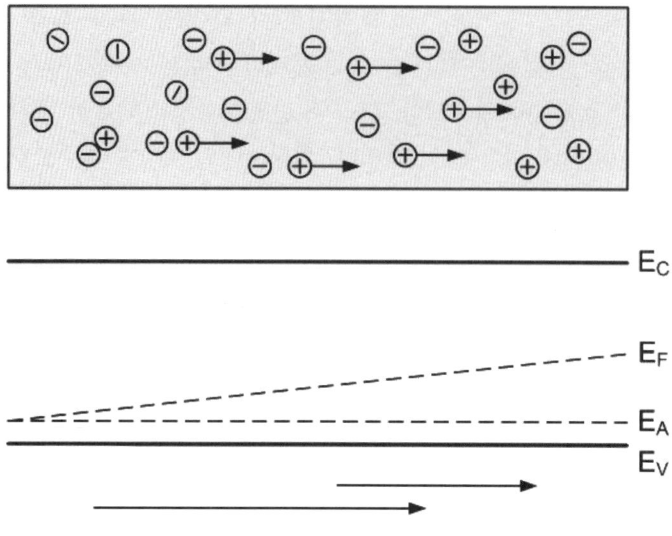

(a) Electrical neutrality

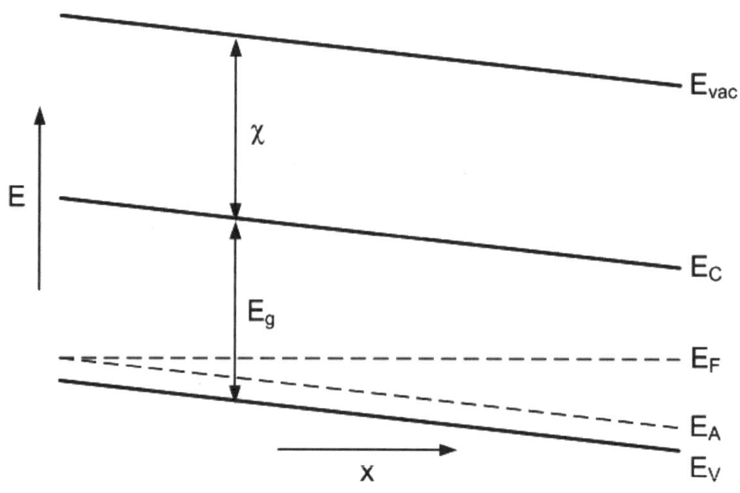

(b) Equilibrium

[그림 22] (a) 정공들은 뒤의 이온화된 억셉터들을 남겨두고 더 낮은 농도 영역으로 확산됨
(b) 평형 상태에서 불균일하게 도핑된 반도체에 대한 정확한 에너지 밴드 구조

페르미 준위는 일정하므로, $dE_F/dx = 0$ 이다. 따라서 식 (98) 은 다음 식과 같이 간단히 정리된다.

$$\mu_p E = \frac{D_p}{kT}\frac{dE_v}{dx} \tag{99}$$

반도체 재료의 종류가 변한 것이 아니기 때문에 전자 친화도, 밴드 갭, 이온화 전위 등은 일정하다. 따라서 E_v 와 E_c 는 E_{vac} 과 평행하다. 이것은 식 (89) 로부터 다음 식과 같이 표현할 수 있다.

$$E = \frac{1}{q}\frac{dE_{vac}}{dx} = \frac{1}{q}\frac{dE_c}{dx} = \frac{1}{q}\frac{dE_v}{dx} \tag{100}$$

이와 같이 전계는 가전자대와 전도대의 기울기에 비례한다. 평형상태에서 수정된 에너지 밴드 다이어그램을 [그림 22 (b)] 에 나타내었다. 평형상태는 전기적 중성 상태가 아니다. 평형상태가 되기 위해서는 어느 정도 양전하와 음전하의 분리가 필요하다. 즉, 평형 상태가 되기 위해서는 작은 전하의 이동이 필요하다. 이 영역을 의사 중성 영역 (quasi-neutral region) 또는 중성 영역 (neutral region) 이라고 한다. 평형상태에서 에너지 밴드 다이어그램을 그리는 편리한 방법을 요약하면 다음과 같다.

(1) 모든 거시적인 영역은 전기적 중성이라고 가정한다.
(2) 기준으로서 진공 준위, 즉 위치에 따라 일정한 E_{vac} 를 이용하여, 전자 친화도와 밴드 갭을 고려한 에너지 밴드 다이어그램을 그린다.
(3) 순 도핑 (net doping) 농도로 부터, 적절한 밴드 준위 (p 형 반도체의 경우 E_v, n 형 반도체의 경우 E_c) 에 관하여 페르미 준위를 찾는다.
(4) 전자 친화도와 밴드 갭을 일정하도록 유지하면서, 페르미 준위가 일정하도록 밴드 다이어그램을 적절히 기울게 한다.

식 (99) 와 (100) 으로 부터 다음과 같은 관계식을 얻을 수 있다.

$$\mu_p E = \frac{D_p}{kT} qE \tag{101}$$

또는

$$\frac{D_p}{\mu_p} = \frac{kT}{q} \tag{102}$$

이를 아인슈타인 (Einstein) 관계식이라고 한다.

Chapter 4. pn 접합 및 금속-반도체 접합

1. pn 접합 모델
2. pn 접합 분포
3. 공핍폭 (W) 을 위한 식의 유도
4. 공핍폭과 인가된 바이어스의 관계
5. 비대칭 pn 접합
6. pn 접합의 전압-전류 특성
7. 전하축적 및 과도상태
8. 정전용량
9. 항복전압
10. 반도체-금속 접촉

Chapter 4

pn 접합 및 금속-반도체 접합

2 장과 3 장에서는 반도체에 대한 핵심적인 내용을 상세히 다루었다. 이제 4 장에서는 이를 바탕으로 반도체로 이루어진 가장 기본적인 소자인 pn 접합과 금속-반도체 접합에 대해 알아보고자 한다. pn 접합의 가장 중요한 기능은 순방향 바이어스가 인가된 경우에만 전류가 흐르는 특성을 이용한 검파 및 정류 작용이지만, 그 외에도 역방향 바이어스 전압에 따라 정전용량이 변하는 특성을 이용한 버랙터 (varactor), 불순물 농도를 높게 조절하여 터널링 현상을 발생시켜 이를 이용하는 터널 다이오드 (tunnel diode), 빛을 방출하는 발광 다이오드 (light emitting diode) 등 그 응용범위가 매우 다양하다. 뿐만 아니라 pn 접합은 바이폴라 트랜지스터 (Bipolar Junction Transistor) 나 MOSFET (Metal-Oxide-Semiconductor Field Effect Transistor) 등 거의 모든 반도체 소자의 이론을 이해하는 기반이 된다. pn 접합의 특성을 이해하기 위해 바이어스가 인가되지 않은 평형상태의 해석을 출발점으로, 순방향 및 역방향 바이어스가 인가된 상태를 논의하고자 한다. 각각의 상태에서 에너지 밴드, 도핑농도, 공핍영역의 폭, 최대 전기장, 빌트인 포텐셜 등에 대해 알아보고 바이어스에 따른 정전용량, 접합항복에 대해서도 폭 넓게 다루고자 한다.

금속-반도체 접합은 그 전기적 특성에 따라, 정류 특성이 있는 정류성 접촉 (Schottky contact) 과 양방향으로 전류를 잘 흘려주는 저항성 접촉 (Ohmic contact) 으로 나눌 수 있다. 금속-반도체 접합이 정류성 접촉이 되느냐 저항성 접촉이 되느냐는 두 재료의 일함수 (work function) 차이와 반도체의 형 (type) 에 의해서 결정된다. 이들 접합의 특성을 에너지 밴드를 이용하여 이해하기 쉽게 논의하고자 한다.

1. pn 접합 모델

1.1. 평형상태 (equilibrium state) 에서 pn 접합

평형상태 (equilibrium state) 는 외부와 어떠한 전기적인 연결도 없이 pn 접합 자체에 의해 도달되는 상태를 말한다. 이러한 이유에서 평형상태를 제로-바이어스 (zero-bias) 조건이라 부르기도 한다.

1.1.1. 고립 상태에서 p 형 재료와 n 형 재료

도핑된 반도체 재료는 p 형 또는 n 형 재료로 나눌 수 있다. [그림 1] 과 같이 박스 안에 p 또는 n 을 써서 표현할 수 있으며, 전기적 특성은 에너지 밴드 다이어그램으로 설명할 수 있다.

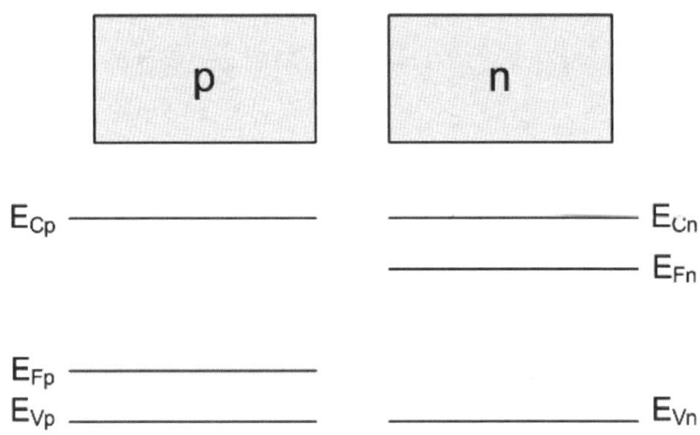

[그림 1] 고립 상태에서 p 형과 n 형 재료의 에너지 밴드 다이어그램

1.1.2. 평형상태에서 접합 모델링

평형상태에서는 외부와의 연결이 없기 때문에 접합 시에 어떠한 전류도 흐르지 않는다. [그림 2] 는 p 형 재료와 n 형 재료 사이의 접합면을 나타낸 것이다.

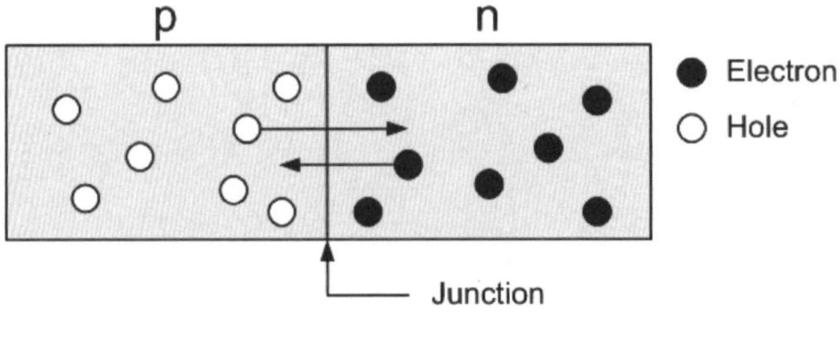

[그림 2] pn 접합에서 다수캐리어

p 형 재료는 다수의 정공을, n 형 재료는 다수의 전자를 가지고 있다. 접합을 통해서 p 형의 정공은 n 형 내부로 확산되어 들어가며, n 형의 전자도 마찬가지로 p 형 내부로 확산되어 들어간다. 확산은 항상 농도 차이에 의해 발생하는데, pn 접합의 경우에는 캐리어의 농도 차이에 의해 [그림 3 (a)] 처럼 발생하게 된다. 정공 확산전류와 전자 확산전류는 접합을 통해 [그림 3 (b)] 의 방향으로 발생한다.

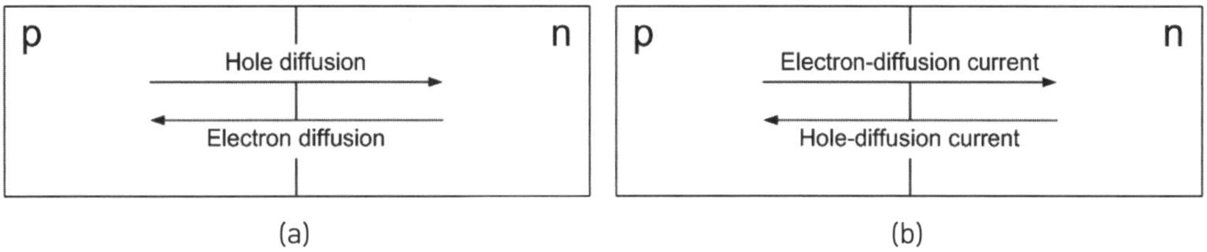

[그림 3] pn 접합에서 캐리어의 확산과 확산 전류

접합을 통한 확산과정에서 정공과 전자는 접합 영역에서 재결합하기 때문에, 전자와 정공은 더 이상 전하 캐리어 (charge carrier) 로 존재하지 않게 되어서 반도체 재료 내부에서 전도 과정이 사라진다. 이처럼 재결합이 발생하는 접합 영역에서는 전하 캐리어가 존재하지 않게 되는데, 이 영역은 전하 캐리어가 고갈 (deplete) 되었다고 해서 공핍영역 (depletion region) 이라고 한다. 이러한 공핍영역의 폭을 W 로 표시하며, 이것을 공핍폭 (depletion width) 이라고 부른다.

확산의 결과로 공핍영역의 가장자리에는 p 형의 경우 이온화된 억셉터 (acceptor) 원자로 구성된 층이 차지하며, n 형의 경우는 이온화된 도너 (donor) 원자로 구성된 층이 차지하게 된다. 이러한 층은 공간 전하로 언급되기도 하며, 공핍영역은 공간전하영역이라 표현되기도 한다. 따라서 이 영역의 한쪽은 (-) 로 대전되며 다른 쪽은 (+) 로 대전된다. [그림 4 (a)] 는 접합의 중심부에 공핍영역을 가지고 있는 pn 접합과 가장자리의 공간 전하를 나타낸 것이다. 공핍영역의 가장자리는 각각 (-) 로 대전된 층과 (+) 로 대전된 층이 차지하고 있기 때문에 전기장 E 가 발생하게 된다. 이 전기장은 (+) 의 공간전하에서 (-) 의 공간전하 방향으로 형성된다. 그러므로 전기장은 [그림 4 (b)] 처럼 캐리어에 의한 확산 전류의 방향과 반대 방향으로 형성되고, 확산 전류를 억제하는 드리프트 (drift) 성분을 형성한다. 이것은 pn 접합을 통해 발생하는 확산을 막아서 확산전류가 흐르는 것을 방해한다. 캐리어는 드리프트에 의해 접합을 가로질러서 이동될 것이다. 즉, 전자는 p 형에서 n 형으로, 정공은 n 형에서 p 형으로 드리프트 될 것이다. 전자와 정공의 드리프트는 인가된 전기장의 영향에 의한 것이다. 이것은 소수캐리어를 포함하는 도핑된 재료라는 점에서 중요하다. 결국, 다수캐리어는 확산되며 소수캐리어는 드리프트 된다. [그림 4 (b)] 에 접합을 통해 이동하는 캐리어들의 흐름과 전류의 흐름을 나타내었다.

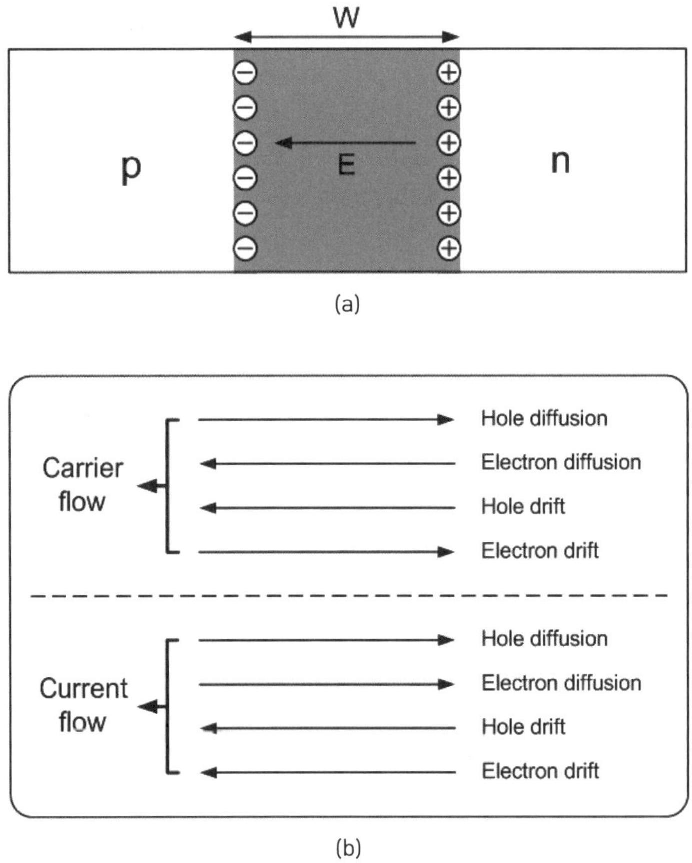

[그림 4] 공핍폭 (W) 을 통해 발생하는 (a) 전기장과, (b) 전류 및 캐리어 흐름

전체적으로 봤을 때 평형상태에서 접합면을 가로질러 흐르는 전류가 없기 때문에, 드리프트 전류는 확산 전류와 정확히 상쇄되어야 한다. 또한 드리프트 전류와 확산 전류는 n 형과 p 형의 캐리어를 서로 상쇄시켜야 한다. 이것을 다음의 식으로 정리해서 나타내었다.

$$J_{p(drift)} + J_{p(diffu.)} = 0 \tag{1}$$

$$J_{n(drift)} + J_{n(diffu.)} = 0 \tag{2}$$

위의 식은 외부로 흐르는 전류가 없는 평형상태에서 전기장이 형성된 상태를 포함하고 있다. [그림 4 (b)] 는 캐리어와 전류가 흐르는 방향을 나타내는 화살표의 길이가 모두 같음을 보여준다.

1.1.3. 빌트인 포텐셜 (내부전위 또는 접촉 전위, V_{bi})

전기장은 공핍폭 (W) 을 가로질러 형성된다. 이 전기장을 통해 전위차가 공핍폭을 가로질러 발생하게 된다. 이러한 평형상태에서의 전위차를 빌트인 포텐셜 (V_{bi}) 이라고 한다.

공간전하로부터 전위를 가정하면, [그림 5] 와 같이 정공에 의한 n 형 접촉면의 전위 V_n 과 전자에 의한 p 형 접촉면의 전위 V_p 사이에 전위차가 발생한다. 이것은 아래의 식 (3) 으로 나타낼 수 있다.

$$E(x) = -\frac{d\psi(x)}{dx} \tag{3}$$

여기서 ψ 는 정전기 전위 (electrostatic potential), x 는 결정간 거리를 나타낸다. $E(x)$ 는 x 축 방향을 향할 때 (+) 부호를 쓰며, 반대 방향인 경우는 (-) 부호를 쓴다. 공핍영역의 밖에서 전기장은 0 이라고 가정하면 다음의 식을 얻을 수 있다.

$$V_{bi} = V_n - V_p \tag{4}$$

빌트인 포텐셜 (V_{bi}) 은 공핍영역 사이에 전위 장벽 (potential barrier) 을 형성한다. 전위 장벽의 존재는 pn 접합이 다이오드처럼 한쪽 방향으로만 전류를 흐르게 하는 정류기 (rectifier) 로 동작 할 수 있음을 의미한다.

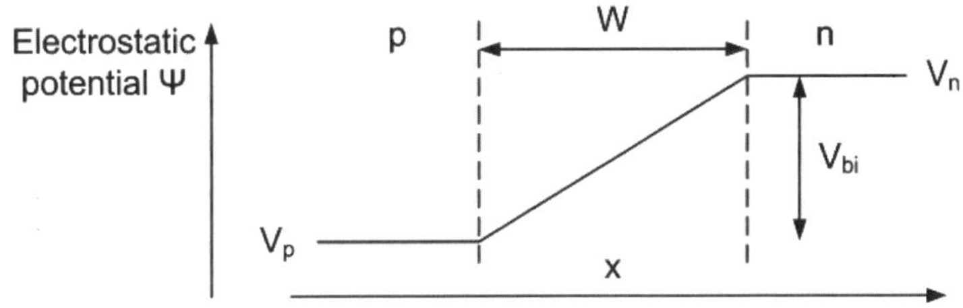

[그림 5] 공핍영역 사이에 발생하는 빌트인 포텐셜 V_{bi}

1.1.4. 에너지 밴드

[그림 6] 은 pn 접합의 에너지 밴드 구조를 나타낸 것이다. 가전자대와 전도대는 n 형보다 p 형에서 qV_{bi} 만큼 더 높다. 평형상태에서 페르미 레벨은 모든 영역에서 균일하다.

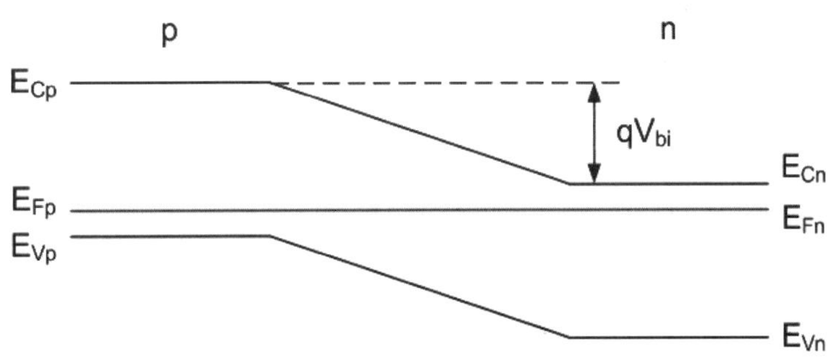

[그림 6] 평형상태에서 pn 접합의 에너지 밴드 구조

1.1.5. 빌트인 포텐셜 (V_{bi}) 과 도핑 농도 사이의 관계

접합 양쪽의 도핑 농도와 빌트인 포텐셜 (V_{bi}) 의 관계는 유용하게 사용될 수 있다. 특정한 도핑 농도를 줌으로서 적절한 에너지 장벽의 높이를 맞출 수가 있으며, 알맞은 소자 특성을 얻을 수 있기 때문이다. 장벽의 높이 (V_{bi}) 는 pn 접합으로 만들어진 어떤 소자의 다이오드 특성을 결정한다. 이러한 관계를 찾기 위해, 드리프트와 확산을 설명하는 방정식의 평형 항을 가정해야 한다. pn 접합에서, 정공 전류의 드리프트와 확산 성분은 평형 상태에서 서로 상쇄되기 때문에 전류 밀도는 0 이 된다.

$$q\left(\mu_p p(x)E(x) - D_p \frac{dp(x)}{dx}\right) = 0 \tag{5}$$

식 (5) 의 괄호 안에서 좌측 항은 드리프트 성분이며, 우측 항은 확산 성분이다. 이 식은 식 (6) 의 형태로 다시 표현할 수 있다.

$$\mu_p E(x) = \frac{D_p}{p(x)} \frac{dp(x)}{dx} \tag{6}$$

전기장은 식 (3) 의 전위에서 변화량을 표현하는 항으로 적용될 수 있다. 식 (6) 에 식 (3) 을 대입해서 정리히면 다음 식을 얻을 수 있다.

$$-\frac{\mu_p}{D_p} \frac{d\psi(x)}{dx} = \frac{1}{p(x)} \frac{dp(x)}{dx} \tag{7}$$

여기서, 아인슈타인 관계식 ($D = kT\mu/q$) 에 의해 다음 식이 성립함을 알 수 있다.

$$D_p = \frac{kT\mu_p}{q} \tag{8}$$

그러므로, 식 (7) 에서 μ_p/D_p 를 치환하면 식 (9) 의 형태를 얻게 된다.

$$-\frac{q}{kT} \frac{d\psi(x)}{dx} = \frac{1}{p(x)} \frac{dp(x)}{dx} \tag{9}$$

위의 식은 적절한 경계를 갖는 적분을 통해서 풀이할 수 있다. 1 차원을 가정하기 때문에 p 와 ψ 는 단지 x 에 대한 함수로 나타낼 수 있다. 식 (10) 은 식 (9) 의 적분 형태이다.

$$-\frac{q}{kT} \int_{V_p}^{V_n} d\psi = \int_{p_p}^{p_n} \frac{1}{p} dp \tag{10}$$

이 식을 풀면 아래의 결과를 얻을 수 있다.

$$-\frac{q}{kT}(V_n - V_p) = \ln p_n - \ln p_p = \ln\left(\frac{p_n}{p_p}\right) \tag{11}$$

식 (4) 로부터 $V_n - V_p$ 를 V_{bi} 로 치환한 후, V_{bi} 에 대해서 정리하면 식 (12) 를 얻을 수 있다.

$$V_{bi} = \frac{kT}{q} ln\left(\frac{p_p}{p_n}\right) \tag{12}$$

여기서 p_n 은 n 형 재료에 있는 정공의 농도이며, p_p 는 p 형 재료에 있는 정공의 농도이다.

식 (12) 로부터 접합의 양쪽 재료의 정공 농도와 접촉 전위에 대한 유용한 방정식을 유도할 수 있다.

$$\frac{p_p}{p_n} = \exp\left(\frac{qV_{bi}}{kT}\right) \tag{13}$$

이 식은 전자의 농도를 포함한 식으로 확장될 수 있다.

$$\frac{n_n}{n_p} = \frac{p_p}{p_n} = \exp\left(\frac{qV_{bi}}{kT}\right) \tag{14}$$

여기서 n_n 은 n 형 재료에서 전자의 농도이며, n_p 는 p 형 재료에서 전자의 농도이다. 전자에 의한 전류를 이용해서도 앞서 설명한 정공을 이용한 방법과 동일한 결과를 얻을 수 있다.

1.1.6. 평형상태에서 pn 접합 내의 캐리어 흐름

[그림 7] 은 평형상태에 있는 pn 접합의 에너지 밴드 다이어그램 상에서 캐리어의 이동을 도식적으로 나타낸 것이다. p 형 재료에서 소수캐리어인 전자는 전도대에 위치하지만 극히 적은 수가 존재하며, 다수캐리어인 정공은 가전자대에 위치한다. n 형 재료에서 다수캐리어인 전자는 전도대에 있으며, 소수캐리어인 정공은 가전자대에 극소수가 존재한다. 빌트인 포텐셜 V_{bi} 가 존재한다는 것은 에너지 장벽의 높이가 qV_{bi} 전자볼트라는 것을 의미한다. p 형의 경우 소수캐리어인 전자는 에너지 효율에 의해서 공핍폭을 통해 에너지 밴드의 경사를 따라서 쉽게 내려갈 수 있다. 사실 소수캐리어인 전자는 전기장의 영향으로 공핍폭을 통해 드리프트 된다. 마찬가지로 n 형 재료에서 소수캐리어인 정공 또한 전기장의 영향으로 공핍폭을 통해 쉽게 드리프트 될 수 있다.

n 형에 있는 다수캐리어인 전자들은 에너지 장벽을 넘기 위해서 qV_{bi} 전자볼트를 얻어야 한다. 마찬가지로 p 형의 다수캐리어인 정공도 공핍폭을 지나기 위해 qV_{bi} 전자볼트를 얻어야 한다. 이러한 다수캐리어는 단지 확산에 의해 공핍폭을 지날 수 있으며, 그 수는 에너지 장벽의 높이 qV_{bi} 에 따라 다르다. 장벽을 지나는 몇몇의 캐리어는 전류를 구성하는데, 이것은 정공 확산, 정공 드리프트, 전자 확산 그리고 전자 드리프트의 네 가지 전류 성분을 갖는다. 평형상태에서 이 전류 성분들은 모두 동일한 크기를 가지며, 두 개의 드리

프트 전류 성분은 [그림 7] 에 나타낸 바와 같이 오른쪽에서 왼쪽으로 흐르고, 두 개의 확산 전류 성분은 왼쪽에서 오른쪽으로 흐른다. 장벽 높이가 줄어들면 더 많은 다수캐리어가 공핍폭을 지나게 될 것이다.

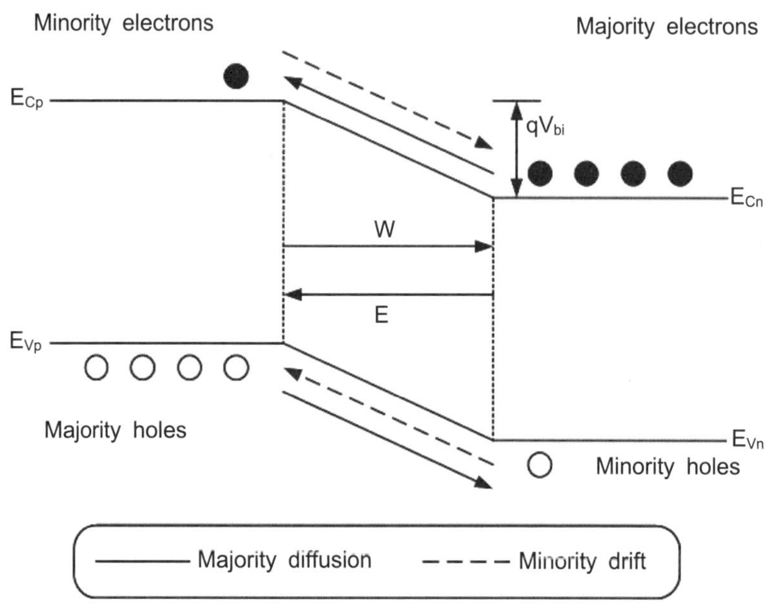

[그림 7] 평형상태에서 캐리어의 확산과 드리프트

1.2. 순방향 바이어스가 인가된 pn 접합

pn 접합에 [그림 8 (a)] 와 같이 p 형 재료에 n 형 재료보다 높은 전위를, 즉 순방향 바이어스를 인가한다. 순방향 바이어스가 인가되면 다음과 같은 변화를 볼 수 있다.

- 공핍폭이 줄어든다.
- 전기장이 감소한다.
- 에너지 장벽이 감소한다.
- 에너지 장벽 감소에 의해 확산 전류가 증가한다. 이것은 다수캐리어가 장벽을 쉽게 넘을 수 있기 때문이다.

드리프트 전류는 평형 상태에서와 동일하다. [그림 8 (b)] 는 순방향 바이어스가 인가된 조건에서 에너지 밴드 다이어그램에 캐리어의 이동을 나타낸 것이다.

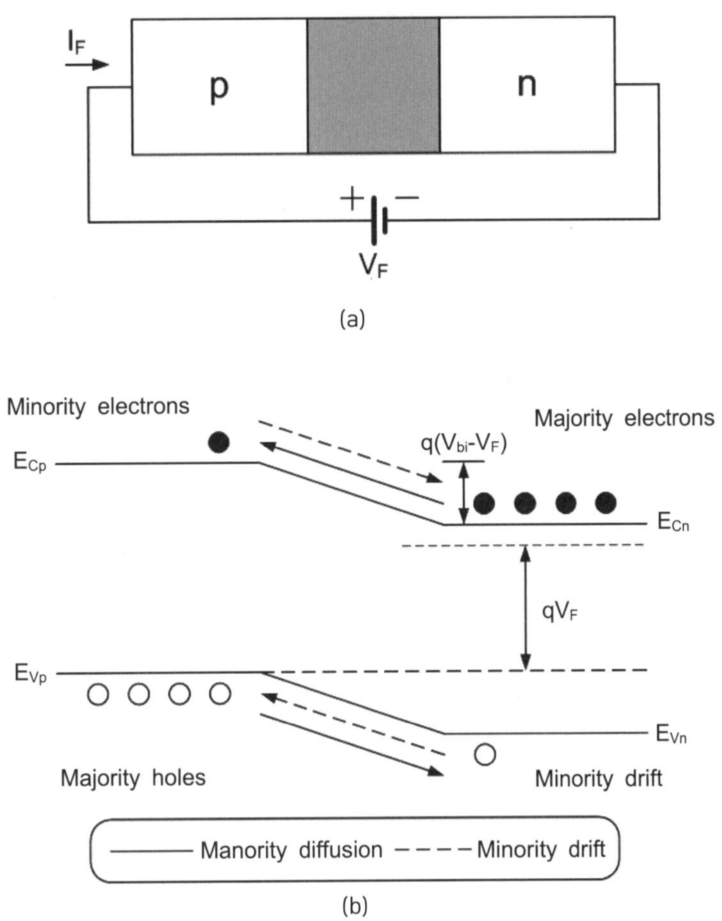

[그림 8] 순방향 바이어스가 인가된 (a) pn 접합, (b) 캐리어의 확산과 드리프트

[그림 8 (b)] 는 순방향 바이어스 전압 $+V_F$ 가 인가 될 때 에너지 장벽의 높이가 줄어드는 정도를 보여준다. 이것은 빌트인 포텐셜 V_{bi} 에서 인가된 바이어스 전압을 뺀 크기이며, 순방향 바이어스를 인가한 경우는 아래의 식과 같이 표현된다.

$$V_{bi} - (+V_F) = V_{bi} - V_F \quad [\text{volt}] \tag{15}$$

그러므로 에너지 장벽의 높이는 다음과 같다.

$$\text{Barrier height} = q(V_{bi} - V_F) \quad [\text{eV}] \tag{16}$$

바이어스 전압 V_F 가 V_{bi} 와 동일한 크기를 갖는다면, 장벽의 높이는 0 이 될 것이다. 예를 들면, Si 다이오드는 전류를 흐르게 하기 위해서 0.7[V] 의 순방향 바이어스 전압을 필요로 한다. 이것은 Si 으로 만들어진 pn 접합이 0.7[V] 의 빌트인 포텐셜을 갖기 때문이다.

1.3. 역방향 바이어스에서 pn 접합

pn 접합에 역방향 바이어스를 인가하는 것은 [그림 9 (a)] 와 같이 p 형에 n 형 보다 낮은 전압을 인가하는 것을 말한다. 역방향 바이어스가 인가되면 다음과 같은 변화를 볼 수 있다.

- 공핍폭이 증가한다.
- 전기장이 증가한다.
- 에너지 장벽의 높이가 증가한다.
- 에너지 장벽 증가에 의해 확산 전류가 감소한다. 이것은 다수캐리어가 장벽을 쉽게 넘을 수 없기 때문이다.

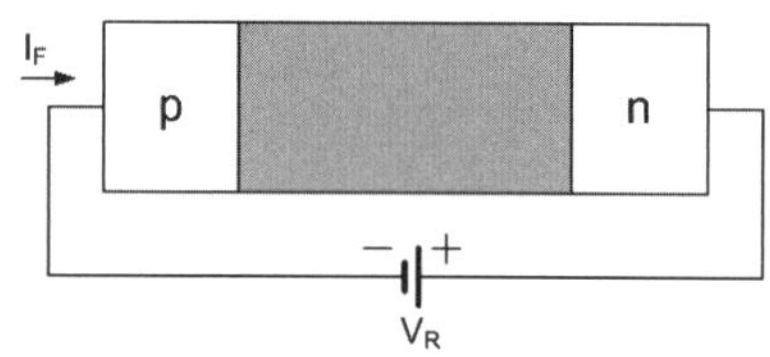

(a)

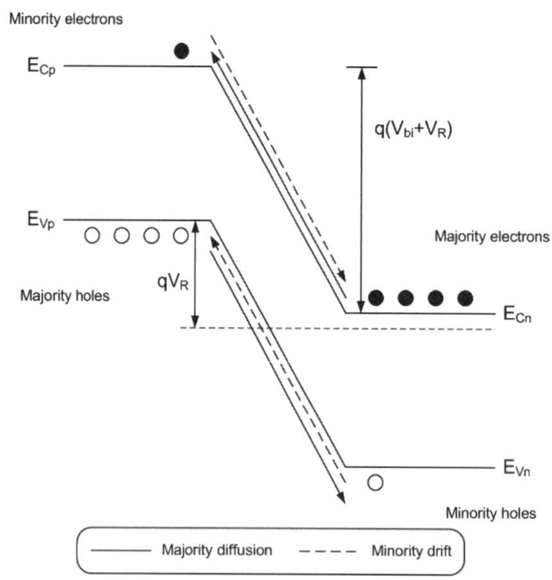

(b)

[그림 9] 역방향 바이어스가 인가된 (a) pn 접합, (b) 캐리어의 확산과 드리프트

[그림 9 (b)] 는 역방향 바이어스가 인가된 경우 에너지 밴드 다이어그램에 캐리어의 이동을 나타낸 것이다. [그림 9 (b)] 에서 보듯이, 역방향 바이어스 전압 $-V_R$ 이 인가된 경우 장벽 높이가 얼마나 증가하는지를 알 수 있다. 이것은 빌트인 포텐셜 V_{bi} 에서 인가된

바이어스 전압을 뺀 크기가 되는데, 역방향 바이어스를 인가한 경우도 순방향 바이어스를 인가한 경우와 동일하게 아래의 식과 같이 표현된다.

$$V_{bi} - (-V_R) = V_{bi} + V_R \quad [\text{volt}] \tag{17}$$

그러므로 에너지 장벽의 높이는 다음과 같다.

$$\text{Barrier height} = q(V_{bi} + V_R) \quad [\text{eV}] \tag{18}$$

증가된 장벽의 높이로 다수캐리어가 확산에 의해 장벽을 지나는 것은 매우 어려워지며, 반면에 소수캐리어가 드리프트를 통해 이동하는 것은 쉬워진다. 역방향 바이어스에서 확산 전류는 무시할 만큼 적으며, 드리프트 전류는 매우 작은 량이 존재한다.

2. pn 접합 분포

pn 접합에서 전압, 전하밀도 그리고 전기장에 대한 분포 그래프는 매우 유용하게 사용된다. 공핍영역에는 매우 적은 전하 캐리어가 존재하는데, 몇몇 캐리어들은 전기장에 의해 움직이게 된다. 공핍영역에 있는 모든 전하는 도너 (donor) 와 억셉터 (acceptor) 에 의한 것으로 가정한다. 여기서 전하밀도를 x 의 함수로 도식화시킬 수 있는데, x 는 [그림 10 (a)] 에서 수평방향의 길이를 나타낸다. 또한 [그림 10 (a)] 는 p 형 및 n 형 내부로 침투해 들어간 공핍영역을 보여준다. p 형과 n 형의 접합면을 $x=0$ 라고 할 때, $-x_p$ 는 p 형 재료에 침투해 들어간 공핍영역의 길이이며, x_n 은 n 형 재료에 침투해 들어간 공핍영역의 길이를 나타낸다. 따라서, 공핍폭 W 는 다음 식과 같이 나타낼 수 있다.

$$W = |x_p| + |x_n| \tag{19}$$

Q_p 를 0 에서 $-x_p$ 사이의 전하량이라고 하고, Q_n 을 0 에서 x_n 사이의 전하량이라고 하자. n 형에 있는 공간전하는 도너 이온이 (+) 극성을 갖기 때문에 양의 값을 가지며, p 형의 공간 전하는 억셉터 이온이 (-) 극성을 갖기 때문에 음의 값을 갖는다. 그러므로 Q_n 은 (+) 값을, Q_p 는 (-) 값을 갖는다. 모든 불순물 원자가 이온화되어 있다고 가정하면, Q_p 는 억셉터 밀도 N_A 에 전자의 전하 q 를 곱한 것에 0 에서 $-x_p$ 사이의 공핍영역의 부피를 곱한 것이 되므로 다음 식과 같이 나타낼 수 있다.

$$Q_p = -qN_A A x_p \tag{20}$$

여기서, A 는 접합에서 수직 방향의 단면적을 나타낸다. n 형에서도 동일한 방법으로 Q_n 을 다음 식과 같이 나타낼 수 있다.

$$Q_n = qN_D A x_n \tag{21}$$

여기서, N_D 는 도너의 밀도를 나타낸다.

공간 전하가 중성임을 가정하면 다음 식을 얻을 수 있다.

$$|Q_n| = |Q_p| \text{ 또는 } qN_DAx_n = qN_AAx_p \tag{22}$$

공핍영역 내부에는 전하 캐리어가 없으며, 공핍영역 이외의 영역은 전기적으로 중성이라 가정하자. 식 (22) 를 이용하면 공핍영역이 침투한 길이를 다음 식을 이용해서 구할 수 있다.

$$N_Dx_n = N_Ax_p \tag{23}$$

그러므로 식 (23) 으로부터 다음 식을 쉽게 얻을 수 있다.

$$\frac{N_D}{N_A} = \frac{x_p}{x_n} \tag{24}$$

이것을 x_p 와 x_n 에 대한 식으로 표현하면 다음 식과 같다.

$$x_p = N_D\frac{W}{(N_A + N_D)} \tag{25}$$

$$x_n = N_A\frac{W}{(N_A + N_D)} \tag{26}$$

[그림 10 (b)] 는 전위 분포를 나타낸 것이다. V_p 는 p 형의 공핍영역 가장자리에서 전위이며, V_n 은 n 형의 공핍영역 가장자리 전위이다. V_p 는 상대적으로 음의 값을 갖기 때문에 V_n 보다 낮다. [그림 10 (c)] 는 x 에 대한 전하 분포를 나타내는 것으로 Q_n 과 Q_p 가 같음을 보이고 있다. [그림 10 (d)] 는 전기장 분포를 나타낸 것이며, 가우스 (Gauss) 법칙을 통해 구할 수 있다. pn 접합에서 공핍영역에 대해 이 법칙을 적용하면 다음의 식을 유도할 수 있다.

$$\frac{dE(x)}{dx} = \frac{q}{\varepsilon_s}(N_D - N_A) \tag{27}$$

$dE(x)/dx$ 는 전기장 분포를 나타내며, ε_s 는 반도체의 유전률이다. p 형에서 $N_D = 0$ 이며 n 형에서 $N_A = 0$ 이기 때문에 식 (27) 은 p 형과 n 형 각각에서 다음의 식 (28) 과 (29) 의 형태로 표현할 수 있다.

$$\frac{dE(x)}{dx} = -\frac{qN_A}{\varepsilon_s} \tag{28}$$

$$\frac{dE(x)}{dx} = \frac{qN_D}{\varepsilon_s} \tag{29}$$

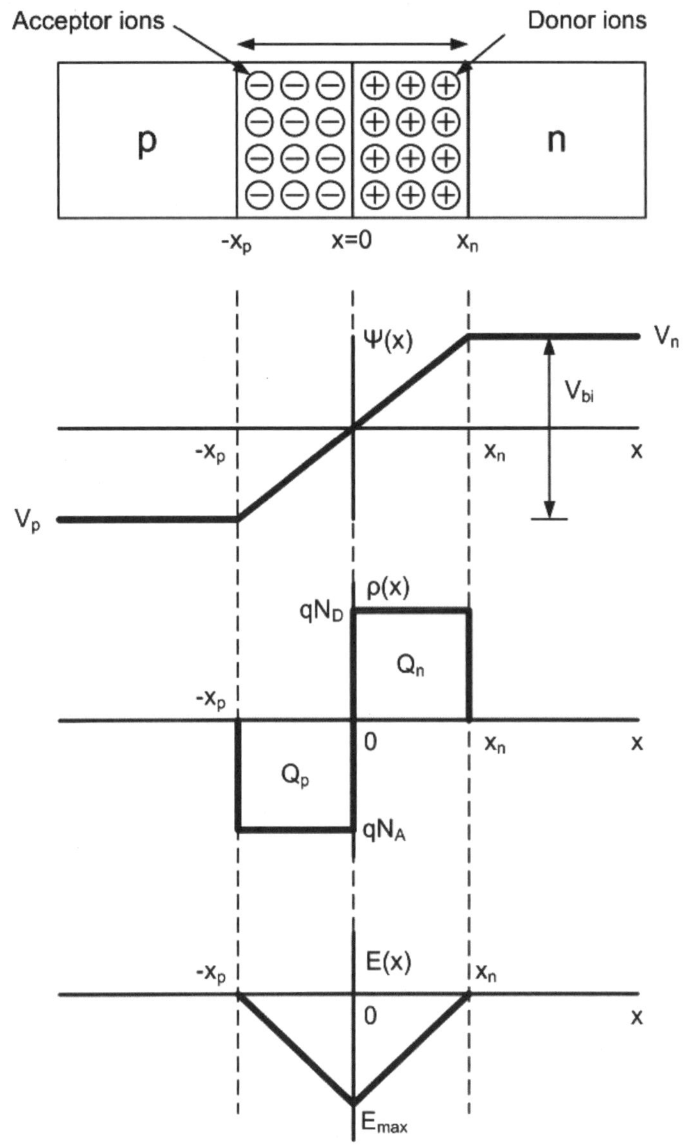

[그림 10] pn 접합에서 분포도 : (a) 공핍영역, (b) 전위 분포, (c) 전하 분포, (d) 전기장 분포

반도체의 유전률 ϵ_s 는 일반적으로 식 (30) 과 같은 형태로 표현된다.

$$\varepsilon_s = \varepsilon_0 \varepsilon_r \tag{30}$$

여기서, ε_0 는 진공의 유전률이며, ε_r 은 반도체의 비유전률이다.

식 (28) 과 (29) 는 각각 전기장 분포가 p 형에서 음의 기울기를 가지며, n 형에서 양의 기울기를 가지는 것을 나타낸다. 식 (27) 을 적분의 형태로 표현하면 식 (31) 과 같은 형태로 나타낼 수 있다.

$$E(x) = \frac{q}{\varepsilon_s}\int (N_D - N_A)dx \tag{31}$$

이것은 $E(x)$ 가 x 에 대한 $N_D - N_A$ 의 그래프가 차지하는 면적으로 결정됨을 나타낸다. [그림 10 (c)] 를 보면, [그림 10 (d)] 가 어떤 방법으로 표현되었는지를 알 수 있다. [그림 10 (c)] 그래프의 왼쪽에서 x 가 $-x_p$ 의 왼쪽에 있는 경우 그래프의 면적은 0 이다. 따라서 전기장은 $-x_p$ 의 왼쪽에서 0 이다. x 가 $-x_p$ 의 오른쪽으로 가면서 그래프가 차지하는 면적은 점점 더해져서 그래프는 음의 방향으로 증가하며, 전기장은 음의 값을 가지고, $x=0$ 에 도달 할 때까지 선형적으로 계속해서 증가한다. $x=0$ 에서 $N_D - N_A$ 는 최대값을 가지므로, 전기장은 최대가 된다. $x=0$ 의 오른쪽으로 가면서 면적을 더해주면, [그림 10 (c)] 의 그래프가 다시 0 이 되는 x_n 에 도달 할 때까지 $N_D - N_A$ 는 선형적으로 감소한다. $E_{\max}$ 는 식 (31) 로부터 다음 식과 같이 나타낼 수 있다.

$$|E_{\max}| = \frac{qN_D x_n}{\varepsilon_s} = \frac{qN_A x_p}{\varepsilon_s} \tag{32}$$

식 (3) 에 나타낸 것과 같이 $-d\psi(x)$ 는 $E(x)$ 의 적분에 의해 나타낼 수 있다. $-\psi(x)$ 는 빌트인 포텐셜 V_{bi} 이므로 다음과 같은 표현이 가능하다.

$$-d\psi(x) = -V_{bi} = \int_{-x_p}^{x_n} E(x)dx \tag{33}$$

위의 적분은 $-x_p$ 와 x_n 사이의 $E(x)$ 그래프의 면적을 나타낸다. 그러므로 빌트인 포텐셜 V_{bi} 는 [그림 11] 과 같이 x 에 대한 전기장 E 의 그래프로부터 직접 구할 수 있다.

$$V_{bi} = \frac{E_{\max}(x_p + x_n)}{2} = \frac{E_{\max} W}{2} \tag{34}$$

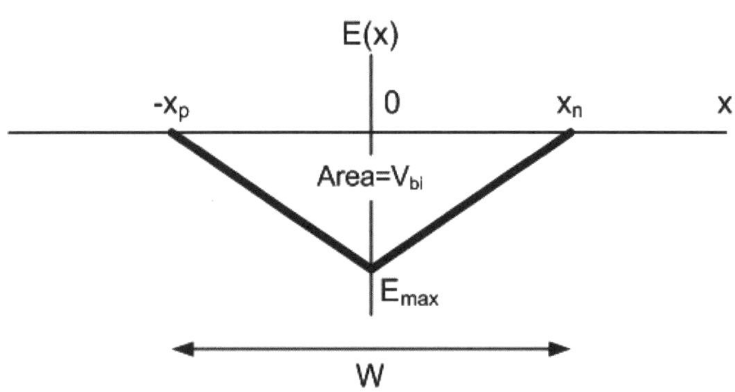

[그림 11] pn 접합에서 위치에 대한 전기장의 크기 분포

3. 공핍폭 (W) 을 위한 식의 유도

앞서 설명한 식들을 이용해서 공핍폭을 나타내는 식을 유도해 보자. 식 (34) 는 다음과 같이 표현할 수 있다.

$$V_{bi} = \frac{E_{\max} x_p}{2} + \frac{E_{\max} x_n}{2} \tag{35}$$

식 (32) 를 대입하면 다음과 같은 식을 얻을 수 있다.

$$V_{bi} = \frac{q N_A x_p x_p}{2\varepsilon_s} + \frac{q N_D x_n x_n}{2\varepsilon_s} \tag{36}$$

공통인자로 묶어서 정리하면 다음 식과 같다.

$$V_{bi} = \frac{q}{2\varepsilon_s}(N_A x_p^2 + N_D x_n^2) \tag{37}$$

$x_p + x_n$ 을 W 로 치환하면 다음과 같은 식을 얻을 수 있다.

$$V_{bi} = \frac{q W^2}{2\varepsilon_s}\left(\frac{N_A N_D}{N_A + N_D}\right) \tag{38}$$

위의 식을 공핍폭 W 에 대해서 정리하면 다음의 식 (39) 를 얻을 수 있다.

$$W^2 = \frac{2\varepsilon_s V_{bi}}{q}\left(\frac{N_A + N_D}{N_A N_D}\right)$$

$$W = \left[\frac{2\varepsilon_s V_{bi}}{q}\left(\frac{N_A + N_D}{N_A N_D}\right)\right]^{1/2} \tag{39}$$

공핍폭에 대한 식은 실제로 유용하게 사용되기 때문에 매우 중요하다. N_A 와 N_D 는 측정을 통해 알 수 있으며, ε_s 는 일반적으로 알려져 있는 값이다. 이는 특정한 공핍폭과 빌트인 포텐셜 V_{bi} 를 설정하기 위해, pn 접합을 어떻게 형성해야 하는지를 알려준다.

4. 공핍폭과 인가된 바이어스의 관계

pn 접합의 장벽 높이는 인가된 바이어스에 따라 변화한다. 이러한 현상이 정류 작용과 pn 다이오드 동작의 기본 특성을 설명한다. 순방향 바이어스에서 장벽 높이는 인가된 전압 V_F 에 의해 감소되는 반면, 역방향 바이어스 V_R 에 의해서는 장벽 높이가 증가된다. 이러한 장벽 높이의 증가와 감소는 공핍폭에 대한 식 (39) 으로부터 다음 식과 같이 표현될 수 있다.

$$W = \left[\frac{2\varepsilon_s}{q} \left(\frac{N_A + N_D}{N_A N_D} \right) (V_{bi} - V) \right]^{1/2} \quad (40)$$

여기서, V 는 인가된 바이어스 전압이다. V 가 (+) 값을 가지면 순방향 바이어스로 $(V_{bi} - V)$ 가 되어서 V_{bi} 보다 작아지며, (-) 값을 가지면 역방향 바이어스로 $(V_{bi} - V)$ 는 V_{bi} 보다 큰 값을 갖게 된다.

5. 비대칭 pn 접합

실제의 pn 접합에서 접합의 한쪽은 일반적으로 다른 쪽에 비해 높은 농도로 도핑된다. 많은 소자들이 도핑 농도에 차이를 두어서 제작되며 이것은 실제의 소자가 적절한 특성을 갖게 한다. 또한, 대칭의 접합은 제조가 매우 어렵다. 앞에서는 대칭의 pn 접합 구조를 예로 보았으나, 이 절에서는 n 형 보다 p 형의 도핑 농도가 높은 비대칭의 pn 접합 구조를 가정할 것이다.

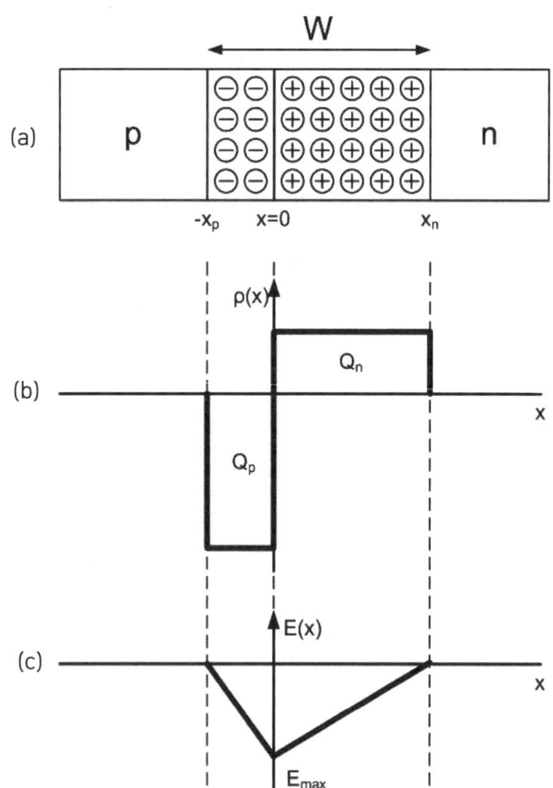

[그림 12] $N_A > N_D$ 인 비대칭 접합에서 (a) 공핍영역, (b) 전하 분포, (c) 전기장 분포

[그림 12 (a)] 와 같이 접합의 p 형에 있는 공핍영역은 $-x_p$ 로 확장되며 n 형의 공핍영역은 $+x_n$ 까지 확장된다. pn 접합이 비대칭이기 때문에, n 형과 p 형에서 공핍영역의 길이 x_n 과 x_p 는 같은 값을 갖지 않는다. 앞에서 본 바와 같이 공핍영역은 확산하는 정공과 확산하는 전자가 재결합하면서 생성된다. 전자보다 정공의 수가 더 많으면, n 형에서 p 형으로 확산되어 들어가는 전자는 p 형으로 들어온 순간 재결합될 것이며, 전자의 수가 적기 때문에 재결합되는 수는 많지 않을 것이다. 그래서 p 형 재료에 형성된 공핍영역은 n 형 재료의 공핍영역 보다 상대적으로 좁게 된다. p 형에서 n 형으로 확산되어 들어가는 정공이 많으면, 이 정공들은 재결합을 위해서 n 형 내부로 깊게 침투하게 되고 [그림 12 (a)] 와 같이 $|x_p| < |x_n|$ 이 된다.

pn 접합에서 각각의 도핑 농도를 안다면, 전하밀도 분포의 그래프를 표현할 수 있다. [그림 12 (b)] 는 비대칭 pn 접합에서 전하 분포를 나타낸 것이다. 여기서, $Q_p = -qN_A A x_p$ 이며 $Q_n = qN_D A x_n$ 이다. N_A 는 억셉터의 농도이고, N_D 는 도너의 농도이다. 공핍폭은 앞에서 $W = |x_p| + |x_n|$ 으로 주어짐을 안다. 또한 전기장 분포는 [그림 12 (c)] 와 같이 표현할 수 있다.

비대칭 pn 접합의 극단적인 예로 $N_A \gg N_D$ 인 p^+n 접합을 고려해보자. 여기서 + 표시는 높은 농도로 도핑된 쪽을 나타낸다. 접합에 의한 분포는 [그림 13] 과 같다. $N_A \gg N_D$ 이므로, $|x_p| \ll |x_n|$ 이 된다.

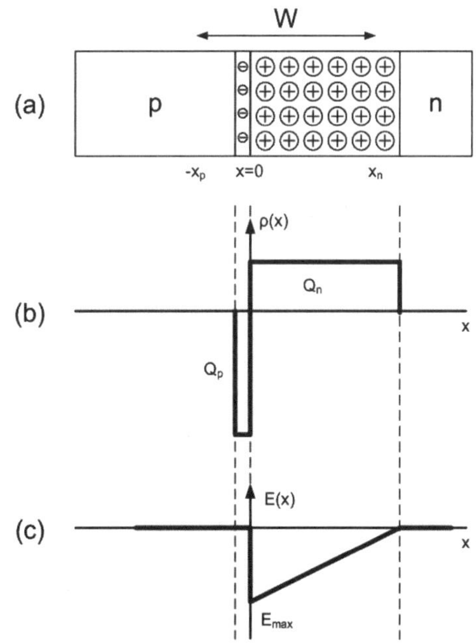

[그림 13] $N_A \gg N_D$ 인 비대칭 접합에서 (a) 공핍영역, (b) 전하 분포, (c) 전기장 분포

p^+n 접합에서 p 형으로 침투되어 들어오는 공핍영역은 매우 작기 때문에 공핍폭을 다음 식과 같이 표현할 수 있다.

$$W \approx x_n \tag{41}$$

그러므로, 최대 전기장 $E_{\max}$ 는 식 (42) 와 같이 나타낼 수 있다.

$$E_{\max} = \frac{qN_D W}{\varepsilon_s} \tag{42}$$

또한, 공핍폭 W 는 다음 식으로 표현할 수 있다.

$$W \approx x_n = \left[\frac{2\varepsilon_s (V_{bi} - V)}{qN_D}\right]^{1/2} \tag{43}$$

pn^+ 접합의 경우도 동일한 방법이 적용되며, 이때는 $N_A \ll N_D$ 이므로, $|x_p| \gg |x_n|$ 이다.

6. pn 접합의 전압-전류 특성

pn 접합에 인가된 바이어스는 전자 및 정공의 확산 전류와 드리프트 전류의 정확한 균형을 깨뜨린다. 순방향 바이어스가 인가된 경우, 공핍영역 양단의 정전 포텐셜이 감소되므로 드리프트 전류는 확산 전류에 비해 감소된다. 즉, p 형 쪽에서 n 형 쪽으로 정공들의 확산이 증가되고 n 형 쪽에서 p 형 쪽으로 전자들의 확산이 증가된다. 다시 말해, 접합에 순방향 바이어스를 인가하면 p 형과 n 형 두 영역의 다수캐리어는 전위장벽을 넘어서 각각 상대되는 영역으로 들어가 소수캐리어로 변화되면서 확산되는 캐리어 주입 (carrier injection) 이 일어난다. 마찬가지로, 역방향 바이어스가 인가될 때는 인가된 전압이 공핍영역 양단의 정전 포텐셜을 증가시켜 확산 전류를 크게 감소시키게 된다.

다음의 4 가지 가정을 기초로 하여 pn 접합의 이상적인 전류-전압특성을 고려해보자.

첫째, 공핍영역은 계단 경계를 가지며 이 경계 밖에서의 반도체는 중성이라고 가정한다.
둘째, 경계에서의 캐리어 밀도는 접합 양단에 걸리는 정전 포텐셜 차에 의해서 정해진다.
셋째, 주입된 소수캐리어 밀도는 다수캐리어 밀도에 비해 작다. 다시 말하면, 다수캐리어 밀도는 인가된 바이어스에 의해 중성영역 경계에서 무시될 만큼 변한다고 가정한다.
넷째, 전자 및 정공 전류는 공핍영역 전체에 걸쳐 일정하다고 가정한다.

열평형 상태에서 다수캐리어 밀도는 실질적으로 도핑농도와 같다. 첨자 n 및 p 는 반도체의 형 (type), 0 는 열평형 상태를 의미한다. 따라서 n_{no} 및 n_{po} 는 각각 n 형 및 p 형 쪽에서의 열평형 상태에서의 전자 밀도를 나타내는 것이다. 마찬가지로, p_{no} 및 p_{po} 는 각각 n 형 및 p 형 쪽에서의 열평형 상태에서의 정공 밀도를 나타내는 것이다. 식 (12) 의 빌트인 포텐셜의 식을 다시 쓰면 다음과 같다.

$$V_{bi} = \frac{kT}{q} ln \frac{p_{po} n_{no}}{n_i^2} = \frac{kT}{q} ln \frac{n_{no}}{n_{po}} \tag{44}$$

식 (44) 에 질량작용의 법칙 $p_{po} n_{po} = n_i^2$ 을 적용하여 다시 정리하면, 식 (45) 를 구할 수 있다.

$$n_{no} = n_{po} \exp\left(\frac{q V_{bi}}{kT}\right) \tag{45}$$

마찬가지로 식 (46) 도 쉽게 유도할 수 있다.

$$p_{po} = p_{no} \exp\left(\frac{q V_{bi}}{kT}\right) \tag{46}$$

식 (45) 및 (46) 에서 공핍영역의 두 경계 내에서 전자 및 정공 밀도는 열평형 상태에서의 정전 포텐셜 차 V_{bi} 와 밀접하게 연관되어 있다는 것을 알 수 있다. 두 번째 가정에 언급된 것처럼 정전 포텐셜 차가 인가전압에 의해서 변화될 때에도 같은 관계가 성립된다. 순방향 바이어스가 인가되면 정전 포텐셜 차는 $V_{bi} - V_F$ 로 감소되는 반면 역방향 바이어스가 인가되면 정전 포텐셜 차는 $V_{bi} + V_R$ 로 증가된다. 따라서 식 (45) 는 다음과 같이 변형하여 표현할 수 있다.

$$n_n = n_p \exp\left[\frac{q(V_{bi} - V)}{kT}\right] \tag{47}$$

여기서, n_n 및 n_p 는 각각 n 형 및 p 형 쪽의 공핍영역 경계에서 비평형 상태의 전자 밀도이며, V 는 순방향 바이어스의 경우 (+) 값을 가지며 역방향 바이어스의 경우 (-) 값을 가진다. 주입된 소수캐리어 농도는 다수캐리어 농도에 비해 훨씬 적으므로 $n_n \simeq n_{no}$ 라고 할 수 있다. 이 조건과 식 (45) 를 식 (47) 에 대입하면 p 형 쪽 공핍영역 경계 $(x = x_p)$ 에서의 전자 밀도를 구하는 식 (48) 또는 식 (49) 를 얻을 수 있다.

$$n_p = n_{po} \exp\left(\frac{qV}{kT}\right) \tag{48}$$

$$n_p - n_{po} = \Delta n_p = n_{po}\left[\exp\left(\frac{qV}{kT}\right) - 1\right] \tag{49}$$

마찬가지로 n 형 쪽의 경계 $x = x_n$ 에서의 정공밀도는 식 (50) 또는 식 (51) 로 나타낼 수 있다.

$$p_n = p_{no}\exp\left(\frac{qV}{kT}\right) \tag{50}$$

$$p_n - p_{no} = \Delta p_n = p_{no}\left[\exp\left(\frac{qV}{kT}\right) - 1\right] \tag{51}$$

[그림 14 (a)] 와 [그림 14 (b)] 는 각각 순방향 바이어스와 역방향 바이어스에서 pn 접합의 캐리어 농도 분포를 나타낸 것이다.

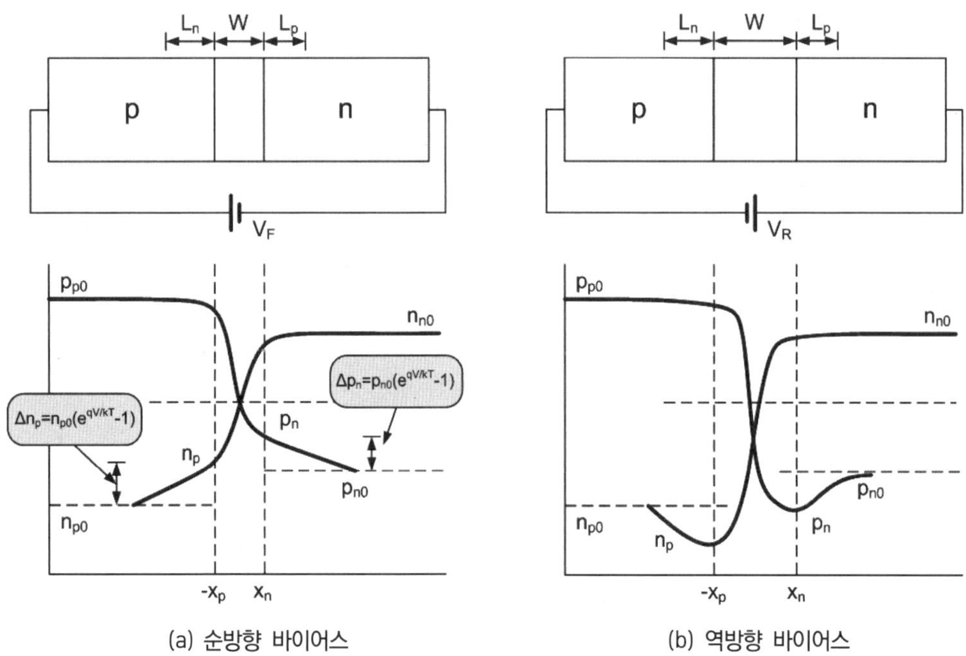

[그림 14] 순방향과 역방향 바이어스가 인가되었을 때의 pn 접합의 캐리어 농도 분포

두 경계 ($-x_p$ 및 x_n) 에서의 소수캐리어 농도는 순방향 바이어스의 경우 평형 값보다 급격히 증가하지만, 역방향 바이어스의 경우에는 평형 값보다 감소하는 것을 볼 수 있다. 식 (48) 및 (49) 와 식 (50) 및 (51) 은 공핍영역 경계에서의 소수캐리어 농도를 결정하는데 사용되는 매우 중요한 식들이다.

다음에는 중성영역에 주입된 소수캐리어가 어떠한 과정을 겪는지 생각해 보자. 우선 소수캐리어는 농도가 높은 쪽에서 낮은 쪽으로, 즉 공핍영역 쪽에서 중성영역 쪽으로 확산이 일어날 것이며, 확산 도중에 중성영역에 있는 다수캐리어와 재결합할 것이다. n 형 영역에서 발생하는 이와 같은 현상을 해석하기 위하여 바이어스 전압이 걸린 후, 충분한 시간이 경과한 정상상태 (steady-state) 에서의 정공의 연속방정식을 쓰면 다음과 같다.

$$-\frac{1}{q}\frac{dJ_p}{dx}-\frac{\Delta p}{\tau_p}=0 \tag{52}$$

중성영역에서의 전기장은 크기가 작아서, 저준위 주입의 경우 소수캐리어인 정공의 드리프트 전류 성분은 무시할 수 있다. 정공 전류의 확산성분만 고려하여 식 (52) 에 대입하면 다음과 같은 식을 얻을 수 있다.

$$\frac{d^2\Delta p}{dx_n^2}=\frac{\Delta p}{L_p^2} \tag{53}$$

여기서, L_p 는 n 형 영역에서 정공 확산거리 (diffusion length) 이다. 이 식의 일반해는 다음과 같은 형태를 나타낸다.

$$\Delta p(x_n)= A\exp\left(-\frac{x_n}{L_p}\right)+B\exp\left(+\frac{x_n}{L_p}\right) \tag{54}$$

식 (54) 의 경계조건은 다음과 같다.

$$\Delta p(x_n\to\infty)=0 \text{ 이므로 } B=0,\quad \Delta p(x_n=0) \text{ 이면 } A=\Delta p_n \tag{55}$$

식 (55) 의 경계조건을 식 (54) 에 적용하면 p 형 영역에서 n 형 영역으로 주입된 정공에 대한 과잉 정공농도 $\Delta p(x_n)$ 와 n 형 영역에서 p 형 영역으로 주입된 전자에 대한 과잉 전자농도 $\Delta n(x_p)$ 는 다음과 같은 식으로 표현된다.

$$\Delta p(x_n)=\Delta p_n\exp\left[-\frac{x_n}{L_p}\right]=p_{no}\left[\exp\left(\frac{qV}{kT}\right)-1\right]\exp\left[-\frac{x_n}{L_p}\right] \tag{56}$$

$$\Delta n(x_p)=\Delta n_p\exp\left[-\frac{x_p}{L_n}\right]=n_{po}\left[\exp\left(\frac{qV}{kT}\right)-1\right]\exp\left[-\frac{x_p}{L_n}\right] \tag{57}$$

따라서, p 형 영역과 n 형 영역의 소수캐리어 농도는 다음 식과 같이 표현된다.

$$p(x_n)=\Delta p(x_n)+p_{no}=p_{no}\left[\exp\left(\frac{qV}{kT}\right)-1\right]\exp\left[-\frac{x_n}{L_p}\right]+p_{no} \tag{58}$$

$$n(x_p)=\Delta n(x_p)+n_{po}=n_{po}\left[\exp\left(\frac{qV}{kT}\right)-1\right]\exp\left[-\frac{x_p}{L_n}\right]+n_{po} \tag{59}$$

역방향 바이어스에 대한 분포는 식 (49) 와 (51) 의 V 에 (-) 값을 도입 즉, $V=-V_R$ 로 하면 쉽게 구할 수 있다.

$$\Delta p_n=p_{no}\left[\exp\left(\frac{q(-V_R)}{kT}\right)-1\right]\approx -p_{no} \tag{60}$$

$$\Delta n_p = n_{po}\left[\exp\left(\frac{q(-V_R)}{kT}\right) - 1\right] \approx - n_{po} \tag{61}$$

따라서 p 형 영역에서 n 형 영역으로 주입된 정공에 대한 과잉 정공농도와 n 형 영역에서 p 형 영역으로 주입된 전자에 대한 과잉 전자농도는 식 (56) 과 (57) 에 식 (60) 과 (61) 을 적용하면 다음과 같이 구할 수 있다.

$$\Delta p(x_n) = - p_{no}\exp\left(-\frac{x_n}{L_p}\right) \tag{62}$$

$$\Delta n(x_p) = - n_{po}\exp\left(-\frac{x_p}{L_n}\right) \tag{63}$$

식 (62) 와 (63) 으로부터 p 형 영역과 n 형 영역의 소수캐리어 농도는 다음 식과 같이 나타낼 수 있다.

$$p(x_n) = \Delta p(x_n) + p_{no} = - p_{no}\exp\left(-\frac{x_n}{L_p}\right) + p_{no} \tag{64}$$

$$n(x_p) = \Delta n(x_p) + n_{po} = - n_{po}\exp\left(-\frac{x_p}{L_n}\right) + n_{po} \tag{65}$$

순방향과 역방향 바이어스가 각각 인가된 경우, 주입된 소수캐리어의 분포를 [그림 15] 에 나타내었다. [그림 15] 에서 보듯이, 주입된 소수캐리어가 경계에서 멀어지면서 다수캐리어와 재결합함을 알 수 있다.

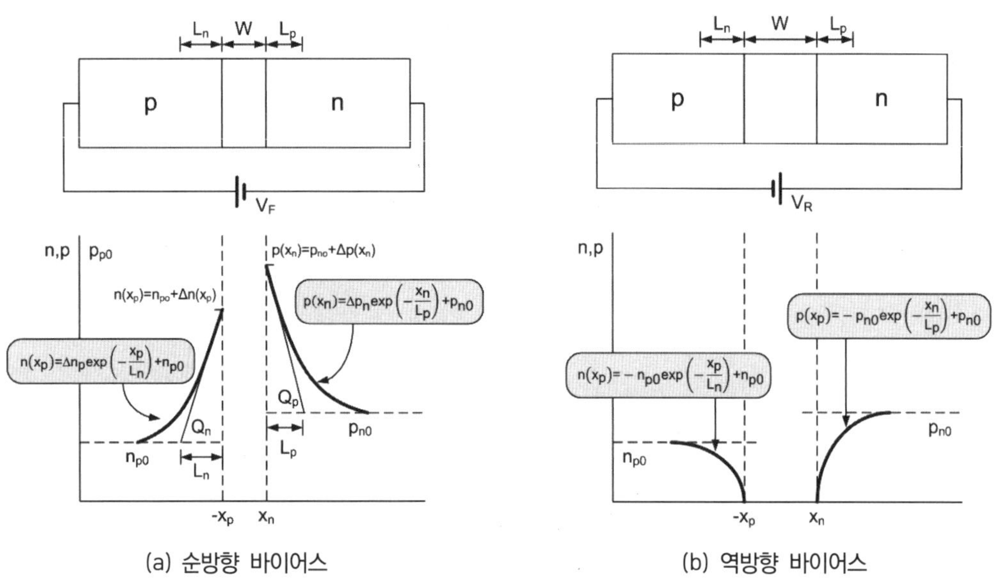

[그림 15] 순방향과 역방향 바이어스가 각각 인가된 경우의 주입된 소수캐리어 분포

n 형 영역의 임의의 점 x_n 에서의 확산에 의한 정공 전류밀도는 다음 식과 같다.

$$J_p(x_n) = -qD_p \frac{d\Delta p(x_n)}{dx_n} = q\frac{D_p}{L_p}\Delta p_n \exp\left(-\frac{x_n}{L_p}\right) = q\frac{D_p}{L_p}\Delta p(x_n) \tag{66}$$

식 (66) 에 단면적 A 를 곱하여 정공 전류에 대한 다음 식을 얻을 수 있다.

$$I_p(x_n) = qA\frac{D_p}{L_p}\Delta p(x_n) \tag{67}$$

여기서, L_p 는 n 형 영역에서 정공의 확산거리이다.

$x_{n0}(x_n = 0)$ 에서 $\Delta p(x_n) = \Delta p_n$ 이므로 n 형 영역으로 주입된 정공에 의한 전류는 다음 식과 같이 나타낼 수 있다.

$$I_p(x_n = 0) = qA\frac{D_p}{L_p}\Delta p_n = qA\frac{D_p}{L_p}p_{no}\exp\left(\frac{qV}{kT} - 1\right) \tag{68}$$

마찬가지로 p 형 영역의 임의의 점 x_p 에서의 확산에 의한 전자 전류밀도와 전자 전류는 다음 식과 같이 나타낼 수 있다.

$$J_n(x_p) = qD_n\frac{d\Delta n(x_p)}{dx_p} = -q\frac{D_n}{L_n}\Delta n_p \exp\left(-\frac{x_p}{L_n}\right) = -q\frac{D_n}{L_n}\Delta n(x_p) \tag{69}$$

$$I_n(x_p) = -qA\frac{D_n}{L_n}\Delta n(x_p) \tag{70}$$

여기서, L_n 은 p 형 영역에서 전자 확산거리이고 (-) 부호는 전자농도가 x_p 방향과 반대임을 의미한다.

$-x_{p0}(x_p = 0)$ 에서 $\Delta n(x_p) = \Delta n_p$ 이므로, p 형 영역으로 주입된 전자에 의한 전류는 다음 식과 같이 표현될 수 있다.

$$I_n(x_p = 0) = -qA\frac{D_n}{L_n}\Delta n_p = -qA\frac{D_n}{L_n}n_{po}\exp\left(\frac{qV}{kT} - 1\right) \tag{71}$$

[그림 16] 에 식 (66) 및 (69) 에 주어진 정공 및 전자의 확산 전류를 나타내었다. 정공 전류는 n 형 영역에서 확산거리 L_p 에 따라 지수 함수적으로 감소하고, 전자 전류는 p 형 영역에서 확산거리 L_n 에 따라 지수 함수적으로 감소한다.

공핍영역에서 캐리어의 재결합을 무시한다면 $-x_{p0}$ 에 도달하는 전자는 x_{n0} 를 통과하는 것으로 생각할 수 있다. 따라서 x_{n0} 에서의 전체 전류는 식 (72) 에 나타낸 것과 같이 $I_p(x_n = 0)$ 와 $-I_n(x_p = 0)$ 의 합으로 나타낼 수 있다.

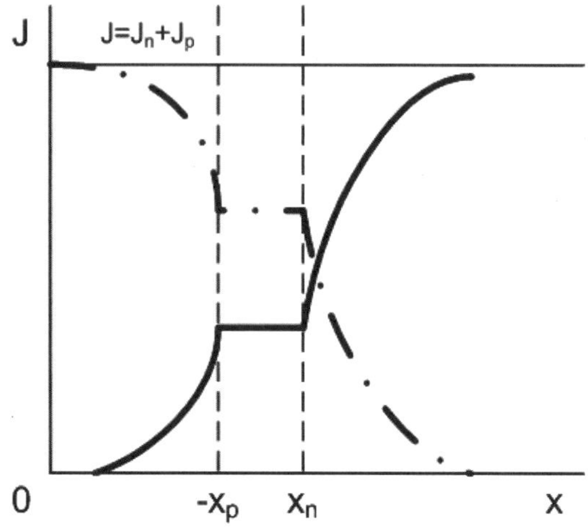

[그림 16] 순방향 바이어스가 인가된 경우의 정공 및 전자의 확산 전류

$$I = qA\left(\frac{D_p}{L_p}p_{n0} + \frac{D_n}{L_n}n_{p0}\right)\exp\left(\frac{qV}{kT} - 1\right) = I_0\exp\left(\frac{qV}{kT} - 1\right) \tag{72}$$

여기서, I_0 는 다음 식과 같으며 역 포화전류 (reverse saturation current) 라고 한다.

$$I_0 = qA\left(\frac{D_p}{L_p}p_{n0} + \frac{D_n}{L_n}n_{p0}\right) \tag{73}$$

식 (72) 를 다이오드 방정식 (diode equation) 이라고 한다. [그림 17] 에 다이오드의 이상적인 전류-전압 특성곡선을 나타내었다.

만약, $V \gg 0$ (순방향 바이어스) 이면, 전류는 식 (74) 로 근사화 된다.

$$I \approx I_0\exp\left(\frac{qV}{kT}\right) \tag{74}$$

또한, $V \ll 0$ (역방향 바이어스) 이면, 지수함수 값은 거의 0 이 되므로 전류는 다음 식과 같이 근사화 된다.

$$I \approx -I_0 = -qA\left(\frac{D_p}{L_p}p_{n0} + \frac{D_n}{L_n}n_{p0}\right) \tag{75}$$

더구나, 역방향 바이어스를 인가하면 다이오드 전류는 식 (75) 에 나타낸 것 외에 pn 접합의 불완전으로 야기되는 누설전류 (leakage current) 가 발생하기 때문에 역방향 바이어스의 증가와 더불어 전류는 포화되고 천천히 증가하게 된다.

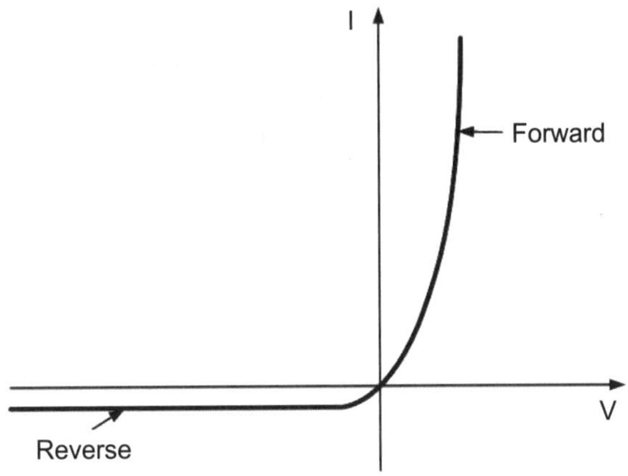

[그림 17] 이상적인 다이오드의 전류-전압 특성곡선

7. 전하축적 및 과도상태

순방향 바이어스에서 전자는 n 영역에서 p 영역으로 주입되고, 정공은 p 영역에서 n 영역으로 주입된다. 접합을 넘어서 일단 주입되면, 소수캐리어는 다수캐리어와 재결합하여 앞의 [그림 15 (a)] 에 나타낸 것과 같이 거리에 따라 지수 함수적으로 감소한다. 이들 소수캐리어 분포는 pn 접합에서 전류의 흐름 및 전하축적을 야기한다.

7.1. 소수캐리어의 축적

중성 n 영역에 주입된 소수캐리어의 단위면적당 전하는 [그림 15 (a)] 의 Q_p 로 표시된 면적으로 나타낼 수 있으므로, 식 (76) 에 표현한 것과 같이 중성영역에서 과잉 정공을 적분하여 얻을 수 있다.

$$Q_p = q\int_{x_n}^{\infty} \Delta p_n \exp\left(-\frac{x_n}{L_p}\right)dx_n = qL_p\Delta p(x_n) \tag{76}$$

중성 p 영역에 축적된 전자에 대해서도 비슷한 식을 얻을 수 있다. 축적된 소수캐리어는 확산길이 및 공핍영역 경계에서의 전하밀도 모두와 관계된다. 축적된 전하는 주입된 전류로도 나타낼 수 있다. 식 (66) 으로 부터 다음 식을 유도할 수 있다.

$$Q_p = \frac{L_p^2}{D_p}J_p(x_n) = \tau_p J_p(x_n) \tag{77}$$

식 (77) 은 축적된 전하의 양이 전류밀도와 소수캐리어 수명의 곱과 같다는 것을 나타낸다. 만약 정공의 수명이 길면 주입된 정공이 재결합하기 전에 더 깊은 n 영역으로 확산하기 때문에 더 많은 정공이 축적된다.

7.2. 과도상태

스위칭 응용의 경우 순방향 바이어스에서 역방향 바이어스로의 전이는 급격하게 이루어져야하고, 과도시간은 짧아야 한다.

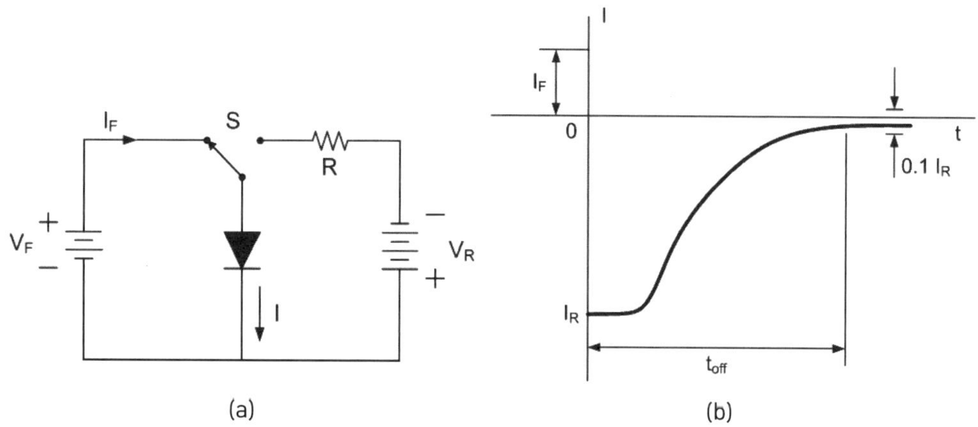

[그림 18] pn 접합의 과도 특성 (a) 회로도, (b) 전류의 과도 응답

[그림 18 (a)] 는 순방향 전류 I_F 가 pn 접합을 흐르는 경우의 간단한 회로를 나타낸 것이다. 시간 $t=0$ 에서 스위치 S 는 갑자기 오른쪽으로 연결되고 초기 역방향 전류 $I_R \simeq V/R$ 가 흐른다. [그림 18 (b)] 에 그려진 과도시간 t_{off} 는 전류가 초기 역방향 전류 I_R 의 10 % 에 도달하는 데 걸리는 시간이다. 과도시간은 다음과 같이 계산될 수 있다. 순방향 바이어스 상태에서는 pn 접합의 경우 n 영역에 축적된 소수캐리어는 식 (77) 로부터 구할 수 있다.

$$Q_p = \tau_p J_P = \tau_p \frac{I_F}{A} \tag{78}$$

여기서, I_F 는 순방향 전류이며 A 는 디바이스의 단면적이다. 턴오프 (turn-off) 주기 동안 흐르는 평균전류가 $I_{R,ave}$ 면, 턴오프 시간은 축적전하 Q_p 를 제거하는 데 걸리는 시간이다. 따라서 다음 식과 같이 표현될 수 있다.

$$t_{off} \simeq \frac{Q_p A}{I_{R,ave}} = \tau_p \left[\frac{I_F}{I_{R,ave}} \right] \tag{79}$$

식 (79) 에서 보듯이, 턴오프 시간은 순방향 대 역방향 전류의 비 및 소수캐리어의 수명에 의존한다. 빠른 스위칭 디바이스를 위해서는 소수캐리어의 수명을 짧게 해야 한다. 따라서 실리콘의 경우, 대개 금 (Au) 과 같이 에너지 준위가 밴드 갭 중앙 근처에 있는 재결합-발생중심을 도입한다.

8. 정전용량 (capacitance)

pn 접합에는 두 가지 형태의 정전용량 (capacitance) 이 있다. 첫 번째는 접합 정전용량 (junction capacitance) 또는 공핍층 정전용량 (depletion capacitance) 이라고 불리는 것이고, 두 번째는 전하축적 효과로 인해 전류변화에 대하여 전압이 뒤쳐져 생기는 전하 축적 정전용량 (charge storage capacitance) 또는 확산 정전용량 (diffusion capacitance) 이라고 불리는 것이다. 이들 정전용량들은 pn 접합 소자를 설계하는데 매우 중요한 역할을 한다. 접합부에 역방향 바이어스가 인가되면 접합 정전용량이 주가 되며, 순방향 바이어스가 인가되는 경우에는 전하 축적 정전용량이 주가 된다.

8.1. 접합 정전용량 (junction capacitance, C_j)

다이오드의 접합 정전용량은 [그림 19] 에 나타낸 공핍영역의 전하분포를 보면 쉽게 설명될 수 있다. 공핍영역의 p 형 쪽에 있는 보상되지 않은 억셉터는 음전하를, n 형 쪽에 있는 이온화된 도너는 같은 양의 양전하를 생성한다. 그러나 공핍영역에 저장된 전하들은 평판 캐패시터와는 다르게 전압에 선형적으로 의존하지 않는다.

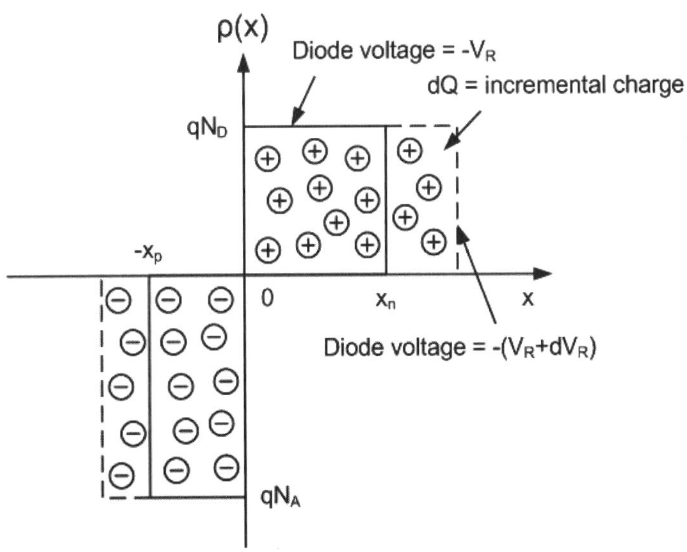

[그림 19] 공핍영역에서의 전하 분포와 전하의 전압 의존성

따라서 식 (80) 에 나타낸 것처럼 pn 접합에 걸리는 전압의 증분에 의한 저장되는 전하량의 증가로 정전용량을 정의하는 것이 타당하다.

$$C = \left| \frac{dQ}{dV} \right| \tag{80}$$

이 비선형적인 의존성은 앞에서 언급한 공핍폭 (W) 과 이로 인한 전하에 대한 식을 이용함으로써 쉽게 이해할 수 있다. 열평형 상태에서의 공핍영역 폭에 대한 식은 다음과 같이 나타낼 수 있다.

$$W = \left[\frac{2\varepsilon_s}{q} \left(\frac{N_A + N_D}{N_A N_D} \right) V_{bi} \right]^{1/2} \tag{81}$$

전압 V 가 인가된 비평형 상태 (바이어스 상태) 의 경우, 정전적 전위장벽의 변형된 값 $(V_{bi} - V)$ 을 이용해야 된다. 따라서 이 공핍영역의 폭에 대한 식은 다음과 같이 나타낼 수 있다.

$$W = \left[\frac{2\varepsilon_s}{q} \left(\frac{N_A + N_D}{N_A N_D} \right) (V_{bi} - V) \right]^{1/2} \tag{82}$$

식 (82) 에서 인가전압 V 는 순방향 바이어스 또는 역방향 바이어스에 따라 (+) 또는 (-) 값을 가질 수 있다. 식 (82) 에서 보듯이, 공핍영역은 역방향 바이어스가 인가되는 경우에 증가되고, 순방향 바이어스가 인가될 때는 감소한다. 접합 양쪽의 보상되지 않은 전하 Q 는 공핍영역의 폭에 따라 변하기 때문에 인가전압의 변동은 대응되는 전하의 변화를 가져온다. 전하 Q 의 값은 접합 양쪽의 불순물 농도와 공핍영역 폭의 항으로 나타낼 수 있다. pn 접합의 공핍층에는 이온화한 억셉터원자와 도너원자가 공간전하로써 전기 이중층을 형성하고 있다. 열평형 상태에서 단면적이 A 일 때, $-x_p < x < 0$ 의 범위에 있는 전하의 총량 Q_p 는 다음식과 같다.

$$Q_p = -qAx_pN_A \tag{83}$$

$0 < x < x_n$ 의 범위에 있는 전하의 총량 Q_n 은 다음 식과 같이 나타낼 수 있다.

$$Q_n = +qAx_nN_D \tag{84}$$

여기서, 식 (25) 와 (26) 에 나타낸 x_p 및 x_n 에 대한 식을 위의 두 식에 대입하면 다음과 같은 식을 유도할 수 있다.

$$|Q_p| = Q_n = A\left(2q\varepsilon_s \frac{N_A N_D}{N_A + N_D} V_{bi} \right)^{1/2} = Q \tag{85}$$

pn 접합에 역방향 바이어스 전압 V 를 인가한다면, 각각의 영역에 생기는 공간 전하량 Q 는 다음식과 같이 나타낼 수 있다.

$$Q = A\left(2q\varepsilon_s \frac{N_A N_D}{N_A + N_D}(V_{bi} - V)\right)^{1/2} \tag{86}$$

따라서 전하는 인가전압에 대해 비선형 함수이다. 이 식과 식 (80) 의 정전용량의 정의로부터 접합 정전용량 C_j 를 계산할 수 있다. 공핍영역의 전하를 변동시키는 전압은 전위장벽의 높이 $(V_{bi} - V)$ 이므로 이 전위차에 관한 도함수를 취하여야 한다. 그러면, 접합 정전용량 C_j 에 대한 식은 다음과 같이 표현된다.

$$C_j = \left|\frac{dQ}{d(V_{bi} - V)}\right| = \frac{A}{2}\left[2q\varepsilon_s \frac{N_A N_D}{N_A + N_D}\frac{1}{V_{bi} - V}\right]^{1/2} \propto (V_{bi} - V)^{-1/2} \tag{87}$$

식 (87) 을 변형하여 다음과 같은 식을 유도할 수 있다.

$$\frac{1}{C_j^2} = \frac{2}{A^2 q\varepsilon_s}\frac{N_A + N_D}{N_A N_D}(V_{bi} - V) \tag{88}$$

따라서 인가 바이어스 전압과 접합 정전용량 C_j 의 관계는 [그림 20] 에 나타낸 바와 같다.

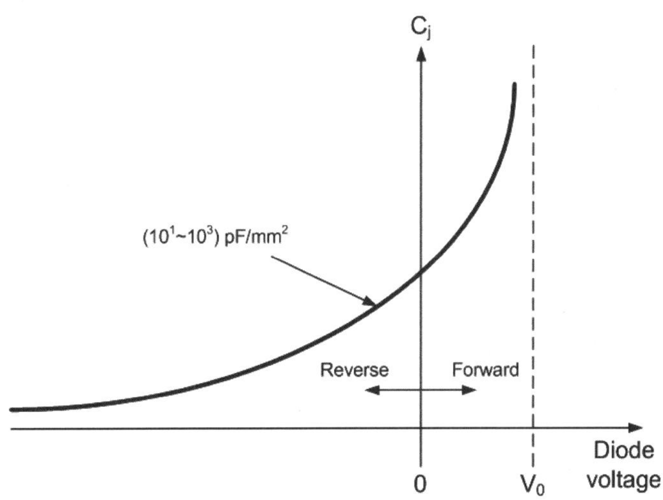

[그림 20] 바이어스 전압과 접합 정전용량 C_j 의 관계

공핍영역의 정전용량은 순방향 바이어스에 따라 증가하고 역방향 바이어스에 따라 감소한다. 접합 정전용량의 값은 소자의 mm^2 당 수 pF 정도이다.

접합 정전용량 C_j 는 $(V_{bi}-V)^{-1/2}$ 에 비례한다. 즉, 전압에 따라 정전용량이 변하므로 접합 정전용량 C_j 는 전압가변 정전용량 (voltage-variable capacitance) 이다. 이 접합 정전용량의 전압 의존성은 버랙터 (varactor) 다이오드에 이용되는데 이 소자는 동조회로에서 전압 의존 캐패시터로 사용된다. 버랙터 다이오드는 전류의 흐름을 막기 위해서 역방향으로 바이어스 되고 이때 접합 정전용량은 역방향 바이어스의 크기에 따라 변한다.

비대칭적으로 불순물이 첨가된 계단 접합 (step junction) 의 경우, 공핍영역 폭은 불순물이 낮게 첨가된 쪽으로 확장되므로 접합 정전용량은 한쪽의 불순물 농도에 의해서만 결정된다. p+n 접합의 경우 $N_A \gg N_D$ 이고, x_p 는 무시할 수 있기 때문에 $x_n \simeq W$ 이다. 따라서 접합 정전용량은 다음과 같은 식으로 나타낼 수 있다.

$$C_j = \frac{A}{2}\left[2q\varepsilon_s N_D \frac{1}{(V_{bi}-V)}\right]^{1/2} \tag{89}$$

따라서 접합 정전용량 C_j 를 측정하여 저농도로 불순물이 첨가된 n 형 영역의 불순물 농도를 구할 수 있다. 예를 들어, 역방향 바이어스 접합에서 인가전압 $V=-V_R$ 은 접촉전위차 V_{bi} 보다 훨씬 크게 할 수 있어 V_{bi} 는 무시할 수 있다. 접합의 단면적을 측정할 수 있다면, 신뢰할 수 있는 N_D 값을 접합 정전용량 C_j 의 측정으로부터 얻을 수 있다.

8.2. 확산 정전용량 (diffusion capacitance, C_d)

앞서 고려한 접합 정전용량은 접합이 역방향으로 바이어스 될 때 접합용량의 대부분을 차지한다. 접합이 순방향으로 바이어스 되면 중성영역에서의 축적 전하의 재배치로 접합용량에 추가적으로 상당한 기여를 한다. 이를 확산 정전용량 (diffusion capacitance, C_d) 이라고 한다. 이는 소수캐리어가 확산에 의해 중성영역을 가로질러 움직이는 이상적인 다이오드의 경우로부터 유도될 수 있다.

중성 n 영역에서 축적된 정공의 확산 정전용량은 식 (90) 에 나타낸 바와 같이 정의 식 $C_d = AdQ_p/dV$ 를 식 (76) 에 적용하여 얻을 수 있다.

$$C_d = \frac{Aq^2L_p}{kT}p_{no}\exp\left(\frac{qV}{kT}-1\right) = \frac{q}{kT}I\tau_p = \frac{I\tau_p}{25}[mA] \tag{90}$$

여기서, 상온에서는 $q/kT \approx 1/0.025 = 40$ 의 값을 이용하였다. 보통 수 nF 정도의 값을 갖는 확산 정전용량 C_d 는 일반적으로 접합 정전용량 C_j 값보다 훨씬 크다.

중성 p 영역에서 축적된 전자의 양이 큰 경우에는 이것에 의한 기여를 확산 정전용량 C_d 에 합칠 수 있다. 그러나 p^+n 접합의 경우에는 $n_{po} \ll p_{no}$ 이며 축적된 전자에 의한 확산 정전용량 C_d 에의 기여는 무시될 수 있다. 역방향 바이어스의 경우, 무시할 수 있을 만한 소수캐리어가 축적되기 때문에 확산 정전용량 C_d 는 중요하지 않다.

많은 응용에 있어서 우리는 pn 접합을 하나의 등가회로로 대체하여 사용한다. 확산 정전용량 C_d 및 접합 정전용량 C_j 에 더하여, 디바이스에 흐르는 전류를 설명하기 위하여 동적 저항 r_d 를 포함시켜야 한다. 다이오드에 걸리는 전압 V 가 미소 전압 dV 만큼 증가한 경우를 [그림 21] 의 다이오드 전류-전압 특성 곡선에 나타내었다.

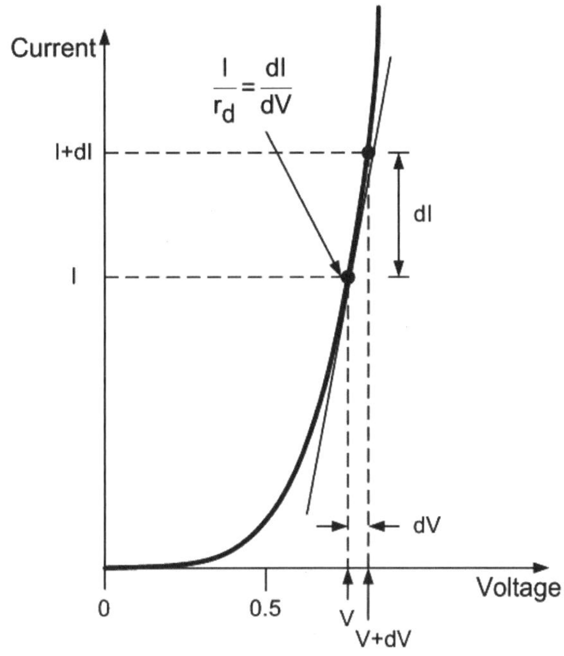

[그림 21] 다이오드의 전류-전압 특성곡선 상에서의 동적 저항

[그림 21] 에서 보듯이, 전압이 dV 만큼 증가하면 다이오드의 전류도 dI 만큼 증가한다. 다이오드의 동적 저항 r_d 를 dV/dI 로 정의하면 다음 식을 얻을 수 있다.

$$r_d = \frac{dV}{dI} = \frac{kT}{qI} = \frac{25}{I}\,[\mathrm{mA}] \tag{91}$$

따라서 동적 저항 r_d 는 다이오드의 전류-전압 특성 곡선의 한 점에서 기울기의 역수가 되며 전류 I 에 의존한다.

역방향 바이어스가 인가되는 경우, 보통 누설 전류가 작기 때문에 아주 낮은 주파수에서는 개방 회로에 가까운 특성을 나타내나 주파수가 증가하면 [그림 22 (b)] 에서 보듯이 접합 정전용량 C_j 를 고려해 주어야 한다. 순방향 바이어스가 인가되는 경우, [그림 22 (a)] 에서 보듯이 낮은 주파수에서는 다이오드를 동적 저항 r_d 로 나타낼 수 있으나 주파수가 증가하면 되면 정전용량 성분을 병렬로 붙여주어야 한다.

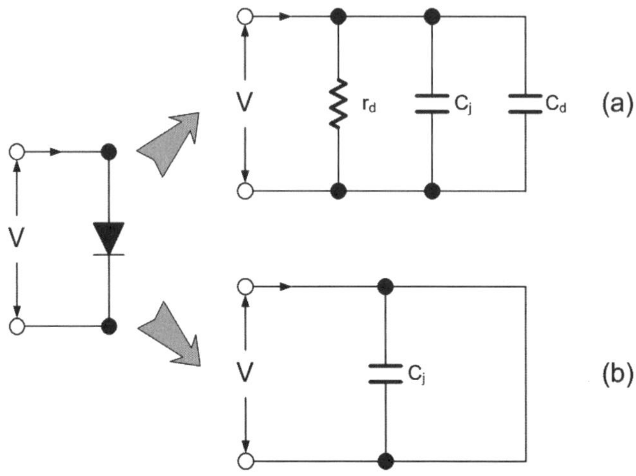

[그림 22] pn 접합의 소신호 등가회로 (a) 순방향 바이어스, (b) 역방향 바이어스

순방향 바이어스가 인가된 다이오드에서의 정전용량은 접합 정전용량 C_j 와 확산 정전용량 C_d 의 합으로 나타난다. 순방향 바이어스 전압이 비교적 작을 때는 접합 정전용량 C_j 이 주성분이고, 순방향 바이어스 전압이 충분히 커지면 (약 $0.5\,V$ 이상) 확산 정전용량 C_d 이 주성분이 된다.

9. 항복전압 (breakdown voltage)

[그림 23] 에서 보듯이, 역방향 바이어스가 인가된 pn 접합은 역방향 전압과는 무관한 작은 포화전류 값을 갖는다. 그러나 역방향 바이어스를 증가시키면 어느 지점에서 포화전류가 급격하게 증가되는데, 이때를 임계 역방향 바이어스 (critical reverse bias) 점이라고 하고, 역방향 항복 (reverse breakdown) 이 일어났다고 한다.

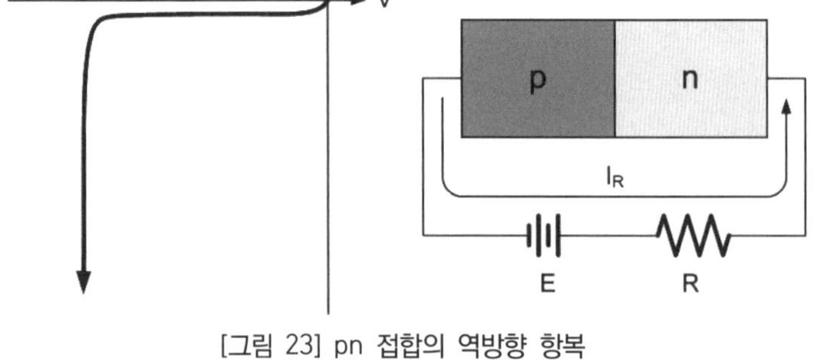

[그림 23] pn 접합의 역방향 항복

이 임계 역방향 바이어스를 항복전압 (breakdown voltage, V_{br}) 이라고 부르며, 이 영역에서 다이오드를 통하는 역방향 전류가 급격히 증가한다. 항복 과정은 본질적으로 파괴적인 것은 아니지만, 최대 전류는 접합의 가열을 피하기 위해 [그림 23] 에 나타낸 것처럼 외부회로에 의해 제한되어야 한다. [그림 23] 에 나타낸 다이오드에 흐를 수 있는 최대 역방향전류 I_{rev} 는 다음 식과 같이 나타낼 수 있다.

$$I_{rev} = \frac{E - V_{br}}{R} \tag{92}$$

여기서, 직렬저항 R 은 전류를 제한하여 다이오드가 안전하게 동작될 수 있도록 그 크기를 정해야 한다. 만약, 전류가 제한되지 않으면 접합에 큰 역방향 전류가 흘러 소자를 손상시킬 수 있으며, 그 역방향전류가 최대전력정격을 초과할 때는 소자가 완전히 파손된다. 역방향 항복전압을 발생하는 전계는 약 10^6[V/cm] 정도 이다.

항복 과정에는 두 가지 형태가 있다. 첫 번째 형태는 제너항복 (Zener breakdown) 으로, 고농도 불순물 첨가가 이루어진 pn 접합에서 얇은 공핍층이 형성되어 전자가 터널링 함으로써 발생한다. 두 번째 형태는 사태항복 (avalanche breakdown) 으로, 공핍영역의 강한 전기장에 의해 가속된 캐리어가 충돌을 통하여 그 수를 증배시킴으로써 발생한다.

9.1. 사태항복 (avalanche breakdown)

역방향 바이어스가 증가함에 따라 공핍영역의 전계가 매우 커져서, p 형 쪽에서 공핍영역으로 들어간 전자는 충분히 큰 운동에너지로 가속되어 격자와 이온화 충돌을 일으킬 수 있다. 이와 같은 상호작용은 [그림 24] 에서 보듯이, 캐리어 증식 (carrier multiplication) 을 발생시킨다.

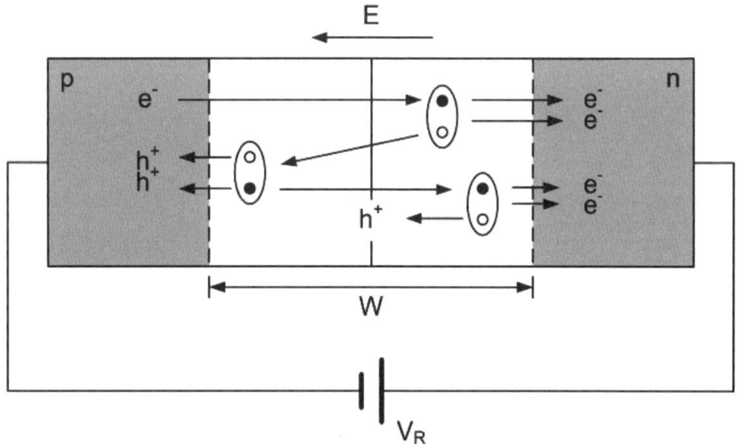

[그림 24] 충돌 이온화에 의한 사태항복 (avalanche breakdown)

즉, 원래의 전자와 새로 생성된 전자가 접합의 n 형 쪽으로 이동하고, 새로이 생성된 정공이 접합의 p 형 쪽으로 이동한다. 공핍영역 내에서 생성된 캐리어 역시 전자와 이온화 충돌을 하면 증식 정도는 매우 크게 된다. 예를 들어, 들어오는 전자는 격자와 충돌하고 전자-정공 쌍을 생성한다. 이들 캐리어들은 새로운 전자-정공 쌍을 생성하며, 이 새로 생긴 것들 각각이 또 전자-정공 쌍을 생성하는 일들이 계속되는 사태 (avalanche) 과정으로 항복이 발생하는 경우를 사태항복 (avalanche breakdown) 이라고 한다.

만약, 이온화 충돌이 없을 때 공핍영역 내의 역방향 전류를 I_0 라고 하면, 공핍영역 내에서 이온화 충돌의 사태 효과에 의한 역방향 전류는 MI_0 가 된다. 여기서 M 은 증배계수이고, 이는 공핍영역 내에서 단위 캐리어 당 사태 효과에 의해 생성되는 캐리어의 수이다. 이온화 충돌은 전계에 강하게 의존하므로, 역방향 바이어스의 작은 증가는 증배 과정을 매우 크게 할 수 있다. 이는 보통 다음과 같은 식으로 표현된다.

$$M = \frac{1}{1-(V_r / V_{br})^n} \tag{93}$$

여기서, V_r 은 역방향 바이어스이고 V_{br} 은 항복전압이며, 상수 n 은 접합에 사용되는 재료의 형태에 의존하며 약 3~6 사이의 값을 갖는 지수이다.

재료의 에너지 밴드 갭이 증가함에 따라 이온화 충돌에 더욱 많은 에너지가 필요하므로, 항복전압 V_{br} 은 물질의 에너지 밴드 갭이 증가함에 따라 커진다. 또, 공핍영역 내에서 최대전계는 접합에서 저농도 불순물 첨가가 이루어진 부분의 불순물 첨가 농도에 비례하여 증가한다. 따라서 항복 전압 V_{br} 은 불순물 도핑 농도가 증가하면 감소한다.

9.2. 제너항복 (Zener breakdown)

pn 접합에서 또 다른 항복현상으로 제너항복 (Zener breakdown) 이 있으며, 이것은 고농도로 불순물이 첨가되어 얇은 공핍영역을 갖는 pn 접합에 역방향 바이어스를 인가한 경우에 일어나는 항복 현상이다. 이런 pn 접합에 큰 역방향 바이어스가 인가되면, [그림 25]에 나타낸 것처럼 에너지 밴드가 교차하여 n 형 쪽 전도대가 p 형 쪽 가전자대 보다 더 낮은 상태가 된다.

이들 두 개의 에너지 밴드를 분리시키고 있는 전위장벽의 폭이 좁다면 전자 터널링 (tunneling) 이 발생할 수 있다. 역방향 전압에 의해서 p 형 쪽 가전자대에서 n 형 쪽 전도대로의 전자 터널링은 n 형 영역에서 p 형 영역으로의 역방향 전류를 흐르게 하는데, 이를 제너효과 (Zener effect) 라고 한다. p 형 쪽 가전자대에는 많은 전자들이 있고 n 형 쪽 전도대에는 비어 있는 에너지 준위들이 많이 존재하기 때문에 터널링 전류는 상당히 클 수 있다.

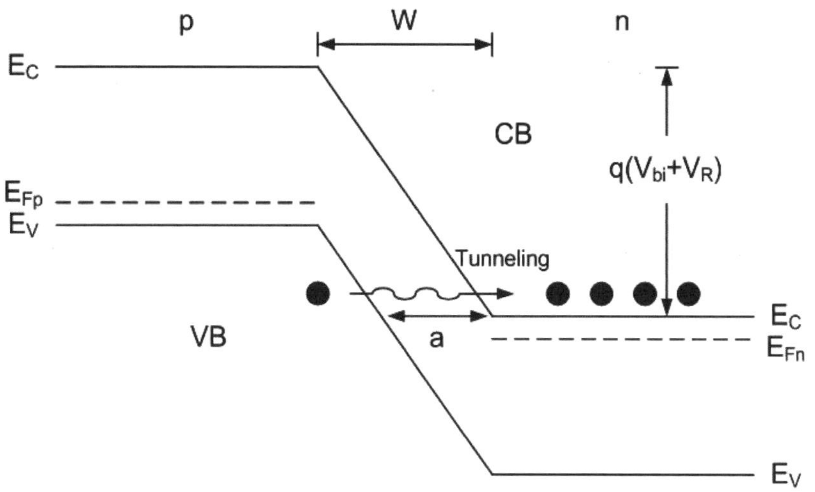

[그림 25] 전자 터널링을 수반한 제너효과 (Zener effect)

10. 반도체-금속 접촉 (Semiconductor-Metal Contact)

실질적으로 소자들은 외부와의 연결을 위해 반도체-금속 접합을 만들게 된다. 이러한 특별한 접합은 그 전도의 특성에 따라 유용하게 사용될 수 있으므로 상당히 중요하다. 이러한 특성들은 에너지 밴드를 이용하여 고찰할 수 있다. 일함수가 다른 금속과 반도체를 접합시키면 전하의 이동이 일어나 페르미 준위가 같은 높이를 갖는 평형상태가 된다. 반도체-금속 접촉은 [표 1] 에서 보듯이, 반도체의 형 (n 형/p 형) 과 접합시킨 금속과 반도체의 일함수 크기에 따라 정류성 접합 (Schottky contact) 과 저항성 접합 (Ohmic contact) 으로 나뉜다.

[표 1] 반도체의 형과 접합시킨 금속과 반도체의 일함수 크기에 따른 접촉 종류

	Schottky contact	Ohmic contact
n-type semiconductor	$\phi_m > \phi_s$	$\phi_m < \phi_s$
p-type semiconductor	$\phi_m < \phi_s$	$\phi_m > \phi_s$

10.1. 정류성 접합 (Schottky contact)

10.1.1. 에너지 밴드 구조와 관계식

[그림 26 (a)] 는 금속의 일함수 ϕ_m 이 n 형 반도체의 일함수 ϕ_s 보다 큰 경우, 접합 전의 에너지 밴드 구조를 나타낸 것이다. [그림 26 (a)] 에서 보듯이, E_0 는 전자가 완전히

자유롭게 움직일 수 있는 진공 에너지 준위 (vacuum energy level) 를 나타내는 것이며, 금속이나 반도체의 페르미 준위에 있는 전자를 진공 중으로 끌어내기 위해 필요한 에너지를 일함수 (work function) 라고 하며 진공 에너지 준위와 페르미 준위의 차로 주어진다. 또, 반도체의 전도대 바닥에 있는 전자를 진공 중으로 끌어내기 위해 필요한 에너지를 전자 친화력 (electron affinity, χ) 이라고 한다. 일함수나 전자 친화력은 재료의 종류에 따라 다르다. 금속과 반도체를 접합시키면, n 형 반도체의 페르미 준위가 금속의 페르미 준위보다 위에 있기 때문에 반도체의 전도대에 있는 전자는 이온화된 도너를 반도체의 표면에 남기고 금속으로 이동해 [그림 26 (b)] 에 나타낸 것처럼 양자의 페르미 준위가 일치해서 평형에 이른다. 이 결과 계면 부근에 전위장벽이 형성되어 반도체 표면의 에너지 밴드가 위쪽으로 휘어지게 된다.

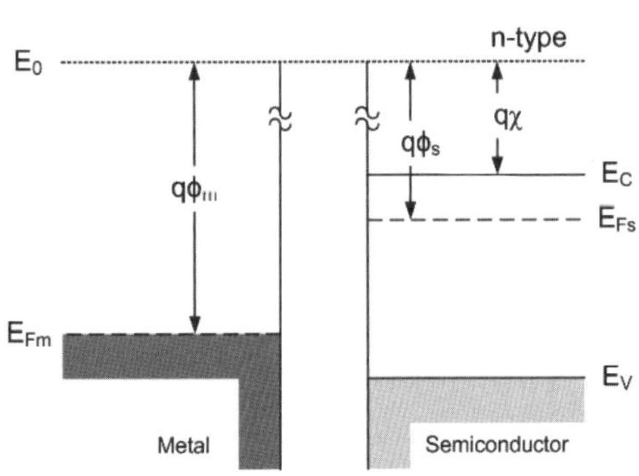

(a) 접촉 전

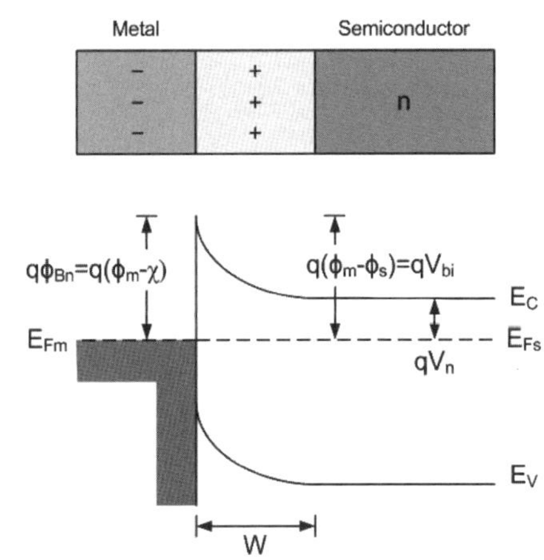

(b) 접촉 후

[그림 26] $\phi_m > \phi_s$ 의 경우 금속-n 형 반도체 접촉

이 장벽의 높이는 반도체 측에서는 $\phi_m - \phi_s$ 가 되며 금속 측에서는 반도체의 전도대와 페르미 준위의 차 $\phi_m - \chi$ 가 된다. 따라서 빌트인 포텐셜 V_{bi} 는 식 (94) 또는 (95) 로 나타낼 수 있다.

$$qV_{bi} = q(\phi_m - \chi) - q(\phi_s - \chi) = q(\phi_m - \phi_s) \tag{94}$$

$$qV_{bi} = q(\phi_{Bn} - V_n) \tag{95}$$

여기서, $q\phi_{Bn}$ 은 실제의 금속-반도체 접촉의 장벽 높이이며 qV_n 은 반도체의 전도대와 페르미 준위사이의 차이를 나타낸다.

이 전위차는 반도체 표면에 남아 있는 이온화된 도너의 양전하와 금속표면으로 이동한 과잉 전자에 의한 음전하들이 형성한 전기 이중층으로 유지되고 있다. 장벽이 존재하고 있는 영역을 장벽층 (barrier layer) 이라고 하며 자유전자가 없으므로 공핍층이라고도 한다. 공핍층에는 캐리어가 없으므로 이 부분의 저항률은 높은 반면 반도체 내부의 저항률은 상대적으로 낮다.

n 형 반도체의 공핍영역에서 다음 식에 나타낸 Poisson 방정식을 이용하면, 공핍영역의 폭 (W) 을 구할 수 있다.

$$\frac{d^2\psi}{dx} = -\frac{dE}{dx} = -\frac{qN_D}{\varepsilon_s} \tag{96}$$

식 (96) 을 적분하면 전계에 대한 식 (97) 을 얻을 수 있다.

$$E(x) = \frac{q}{\varepsilon_s}N_D\int_W^x dx = \frac{q}{\varepsilon_s}N_D(W-x) \tag{97}$$

전위분포에 대한 식은 다음과 같이 나타낼 수 있다.

$$\psi(x) = -\int_0^W E(x)dx = \frac{q}{2\varepsilon_s}N_D(W-x)^2\Big|_W^0 \tag{98}$$

$x=W$ 에서 $\psi(x)=V_{bi}$ 이므로, 식 (98) 은 다음 식과 같이 나타낼 수 있다.

$$W = \sqrt{\frac{2\varepsilon_s}{qN_D}V_{bi}} \tag{99}$$

식 (99) 를 전압이 인가되었을 때의 식으로 확장하면 다음 식과 같이 나타낼 수 있다.

$$W = \sqrt{\frac{2\varepsilon_s}{qN_D}(V_{bi}-V)} \tag{100}$$

식 (100) 의 인가 전압 V 는 순방향 바이어스의 경우 (+) 값이며 역방향 바이어스의 경우는 (-) 값을 가진다. 반도체 단위 면적당 공간전하 Q_{sc} 및 단위면적당 공핍층 용량 C 는 다음 식과 같다.

$$Q_{sc} = qN_DW = \sqrt{2q\varepsilon_sN_D(V_{bi}-V)} \quad (\mathrm{C/cm^2}) \tag{101}$$

$$C = \left|\frac{\partial Q_{sc}}{\partial V}\right| = \sqrt{\frac{q\varepsilon_sN_D}{2(V_{bi}-V)}} = \frac{\varepsilon_s}{W} \quad (\mathrm{F/cm^2}) \tag{102}$$

식 (102) 는 식 (103), (104), (105) 와 같은 형태로 쓸 수 있다.

$$\frac{1}{C^2} = \frac{2(V_{bi}-V)}{q\varepsilon_sN_D} \tag{103}$$

$$-\frac{d(1/C^2)}{dV}=\frac{2}{q\varepsilon_s N_D} \tag{104}$$

$$N_D=\frac{2}{q\varepsilon_s}\left[-\frac{1}{d(1/C^2)/dV}\right] \tag{105}$$

전압의 함수로서 단위면적당 용량 C 를 측정하여 식 (105) 으로 부터 직접 불순물 분포를 얻을 수 있다. 만약 N_D 가 공핍영역에서 일정하면 $1/C^2$ 대 V 의 관계는 직선이 된다. [그림 27] 은 W-Si 에 대한 $1/C^2$ 대 V 의 관계를 나타낸 것이다. 식 (103) 로부터, $1/C^2=0$ 에서의 절편은 빌트인 포텐셜 V_{bi} 에 대응됨을 알 수 있다. 일단 V_{bi} 가 결정되면, 장벽 높이 ϕ_{Bn} 은 식 (95) 로부터 계산된다. V_n 의 값은 불순물 농도로부터 계산될 수 있다.

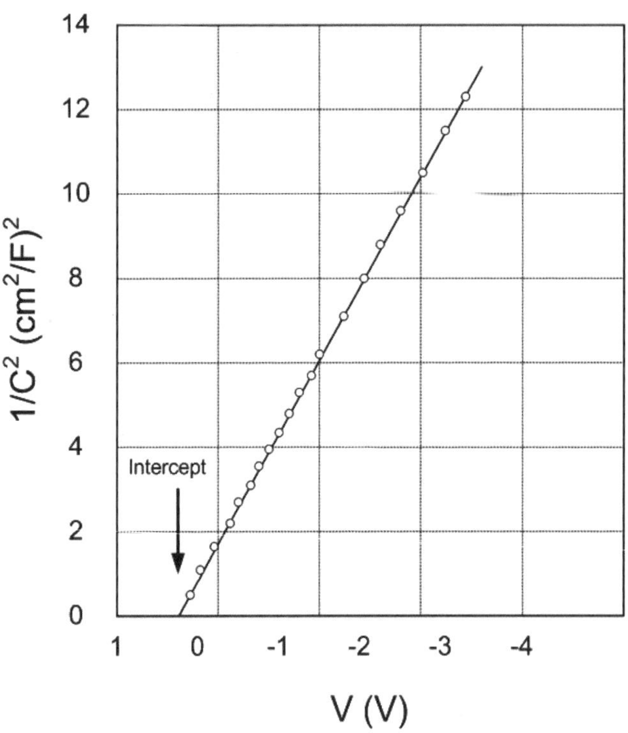

[그림 27] W-Si 에 대한 $1/C^2$ 대 인가전압 V 의 관계

[그림 28 (a)] 는 금속의 일함수 ϕ_m 이 p 형 반도체의 일함수 ϕ_s 보다 작은 경우의 접촉 전 에너지 밴드 구조를 나타낸 것이다.

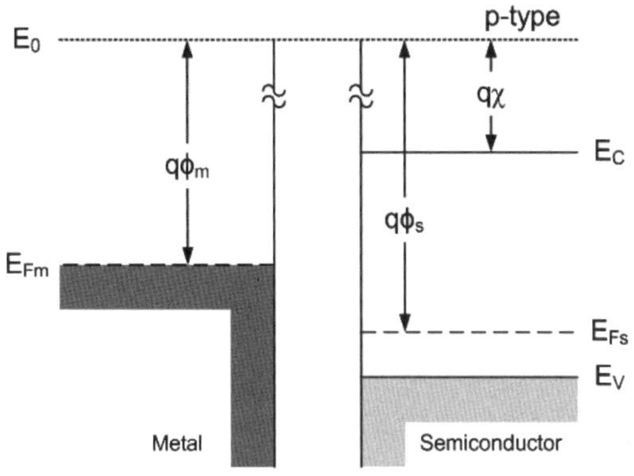

(a) 접촉 전

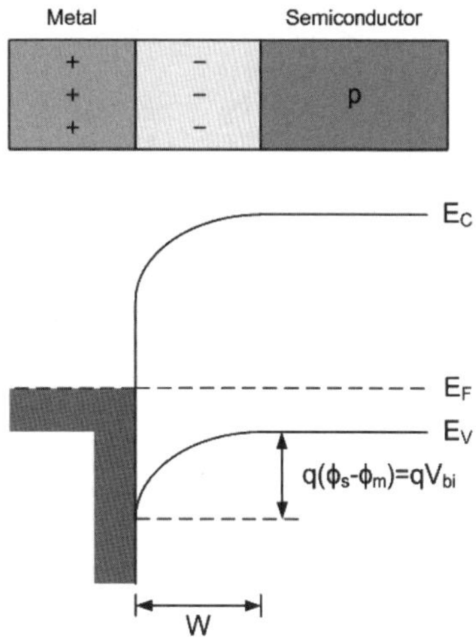

(b) 접촉 후

[그림 28] $\phi_m < \phi_s$ 의 경우 금속-p 형 반도체 접촉 (a) 접촉 전, (b) 접촉 후

[그림 28 (a)] 에서 보듯이, 금속의 페르미 준위가 p 형 반도체의 페르미 준위 보다 높으므로 이 둘을 접합시키면 금속에서 반도체 쪽으로 전자가 이동해서 p 형 반도체의 정공이 중화된다. 이 때문에 반도체 표면은 이온화된 억셉터의 음전하가 흩어져서 (-) 로 대전되고 금속표면은 전자가 부족해서 (+) 로 대전된다. 따라서 반도체 표면의 에너지대는 [그림 28 (b)] 와 같이 아래쪽으로 휘게 되고 정공에 대한 장벽이 생긴다.

10.1.2. 전류-전압 특성

금속-반도체 접촉에서의 전류수송은 주로 다수캐리어에 의해 이루어지는데, 이는 전류수송이 주로 소수캐리어에 의해 이루어지는 pn 접합과는 대조적이다. [그림 26] 에 나타낸 정류성 접촉에서 주된 전송 기구는 반도체로부터 금속으로 전위장벽을 넘는 다수캐리어의 열전자 방출로 설명할 수 있다. [그림 26 (b)] 에 나타낸 열평형 상태에서의 전류 밀도는 크기가 같고 방향이 반대인 두 가지 캐리어가 평형을 이루므로, 전체적인 전류는 0 이 된다. 반도체의 전자는 금속 쪽으로 흘러가려 하고 금속으로부터 전자는 반대방향, 즉 반도체 쪽으로 평형을 이루며 흐른다. 이들 전류성분은 경계에서의 전자 밀도에 비례한다. 반도체 표면에서의 전자 밀도 n_s 는 다음 식을 이용하여 유도될 수 있다.

$$N_D \simeq n_0 = N_c \exp\left(-\frac{E_c - E_F}{kT}\right) \tag{106}$$

반도체 표면에서의 전자밀도 n_s 는 식 (106) 을 이용하면 다음과 같이 표현된다.

$$n_s = N_c \exp\left(-\frac{q\phi_{Bn}}{kT}\right) \tag{107}$$

식 (107) 에서 $q\phi_{Bn}$ 은 다음 식과 같이 나타낼 수 있다.

$$q\phi_{Bn} = qV_{bi} + (E_c - E_{Fs}) \tag{108}$$

식 (107) 에 식 (108) 을 대입하면 다음 식을 얻을 수 있다.

$$n_s = N_c \exp\left(-\frac{E_c - E_{Fs}}{kT}\right)\exp\left(-\frac{qV_{bi}}{kT}\right) = N_D \exp\left(-\frac{qV_{bi}}{kT}\right) \tag{109}$$

여기서, N_c 는 전도대의 상태밀도를 나타낸다. 열평형 상태에서는 금속에서 반도체로 이동하는 전자들과 반도체에서 금속으로 이동하는 전자들이 같기 때문에 전류 밀도에 대한 식은 다음과 같이 표현할 수 있다.

$$|J_{m\to s}| = |J_{s\to m}| = C_1 N_c \exp\left(-\frac{q\phi_{Bn}}{kT}\right) \tag{110}$$

여기서 $J_{m\to s}$ 는 금속으로부터 반도체로 흐르는 전류, $J_{s\to m}$ 은 반도체로부터 금속으로 흐르는 전류이며, C_1 은 비례상수이다.

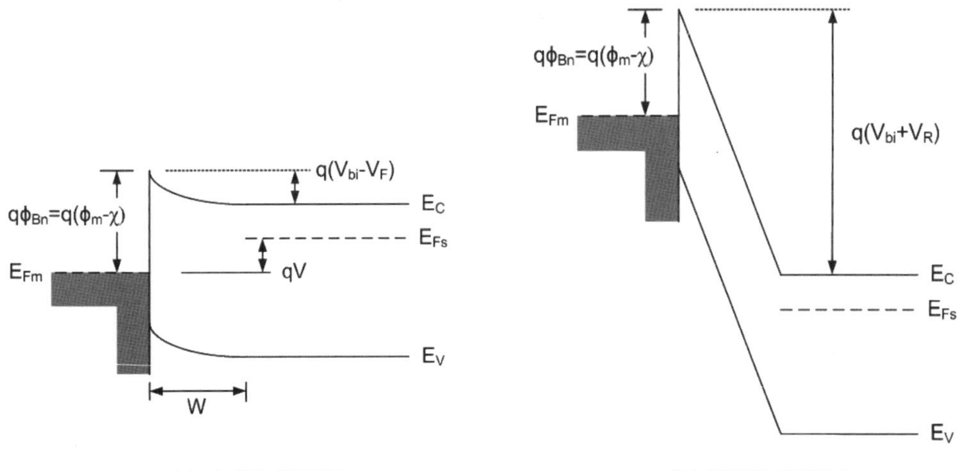

[그림 29] $\phi_m > \phi_s$ 의 경우 금속-n 형 반도체 접촉에서 바이어스 전압의 영향

[그림 29 (a)] 에 나타낸 것처럼 순방향 바이어스 V_F 가 인가되면, 장벽에서의 정전위차가 감소해서 표면에서의 전자 밀도는 다음 식에 표현된 바와 같이 증가한다.

$$n_s \simeq N_D \exp\left(-\frac{q(V_{bi} - V_F)}{kT}\right) = N_c \exp\left(-\frac{q(\phi_{Bn} - V_F)}{kT}\right) \tag{111}$$

따라서 반도체로부터 흘러나오는 전자 흐름에 의한 전류는 다음 식과 같이 나타낼 수 있다.

$$J = J_{s \to m} - J_{m \to s} = C_1 N_c \exp\left(-\frac{q(\phi_{Bn} - V_F)}{kT}\right) - C_1 N_c \exp\left(-\frac{q\phi_{Bn}}{kT}\right) \tag{112}$$

식 (112) 를 정리하면 다음과 같은 식으로 간략화 된다.

$$J = C_1 N_c \exp\left(-\frac{q\phi_{Bn}}{kT}\right) \exp\left(\frac{qV_F}{kT} - 1\right) \tag{113}$$

같은 방법을 [그림 29 (b)] 에 나타낸 역방향 바이어스의 조건에 대해서 적용하면, 전류에 대한 식은 V_F 를 $-V_R$ 로 대체한 것을 제외하고는 식 (113) 과 동일하다. 계수 $C_1 N_c$ 는 $A^* T^2$ 과 동일하다. 여기서 A^* 는 실효 리차드슨 상수 (effective Richardson constant) 라고 하며 단위는 A/K^2cm^2 이고 T 는 절대온도이다. A^* 의 값은 유효질량에 관계되며 n 및 p 형 Si 의 경우 각각 110 및 32 이다. 따라서 열전자 방출 조건하에서 금속-반도체 접촉의 전류-전압특성은 다음 식과 같이 나타낼 수 있다.

$$J = J_s \exp\left(\frac{qV}{kT} - 1\right) \tag{114}$$

여기서, J_s 는 포화 전류밀도를 나타내며 $J_s \equiv A^* T^2 e^{-q\phi_{Bn}/kT}$ 로 주어진다. 인가전압 V 는 순방향 바이어스의 경우 (+) 값이며, 역방향 바이어스의 경우는 (-) 값을 가진다. [그림 30] 에 W-Si 접촉의 순방향 전류-전압 특성을 나타내었다.

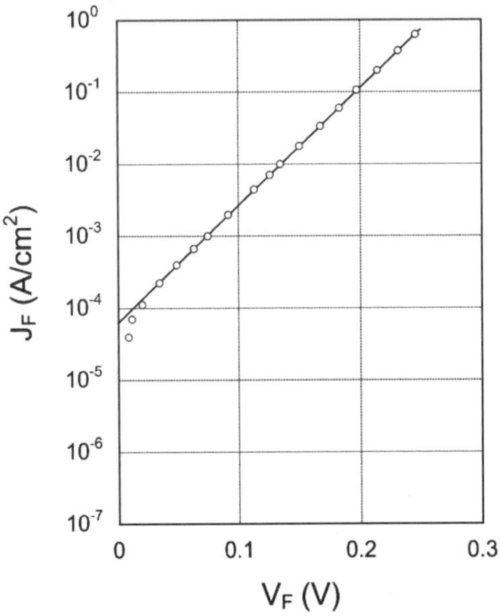

[그림 30] W-Si 접촉의 순방향 전류-전압 특성

순방향 전류-전압 곡선에서 $V_F = 0$ 에 대해 외삽하면 J_s 를 구할 수 있고, 이를 $J_s \equiv A^* T^2 e^{-q\phi_{Bn}/kT}$ 에 대입하면 장벽높이를 얻을 수 있다.

10.2. 저항성 접합 (ohmic contact)

10.2.1. 에너지 밴드 구조

금속과 n 형 반도체의 일함수가 $\phi_m < \phi_s$ 인 경우에는 [그림 31 (a)] 와 같이 금속의 페르미 준위가 반도체의 페르미 준위보다 높으므로, 접합시키면 금속에서 반도체 쪽으로 전자가 이동해서 페르미 준위가 일치된다. 따라서 반도체 표면의 에너지 밴드는 아래쪽으로 휘게 된다.

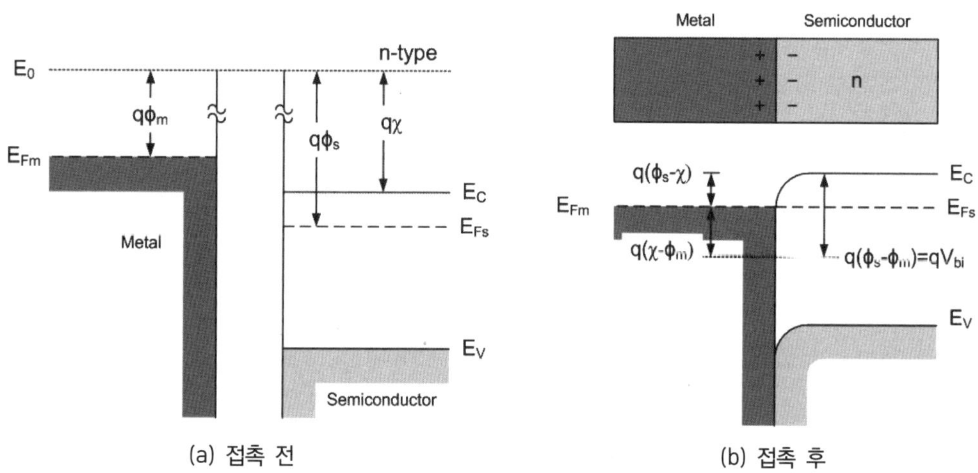

[그림 31] $\phi_m < \phi_s$ 의 경우 금속-n 형 반도체 접촉

접촉 후에는 [그림 31 (b)] 와 같이 금속 표면에는 양전하가, 반도체의 표면에는 음전하가 생기며 이 반도체의 표면 전하는 자유전자로 움직이기 쉬우므로 공핍층을 형성하지 않는다. 접합면에서 장벽이 형성되지 않기 때문에 반도체로부터 금속으로 이동하는 전자들은 방해를 받지 않고 쉽게 이동한다.

따라서 외부에서 인가한 전압은 반도체 자체에 균일하게 가해지게 되어 [그림 32 (a)] 및 [그림 32 (b)] 에 나타낸 바와 같이 반도체 영역의 페르미 준위가 전계 방향으로 의존된 방향으로 기울어지게 된다.

[그림 32 (a)] 에서는 전자가 반도체에서 금속으로 이동하며 그 이동을 방해하는 장벽은 없다. [그림 32 (b)] 에서는 금속에서 반도체 쪽으로 전자가 이동할 때 전자가 넘어야 할 약간의 장벽이 있다. 즉, 인가전압의 극성이 어느 방향으로 있어도 전류가 잘 흘러 정류성을 나타내지 않는다. 이와 같은 접합을 저항성 접합 (ohmic contact) 이라 한다.

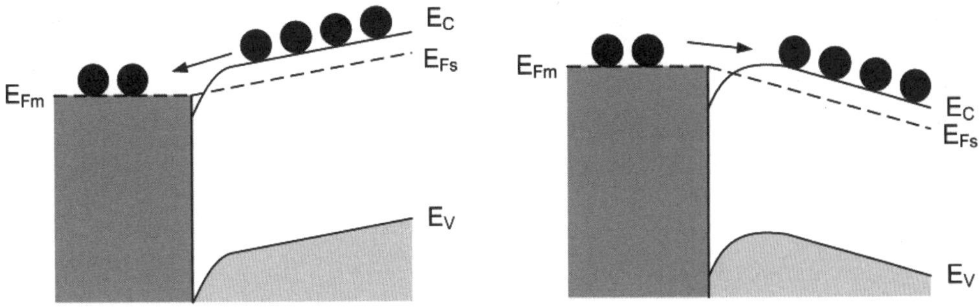

(a) 순방향 바이어스　　　　(b) 역방향 바이어스

[그림 32] $\phi_m < \phi_s$ 의 경우 금속-n 형 반도체 접촉에서 바이어스의 영향

[그림 33 (a)] 는 p 형 반도체의 일함수 ϕ_s 가 금속의 일함수 ϕ_m 보다 작은 경우, 접합 전의 에너지 밴드 구조를 나타낸 것이다. 반도체의 페르미 준위가 금속의 페르미 준위보다 높으므로 접합시키면 반도체로부터 전자들이 열평형 상태를 이루기 위해 금속으로 이동할 것이다. 따라서 반도체 표면에는 다수의 정공들이 남아있게 되어 (+) 로 대전되고 금속의 표면은 (-) 로 대전된다.

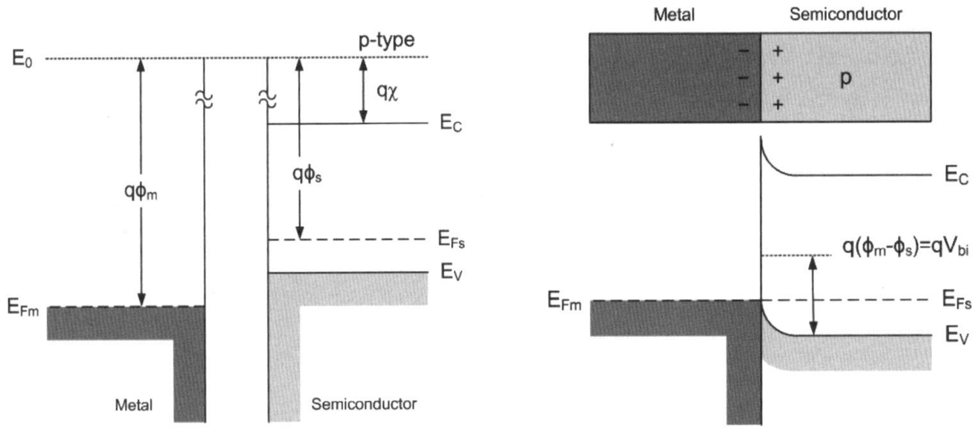

(a) 접촉 전　　　　(b) 접촉 후

[그림 33] $\phi_m > \phi_s$ 의 경우 금속-p 형 반도체 접촉

접합 후는 [그림 33 (b)] 와 같이 반도체 표면에서 에너지 밴드가 위쪽으로 휘기 때문에 반도체 표면에 축적된 정공은 움직이기 쉽다. 금속에 대해서 반도체가 (+) 가 되도록 전압을 가하면 정공은 쉽게 금속 쪽으로 이동해서 전류가 잘 흐르게 된다. 반대로 반도체가 (-) 가 되도록 전압을 걸어 주면 금속 중에서 열적으로 생성되어 있는 정공이 낮은 장벽을 넘어서 반도체 쪽으로 이동한다. 이와 같이 어느 경우에도 정공이 쉽게 이동하므로 저항성 접합 (ohmic contact)이 된다.

10.2.2. 접촉 저항 (specific contact resistance)

저항성 접촉은 반도체 벌크 또는 직렬저항에 비해 무시할만한 접촉 저항을 갖는다. 저항성 접촉은 디바이스 성능을 크게 떨어뜨리지 않으면서, 디바이스의 활성영역에서의 전압강하에 비해 작은 전압강하를 일으키면서 필요한 전류를 흘릴 수 있어야 한다. 저항성 접촉의 성능지수는 다음 식과 같이 정의되는 접촉 저항률 (specific contact resistance) 로 주어진다.

$$R_c \equiv \left[\frac{\partial J}{\partial V}\right]^{-1}_{V=0} (\Omega\,\text{cm}^2) \tag{115}$$

낮은 도핑농도를 갖는 금속-반도체 접촉의 경우, 전류-전압 관계는 앞에서 보았듯이 식 (114) 로 주어진다. 이 경우 접촉 저항률은 다음 식과 같이 나타낼 수 있다.

$$R_c = \frac{k}{qA^* T}\exp\left[\frac{q\phi_{Bn}}{kT}\right] \tag{116}$$

식 (116) 에서 보듯이, 접촉 저항률 R_c 가 작게 되려면 장벽 높이가 낮아야 한다. 높은 도핑 농도를 갖는 반도체-금속 접촉에 있어서는 장벽의 폭이 매우 좁아지므로 터널링 전류가 우세하게 될 수 있다.

[그림 34] 의 위쪽 삽입부에 나타낸 바와 같은 터널링 전류는 다음 식에 표현된 것처럼 터널링 확률에 비례한다.

$$I \sim \exp[-2W\sqrt{2m_n(q\phi_{Bn} - qV)/\hbar^2}] \tag{117}$$

여기서, W 는 공핍폭이며 $\sqrt{(2\epsilon_s/qN_D)(\phi_{Bn} - V)}$ 로 근사된다. 공핍폭 W 를 식 (117) 에 대입하면 다음 식을 얻을 수 있다.

$$I \sim \exp\left[-\frac{C_2(\phi_{Bn} - V)}{\sqrt{N_D}}\right] \tag{118}$$

여기서, C_2 는 $4\sqrt{m_n\epsilon_s}/\hbar$ 와 같다. 따라서 도핑 농도가 높은 반도체-금속 접촉일 경우 접촉 저항률은 다음 식과 같이 나타낼 수 있다.

$$R_c \sim \exp\left[\frac{C_2\phi_{Bn}}{\sqrt{N_D}}\right] \tag{119}$$

식 (119) 는 터널링 범위에서 접촉 저항률이 도핑 농도에 강하게 의존하며, $\phi_{Bn}/\sqrt{N_D}$ 에 지수 함수적으로 의존함을 알 수 있다.

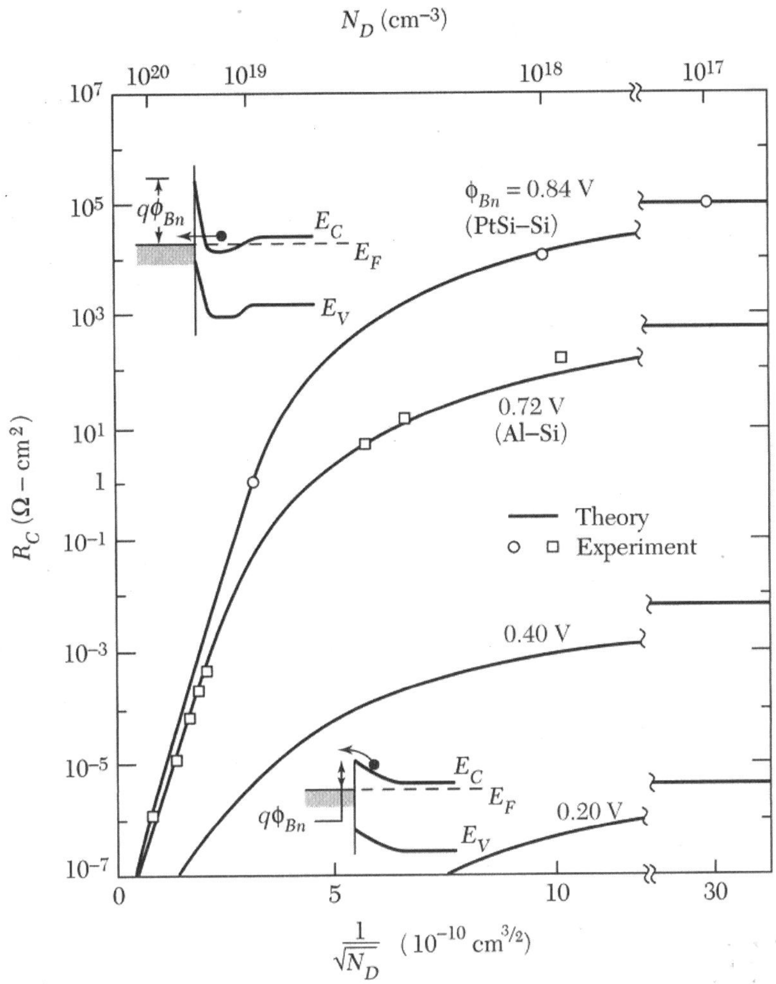

[그림 34] 접촉 저항률 R_c 와 1/$\sqrt{N_D}$ 의 관계

접촉 저항률 R_c 의 계산 값을 [그림 34] 에 1/$\sqrt{N_D}$ 의 함수로 나타내었다. $N_D \geq 10^{19} cm^{-3}$ 의 경우 R_c 는 터널링 과정에 의해 좌우되며 도핑 농도가 증가함에 따라 급속히 감소한다. 반면, $N_D \leq 10^{17} cm^{-3}$의 경우, 전류는 열전자 방출에 의하며 접촉 저항률 R_c 는 실질적으로 도핑 농도와 무관하다. [그림 34] 에는 PtSi-Si 및 Al-Si 접촉에 대한 실험값과 이론값이 나타나 있고, 이들은 잘 일치한다. [그림 34] 는 접촉 저항률 R_c 의 값을 낮추려면 높은 도핑농도, 낮은 장벽높이 또는 이들 두 가지 모두를 사용해야 함을 보여주고 있다. 이 두 가지 방법들은 실제적으로 저항성 접촉을 만드는데 사용된다.

Chapter 5. MOSFET (Metal-Oxide-Semiconductor FET)

1. 이상적인 MOS 캐패시터
2. MOS 캐패시터의 에너지 밴드
3. MOS 캐패시터의 정전용량-전압 특성
4. 평탄대역 전압
5. MOSFET 의 기본 특성
6. MOSFET 등가회로
7. MOSFET 스케일링
8. CMOS (Complementary MOS)

Chapter 5

MOSFET (Metal-Oxide-Semiconductor FET)

MOSFET 는 디지털 집적회로에 가장 널리 사용되는 전자소자이다. MOSFET 는 다른 회로 요소들과 관련하여 전압 이득과 신호전력 이득을 얻을 수 있는 장점이 있고, 상대적으로 작은 크기를 갖기 때문에 수만 개 이상의 소자가 단일 칩에 집적화 될 수 있어 디지털 응용에 광범위하게 활용되고 있다. MOSFET 의 핵심은 금속-산화막-반도체 구조로 알려진 MOS 캐패시터이다. 산화막과 반도체 계면 부근의 반도체에서 에너지 밴드는 MOS 캐패시터 양단에 전압이 가해짐에 따라 휘어진다. 산화막과 반도체 계면에서의 Fermi 준위와 전도대 및 가전자대의 관계는 MOS 캐패시터 전압과 관련이 있기 때문에 반도체 표면의 특성은 인가되는 전압에 따라 p 형에서 n 형, n 형에서 p 형으로 반전될 수 있다. MOSFET 의 동작과 그 특성은 이러한 반전과 반도체 표면에 생성된 반전 전하 밀도에 의해 결정된다. 다시 말해서 MOSFET 는 반도체 계면에 인가되는 전압으로 계면에 형성되는 전하 밀도를 조절할 수 있다.

1. 이상적인 MOS 캐패시터

[그림 1] 은 금속-산화막-반도체로 구성된 MOS 캐패시터의 구조를 나타낸 것이다. 여기서 d 는 산화막의 두께이며 V 는 금속판에 인가되는 전압이다.

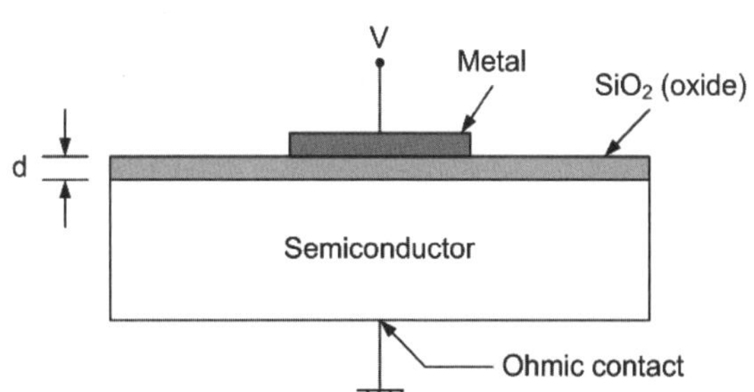

[그림 1] MOS 캐패시터의 구조

이러한 MOSFET 구조의 물리적 특성을 이해하기 위해 [그림 2] 와 같은 간단한 평판 캐패시터를 생각할 수 있다.

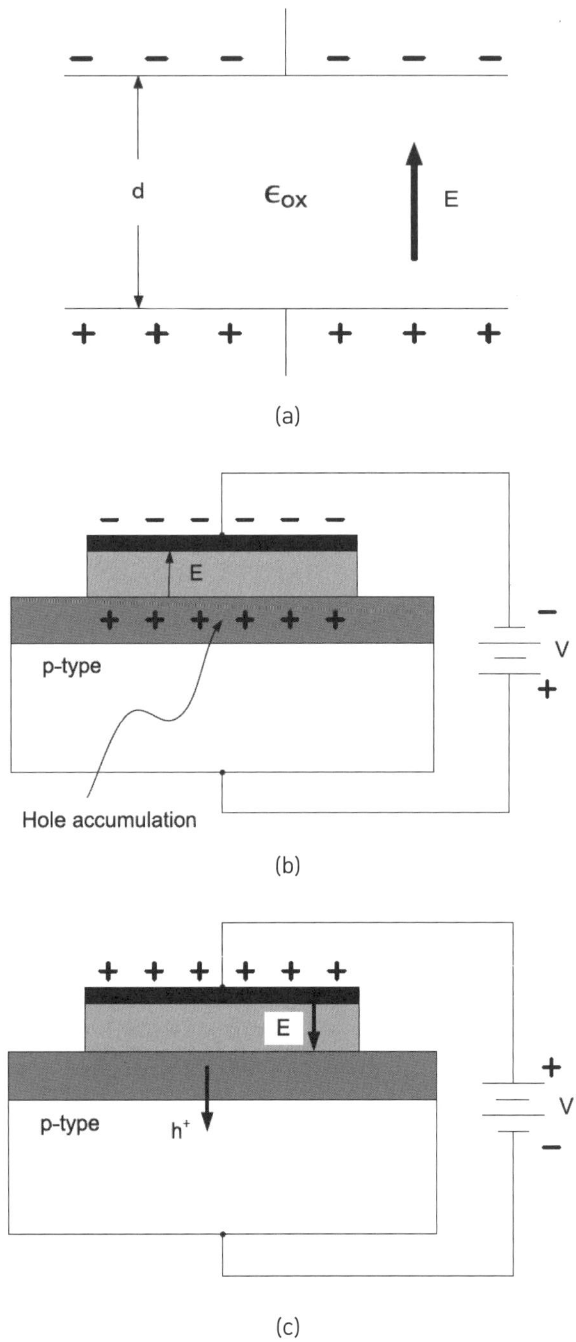

[그림 2] (a) 평판 캐패시터, (b) p 형 반도체 MOS 캐패시터 (금속에 음(-) 전압 인가),
(c) p 형 반도체 MOS 캐패시터 (금속에 양(+) 전압 인가)

[그림 2 (a)] 는 일반적인 평판 캐패시터로 두 평판에 각각 양과 음의 전위가 인가되어서 전하가 존재하게 된다. 이 전하에 의해 전계가 두 평판 사이에 유도되며, 여기서 단위면적 당 정전용량은 다음과 같다.

$$C' = \frac{\varepsilon_{ox}}{d} \tag{1}$$

여기서, ε_{ox} 는 절연체의 비유전률이다. 각 평판에서 단위면적 당 전하량의 크기는 다음과 같이 나타낼 수 있다.

$$Q' = C' V \tag{2}$$

이때, 발생하는 전계의 크기는 다음과 같다.

$$E = \frac{V}{d} \tag{3}$$

[그림 2 (b)] 는 p 형 반도체 기판을 가진 MOS 캐패시터로 금속에 음의 전위가 인가되어서 전계가 금속-산화막-반도체 사이에서 금속을 향하는 방향으로 형성되므로, 산화막-반도체 경계면에 p 형 반도체의 다수캐리어인 정공이 모여서 정공 축적 (hole accumulation) 이 발생하는 것을 나타낸 것이다. 이는 MOS 캐패시터의 하단 평판 상의 양전하에 해당한다. [그림 2 (c)] 는 [그림 2 (b)] 와는 반대의 전압을 인가한 경우로, 금속에 양의 전위가 인가되어서 전계가 반도체를 향하게 되어 p 형 반도체의 다수캐리어인 정공들이 산화막-반도체 경계면에서 멀어지는 방향으로 힘을 받게 된다. 이때 산화막-반도체 경계면에는 이온화된 억셉터 원자들에 의한 음의 공간전하 영역이 생성된다. 이것은 MOS 캐패시터의 하단 평판 상의 음전하에 해당한다.

2. MOS 캐패시터의 에너지 밴드

2.1. 바이어스가 인가되지 않은 경우

[그림 3] 은 이상적인 p 형 반도체 MOS 캐패시터의 에너지밴드를 $V = 0$ 에 대하여 나타낸 것이다. 인가 바이어스가 0 일 때, 금속의 일함수 $q\phi_m$ 와 반도체의 일함수 $q\phi_s$ 사이의 에너지 차는 0 이다. 즉, p 형 반도체에 대한 일함수 차 $q\phi_{ms}$ 는 0 이다.

$$q\phi_{ms} \equiv (q\phi_m - q\phi_s) = q\phi_m - \left[q\chi + \frac{E_g}{2} + q\psi_B\right] = 0 \tag{4}$$

여기서, $q\chi$ 는 반도체의 전자 친화력이며 $q\psi_B$ 는 Fermi 준위 E_F 와 진성 Fermi 준위 E_i 사이의 에너지 차이다. 즉, 인가전압이 없는 경우 에너지 밴드는 평탄하다.

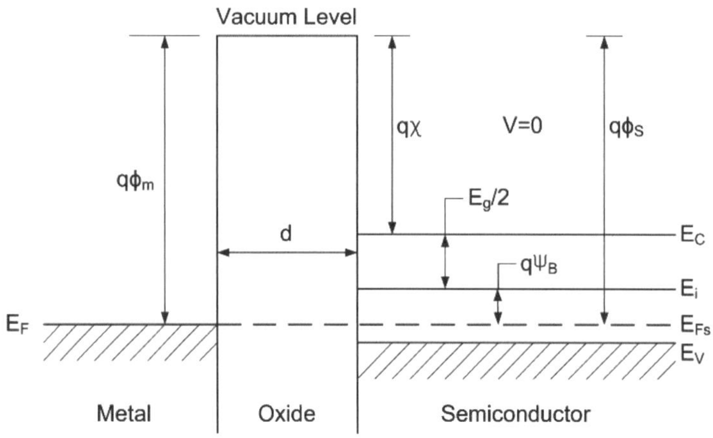

[그림 3] 바이어스가 인가되지 않은 경우의 MOS 캐패시터의 에너지 밴드

임의의 바이어스 조건하에서 반도체-산화막 계면과 산화막에 인접하는 금속표면에 크기는 같으나 부호가 반대인 전하만이 존재하며, DC 바이어스가 인가된 경우 산화막을 통과하는 캐리어는 존재하지 않는다. 즉, 산화막의 저항은 무한대이다.

2.2. 축적상태 ($V_G < 0$)

금속판에 음의 전압이 인가되면, 반도체에 비해 금속의 정전기적 전위를 낮게 해주므로 전자의 에너지는 반도체에서 보다 금속에서 높아진다. 금속의 Fermi 준위 E_{Fm} 은 평형위치보다 qV_G 만큼 위쪽에 있으며 여기서 V_G 는 인가된 전압이다. 이로 인해 [그림 4]와 같이 반도체 표면의 에너지 밴드는 위로 휘어진 형태가 되며, ϕ_m 과 ϕ_s 는 인가전압에 관계없이 일정하므로 에너지에 있어서 E_{Fm} 은 E_{Fs} 에 비해 위로 이동하면서 산화막의

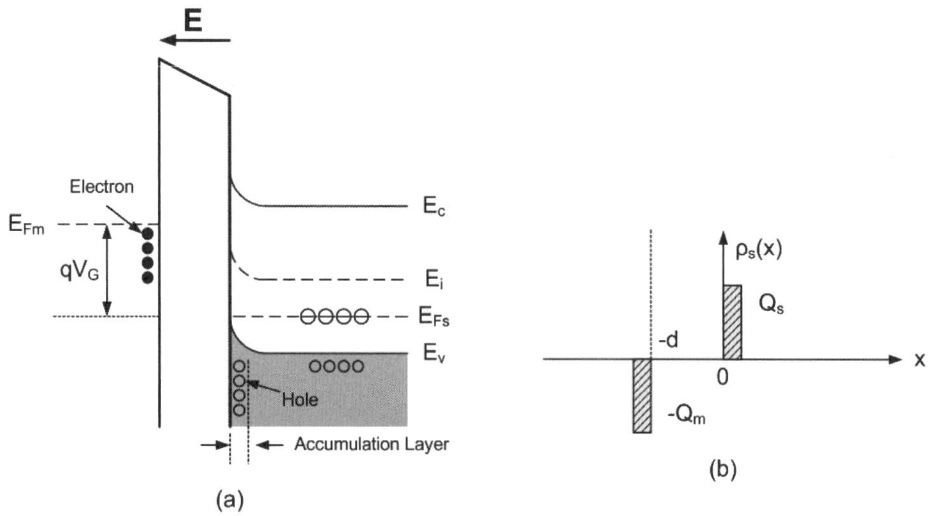

[그림 4] 축적 상태에서의 MOS 캐패시터 : (a) 에너지 밴드, (b) 전하 분포

전도대역에 경사가 발생하게 된다.

이상적인 MOS 캐패시터의 경우, 인가전압의 값에 상관없이 MOS 구조를 가로지르는 전류가 흐를 수 없으므로, 반도체 내의 Fermi 준위는 일정하다. 반도체의 캐리어 밀도는 에너지 차이 $E_i - E_F$ 와 지수함수의 관계를 갖는다.

$$p_p = n_i \exp\left(\frac{E_i - E_F}{kT}\right) \tag{5}$$

그러므로 반도체 표면에서 에너지 밴드가 위쪽으로 휘어지면 그곳에서의 에너지 차이 $E_i - E_F$ 를 증가시키며, 이는 다시 캐리어의 농도증가를 유발하여 정공 축적 (hole accumulation) 이 발생한다. 이 경우를 축적 (accumulation) 이라고 한다. [그림 4] 에서 계면 근처의 Fermi 준위는 가전자대에 가깝게 있어서, 정공 농도는 p 형 반도체의 도핑에 의한 것 보다 더 커지게 된다. 이 상태의 전하 분포는 [그림 4] 의 아래 부분에 나타낸 바와 같이 금속 측에 음의 표면전하밀도 $-Q_m$ 을 생성시키며, 동시에 p 형 반도체 표면에는 $+Q_s$ 의 전하를 유기시킨다.

2.3. 공핍상태 ($V_G > 0$)

작은 양 (+) 의 전압이 금속판에 인가되는 경우, 금속판의 전위를 높이며 금속의 Fermi 준위를 평형 위치에 대하여 qV_G 만큼 저하시킨다. 그 결과 에너지 밴드는 밑으로 휘어지게 된다. 또한, 금속판에 $+Q_m$ 의 양전하가 발생되고, 반도체 표면에는 그에 대응되는 $-Q_D$ 의 음전하가 유도된다. p 형 반도체에서 음의 전하는 표면 부근의 영역으로부터 정공이 공핍 (depletion) 되어, 보상되지 않은 이온화된 억셉터로 이루어져 있다.

[그림 5] 와 같이 공핍영역에서는 정공 농도가 감소하고 E_i 는 E_F 로 접근하며, 에너지 밴드는 계면에서 아래로 휘게 된다. 이 경우를 공핍 (depletion) 이라 한다. 반도체의 단위면적 당 공간 전하 Q_D 는 공핍 영역 내의 전하로 주어진다.

$$Q_D = -qN_A W \tag{6}$$

여기서, W 는 공핍영역의 폭이다. 거리에 따른 전계 E 와 전위 ψ 의 분포는 식 (7) 에 나타낸 Poisson 방정식을 사용해서 구할 수 있다.

$$\frac{d^2\psi}{dx^2} = -\frac{dE(x)}{dx} = -\frac{\rho_s(x)}{\varepsilon_s} \tag{7}$$

여기서, $\rho_s(x)$ 는 총 공간 전하밀도이다. 공핍 영역에서는 전자나 정공 같은 캐리어가 존재하지 않는다는 공핍 근사를 적용하면 공간 전하밀도는 다음과 같이 표현할 수 있다.

$$\rho = -qN_A \tag{8}$$

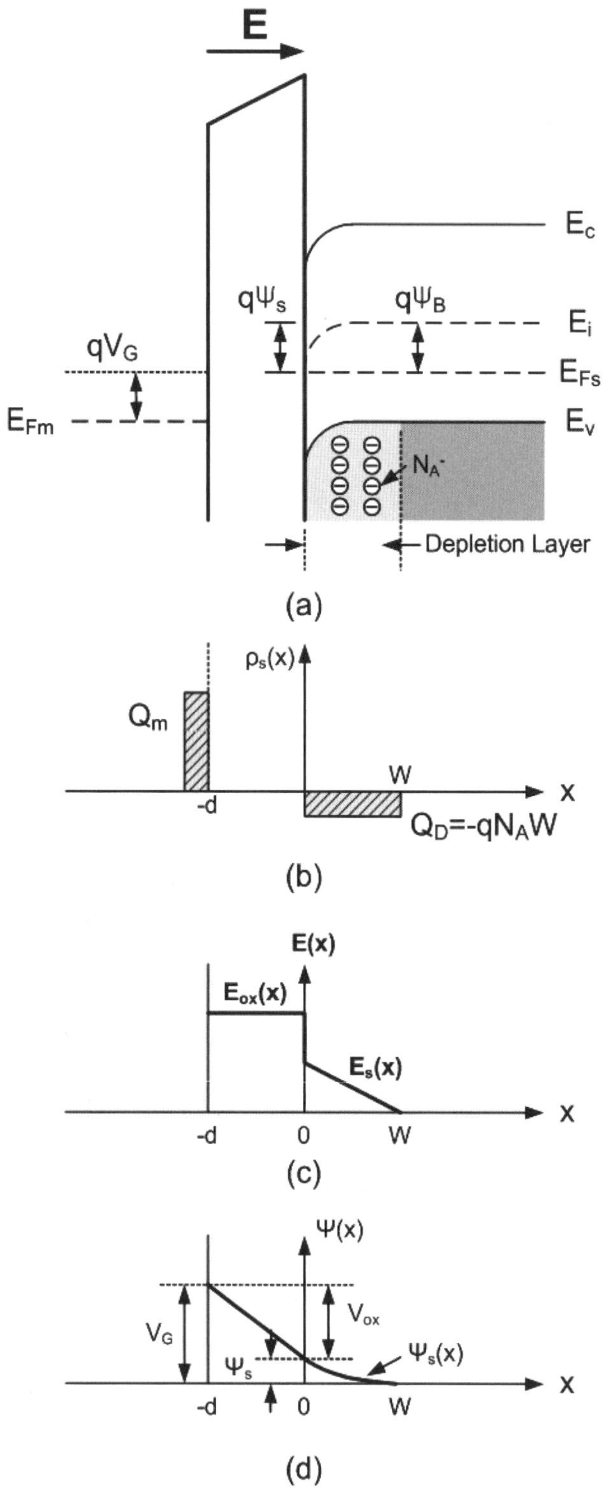

[그림 5] 공핍 상태에서의 MOS 캐패시터 : (a) 에너지 밴드, (b) 전하 분포, (c) 전기장 분포, (d) 전위분포

식 (7) 에 식 (8) 을 대입하고 적분하면 다음식과 같다.

$$E(x) = -\int_W^x \frac{qN_A}{\varepsilon_s} dx \tag{9}$$

이때, 경계조건 $x = W$ 에서 $E(W) = 0$ 이므로 전계 $E(x)$ 에 대한 식은 다음과 같이 표현될 수 있다.

$$E(x) = \frac{qN_A}{\varepsilon_s}(W - x) \tag{10}$$

식 (10) 을 한 번 더 적분하면 다음 식과 같이 나타낼 수 있다.

$$\psi(x) = -\int \frac{qN_A}{\varepsilon_s}(W - x)dx \tag{11}$$

이때, $\psi(W) = 0$, $\psi(0) = \psi_s$ 인 경계조건을 대입하면 전위 $\psi(x)$ 에 대한 식은 다음과 같다.

$$\psi(x) = \frac{qN_A}{2\varepsilon_s}(x - W)^2 \tag{12}$$

금속과 반도체가 접하는 $x = 0$ 에서의 전위를 표면전위 (surface potential) 라고 부르며 ψ_s 라고 표기한다.

$$\psi_s = \frac{qN_A}{2\varepsilon_s} W^2 \tag{13}$$

MOS 게이트에 인가한 전압 V_G 는 산화막에 걸리는 전위 V_{ox} 와 반도체의 공핍영역에 걸리는 전위 ψ_s 를 합한 것과 같다. 즉, 다음 식과 같이 표현할 수 있다.

$$V_G = V_{ox} + \psi_s \tag{14}$$

산화막의 두께를 d 라고 하고, 반도체의 공핍영역에 걸리는 전위 ψ_s 를 나타낸 식 (13) 을 이용하면 식 (14) 는 다음 식과 같이 나타낼 수 있다.,

$$V_G = dE_{ox} + \frac{qN_A W^2}{2\varepsilon_s} \tag{15}$$

가우스 (Gauss) 법칙으로부터, 반도체와 산화막 계면 (Si/SiO$_2$) 을 가로지르는 전계는 항상 일정해야 하므로 다음과 같이 나타낼 수 있다.

$$\varepsilon_s E_s = \varepsilon_{ox} E_{ox} \tag{16}$$

따라서, 산화막을 가로지르는 전계 E_{ox} 는 다음과 같이 나타낼 수 있다.

$$E_{ox} = \frac{\varepsilon_s}{\varepsilon_{ox}} E_s \tag{17}$$

전계 E_s 와 E_{ox} 는 가우스 법칙에 의해 다음과 같이 나타낼 수 있다.

$$E_s = \frac{Q_s}{\varepsilon_s} = \frac{Q}{\varepsilon_s} \tag{18}$$

$$E_{ox} = \frac{Q}{\varepsilon_{ox}} \tag{19}$$

따라서, 식 (15) 는 식 (19) 를 대입하면 다음 식과 같다.

$$V_G = \frac{Q}{\varepsilon_{ox}} d + \frac{qN_A W^2}{2\varepsilon_s} \tag{20}$$

또, 식 (20) 에 식 (6) 을 대입하면 게이트에 인가된 전압 V_G 에 대한 식은 다음과 같이 나타낼 수 있다.

$$V_G = \frac{Q}{\varepsilon_{ox}} d + \frac{Q^2}{2\varepsilon_s q N_A} \tag{21}$$

2.4. 반전 상태 ($V_G \gg 0$)

게이트에 인가되는 양의 전압을 계속 증가시키면, 계면에서 에너지 밴드는 더욱 아래쪽으로 휘어지게 된다. 결국 [그림 6] 에 나타낸 것과 같이 진성 Fermi 준위 E_i 가 E_F 의 아래로 휘게 된다. $E_F \gg E_i$ 는 전도대에 큰 전자농도를 가지게 되는 것을 의미한다.

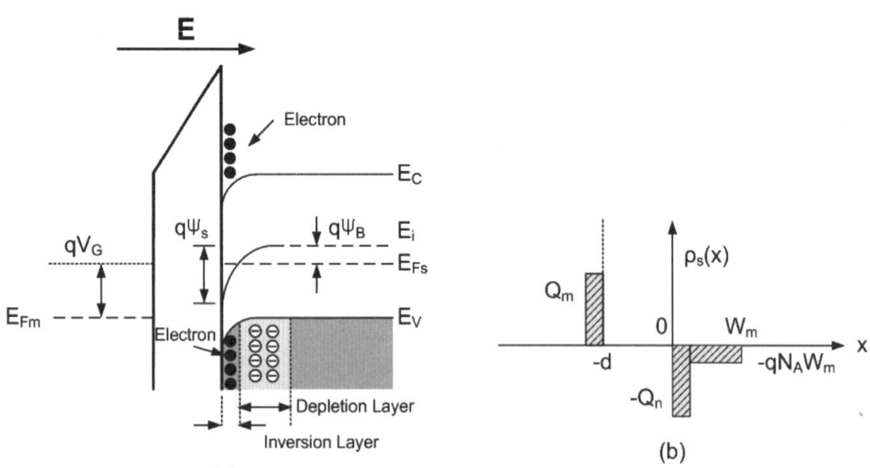

[그림 6] 반전 상태에서의 MOS 캐패시터 : (a) 에너지 밴드, (b) 전하 분포

전자농도는 에너지 차이 $E_F - E_i$ 와 지수함수의 관계를 갖는다.

$$n_p = n_i \exp\left(\frac{E_F - E_i}{kT}\right) \tag{22}$$

따라서, 계면에서 p 형 반도체의 소수캐리어인 전자의 수는 다수캐리어인 정공의 수보다 많다. 즉, 계면에서 p 형 반도체가 반전된 것이다. 이 경우를 반전 (inversion) 이라 하며, Fermi 준위가 전도대에 가깝게 접근되기 때문에 계면 근처의 전자농도는 매우 급격히 증가한다. Fermi 준위 E_F 와 진성 Fermi 준위 E_i 가 만나는 지점을 지나면 반도체 내의 추가적 음전하의 대부분은 반전된 매우 좁은 n 형 반도체에서의 전자에 의한 전하 Q_n 으로 구성된다. 반전영역은 전형적으로 10∼100Å 의 두께를 가지며, 항상 표면 공핍층의 폭보다 훨씬 작다. 반전층이 형성되면 표면 공핍층의 폭은 최대가 된다. 이것은 에너지 밴드가 강한 반전이 일어나도록 충분히 밑으로 휘어지면 에너지 밴드의 휘어짐이 미세하게 증가하여도 반전층 내의 전하 Q_n 은 크게 증가하기 때문이다. 따라서 강한 반전조건에서 반도체의 단위면적 당 전하는 다음과 같다.

$$Q_s = -(Q_n + Q_D) \tag{23}$$

$$Q_D = -qN_A W_m \tag{24}$$

여기서, W_m 은 표면 공핍영역의 최대폭이다. 반전영역은 MOSFET 에서 전도성 채널이 형성되는 구간이므로 상세하게 관찰하여야 한다. [그림 7] 은 진성 Fermi 준위 E_i 에 대하여 임의의 점에서 측정한 전위 ψ 를 나타낸 것이다. 에너지 $q\psi$ 는 대역의 휘어진 정도를 나타내는 것이며, $q\psi_s$ 는 표면에서 대역의 휜 정도를 나타낸다.

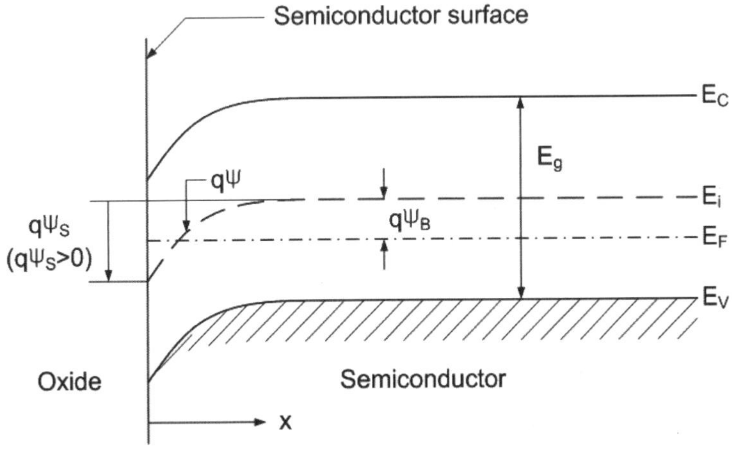

[그림 7] p 형 반도체 표면에서의 에너지 밴드

이상적인 MOS 의 경우, 평탄대역 (flat band) 조건은 $\psi_s = 0$ 이다. $\psi_s < 0$ 인 경우, 에너지 대역은 표면에서 위로 휘어지며 정공축적이 발생하는 반면 $\psi_s > 0$ 경우에는 공핍상태가 발생한다. ψ_s 가 양의 값을 가지며 ψ_B 보다 큰 값을 갖게 되면 표면에서의 대역은 E_i 가 E_F 보다 아래쪽으로 가도록 휘어져서 반전상태가 발생한다. ψ_s 가 ψ_B 보다 큰 경우에는 항상 표면에서 반전상태가 발생하지만, 실제의 n 형 전도성 채널이 표면에 존재하는지의 여부를 확실히 하기 위해서 실제적인 기준이 필요하다. 강 반전 (strong inversion) 상태에 대한 가장 좋은 기준은 표면에서 원래 기판이 가지고 있는 p 형의 특성만큼 그에 상응하는 크기의 n 형 특성을 가져야 한다는 것이다. 즉, 기판 내부에서 E_i 와 E_F 의 차이만큼 표면에서도 반전된 상태로 차이가 나타나야 한다.

$$\psi_s(inv.) = 2\psi_B = 2\frac{kT}{q}ln\frac{N_A}{n_i} \tag{25}$$

식 (5) 와 (22) 의 전자 및 정공농도를 ψ 의 함수로 나타내면 다음과 같다.

$$n_p = n_i \exp\left(\frac{q(\psi - \psi_B)}{kT}\right) \tag{26}$$

$$p_p = n_i \exp\left(\frac{q(\psi_B \quad \psi)}{kT}\right) \tag{27}$$

여기서, ψ 는 대역이 아래로 휘어진 때 양의 값을 갖는다. 표면에서의 밀도는 다음과 같은 식으로 표현할 수 있다.

$$n_s = n_i \exp\left(\frac{q(\psi_s - \psi_B)}{kT}\right) \tag{28}$$

$$p_s = n_i \exp\left(\frac{q(\psi_B - \psi_s)}{kT}\right) \tag{29}$$

앞에서 논의한 바와 같이, 표면 공핍층의 폭은 표면이 강하게 반전될 때 최대로 된다. 따라서 표면공핍영역의 최대폭은 식 (13) 에서 ψ_s 를 $2\psi_B$ 와 같다고 하면 얻을 수 있다.

$$W_m = \sqrt{\frac{2\varepsilon_s \psi_s(inv)}{qN_A}} \approx \sqrt{\frac{2\varepsilon_s(2\psi_B)}{qN_A}} \approx \sqrt{\frac{4\varepsilon_s kT\ln(N_A/n_i)}{q^2 N_A}} \tag{30}$$

$$Q_D = -qN_A W_m \approx -\sqrt{2q\varepsilon_s N_A(2\psi_B)} \tag{31}$$

[그림 8] 은 Si 과 GaAs 에 대한 W_m 과 불순물 농도와의 관계를 나타낸 것이다. 여기서, p 형 반도체에서 N_A 는 n 형 반도체에서는 N_D 에 해당한다.

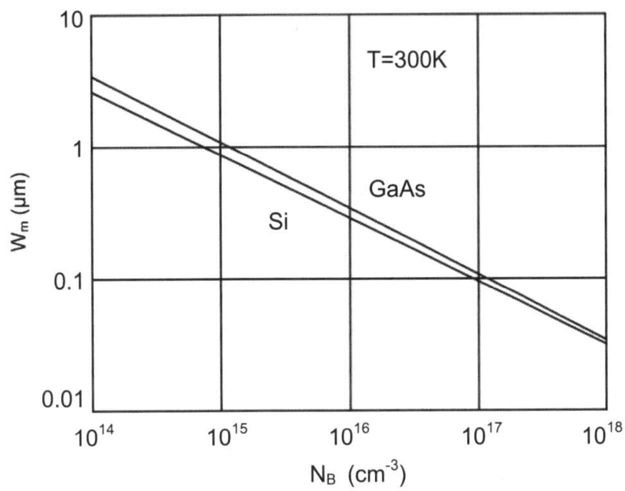

[그림 8] W_m 대 불순물 농도 그래프 (Si, GaAs)

3. MOS 캐패시터의 정전용량-전압 특성

3.1. 정전용량-전압 곡선

[그림 9] 에 나타낸 MOS 캐패시터의 전기적인 등가회로를 보면, 게이트 산화막의 정전용량 (C_{ox}) 와 반도체 공핍영역의 정전용량 (C_s) 가 직렬로 연결되어 있다. 따라서 MOS 캐패시터의 전체 정전용량 (C_T) 은 다음과 같이 표현될 수 있다.

$$\frac{1}{C_T} = \frac{1}{C_{ox}} + \frac{1}{C_s} \tag{32}$$

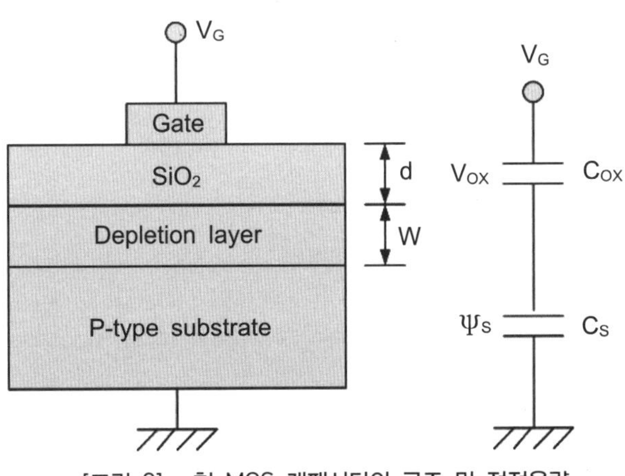

[그림 9] p 형 MOS 캐패시터의 구조 및 정전용량

또, 게이트에 인가되는 직류 바이어스 전압 (V_G) 은 게이트 산화막에 걸리는 전위 (V_{ox}) 와 반도체 공핍영역에 걸리는 표면 전위 (ψ_s) 의 합과 같으므로, 다음 식과 같이 나타낼 수 있다.

$$V_G = V_{ox} + \psi_s \tag{33}$$

MOS 캐패시터의 정전용량-전압 특성은 반도체 표면이 어떤 상태에 있는가에 따라 다르다. MOS 캐패시터의 정전용량은 게이트에 인가되는 전압의 극성이나 크기에 따라 다음과 같은 3개의 영역으로 구분하여 설명되어질 수 있으며, 이를 [그림 10] 에 나타내었다.

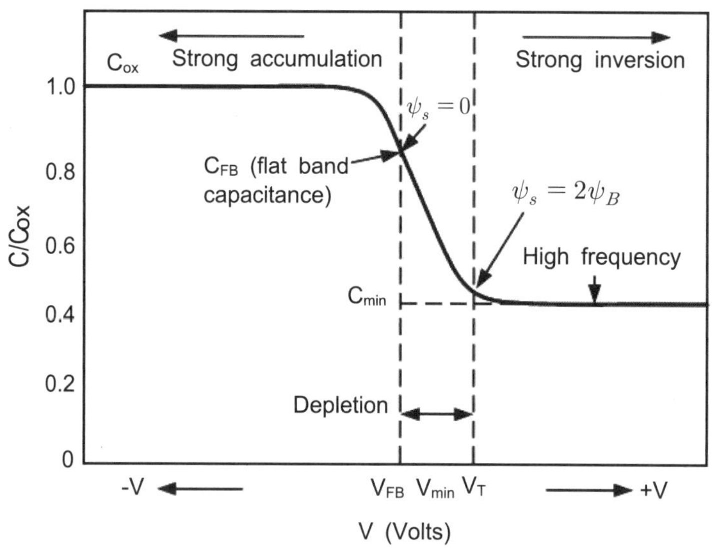

[그림 10] MOS 캐패시터의 정전용량-전압 특성

3.1.1. 축적 영역

반도체의 표면에는 정공이 축적되어 거의 도체와 같이 행동한다. 이 경우 반도체의 공핍영역이 생기지 않아 공핍 영역의 정전용량은 무시되므로, 전체 정전용량은 다음 식과 같이 나타낼 수 있다.

$$C_T = C_{ox} = \frac{\varepsilon_{ox}}{d} \tag{34}$$

여기서, ε_{ox} 는 산화막의 비유전률이고, d 는 산화막의 두께이다.

3.1.2. 공핍 영역

인가되는 게이트 전압이 양으로 바뀜에 따라, 반도체 표면은 공핍상태로 변하게 되어 공핍영역의 정전용량 C_s 가 C_{ox} 와 직렬로 연결된 형태가 된다. 따라서 MOS 캐패시터의 정전용량은 다음 식과 같이 나타낼 수 있다.

$$C_T = \frac{C_{ox}\,C_s}{C_{ox} + C_s} \tag{35}$$

식 (35) 에서 반도체 공핍영역의 정전용량 (C_s) 는 다음 식과 같다.

$$C_s = \frac{\varepsilon_s}{W} \tag{36}$$

여기서, ε_s 는 반도체의 비유전률이며, W 는 반도체 공핍영역 폭이다. 공핍영역의 폭은 인가된 게이트 전압에 의해 변화한다. 즉, 정전용량은 공핍영역의 폭 W 가 커짐에 따라 감소한다. 식 (21) 을 이용해서 전하량 Q 를 구하면 다음과 같다.

$$Q = \frac{qN_A\,\varepsilon_s}{C_{ox}}\left[\left(1 + \frac{2\,V_G\,C_{ox}^2}{qN_A\,\varepsilon_s}\right)^{\frac{1}{2}} - 1\right] \tag{37}$$

따라서, MOS 캐패시터의 정전용량은 다음 식과 같이 나타낼 수 있다.

$$C = \frac{dQ}{dV_G} = C_{ox}\left(1 + \frac{2\,V_G\,C_{ox}^2}{qN_A\,\varepsilon_s}\right)^{-\frac{1}{2}} \tag{38}$$

식 (38) 을 다시 쓰면, 식 (39) 과 같이 나타낼 수 있다.

$$\frac{C}{C_{ox}} = \left(1 + \frac{2\,\varepsilon_{ox}^2\,V_G}{qN_A\,\varepsilon_s\,d^2}\right)^{-\frac{1}{2}} \tag{39}$$

식 (39) 로부터 게이트전압 증가에 따라 표면은 공핍되어 정전용량이 감소한다는 것을 알 수 있다. 공핍영역에서 소신호 반도체 정전용량은 $V_G^{-1/2}$ 으로 감소한다.

3.1.3. 반전 영역

게이트에 인가되는 양의 전압이 계속 증가하면, 반전영역이 나타나고 반전층이 차단막이 되어 공핍영역의 폭은 더 이상 증가하지 않는다. 이는 식 (25) 에 주어진 것과 같이 표면전위 ψ_s 를 $\psi_s(inv.)$ 이 되도록 하는 게이트 전압에서 발생한다. $\psi_s(inv.)$ 를 식 (33) 에 대입하고, 단위면적 당 전하가 $qN_A W_m$ 임을 알면 강한 반전이 시작되는 지점의 게이트 전압을 얻을 수 있다. 이 게이트 전압을 문턱전압 (threshold voltage) 이라고 한다.

$$V_T = \frac{qN_A W_m}{C_{ox}} + \psi_s(inv.) = \frac{\sqrt{2\varepsilon_s qN_A(2\psi_B)}}{C_{ox}} + 2\psi_B \tag{40}$$

강한 반전이 발생한 경우, 총 정전용량은 $C_d = \varepsilon_s / W_m$ 으로 주어지는 최소값 $C_{\min}$ 으로 나타내게 된다.

$$C_{\min} = \frac{\varepsilon_{ox}}{d + (\varepsilon_{ox}/\varepsilon_s) W_m} \tag{41}$$

지금까지 모든 논의는 p 형 기판의 경우에 대해서 고찰하였다. 이 고찰 과정에서 부호 및 기호를 적당히 변화시키면 n 형 기판에 대해서도 동일한 관계가 성립된다. 정전용량-전압특성은 동일한 모양으로 거울 대칭의 형태를 보이며, 문턱전압은 n 형 기판의 경우에는 음의 값을 갖는다.

3.2. 정전용량-전압 특성의 주파수 의존성

MOS 캐패시터의 정전용량-전압특성 곡선은 측정 주파수에 따라 상당한 차이를 나타낸다. 게이트 전압이 변할 때, 모든 전하의 증분은 공핍영역의 가장자리에 나타난다고 가정한다. 실제로 측정 주파수가 높을 때는 가정이 잘 맞지만, 낮은 측정 주파수에서는 표면 공핍영역에서의 발생-재결합률이 게이트 전압 변화와 같거나 더 빠르게 되어서, 소수 캐리어인 전자의 농도는 교류 게이트 신호를 따를 수 있게 되어 반전층과의 전하교환이 측정 신호와 부합된다. 즉, 강한 반전시의 용량은 게이트 산화막의 성선용량 C_{ox} 로 될 것이다. [그림 11] 은 저주파와 고주파에서 측정한 MOS 정전용량-전압 특성 곡선을 나타낸 것이다. 여기서, 저주파 곡선은 일반적으로 주파수가 100 Hz 이하일 경우이다.

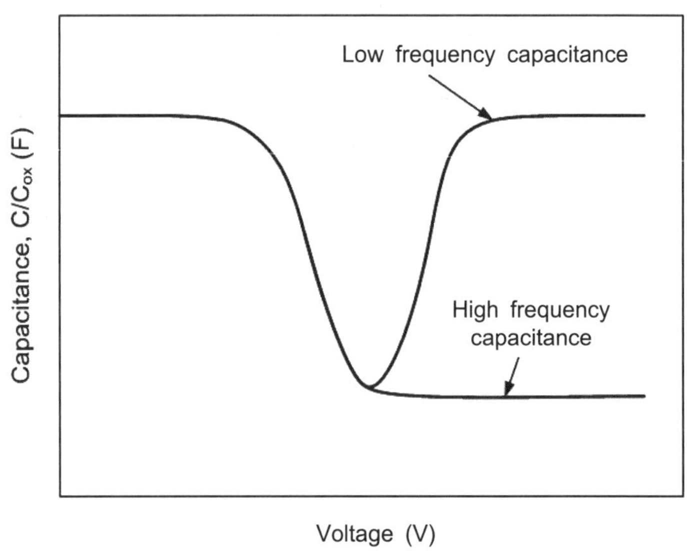

[그림 11] 다양한 주파수 범위에서 측정한 MOS 정전용량-전압 곡선

4. 평탄대역 전압 (Flat-band Voltage)

지금까지는 이상적인 MOS 구조 즉, $V_G = 0$ 에서 평탄대역 (flat band) 이 되는 경우만을 고려하였다. 그러나 실제의 소자는 크게 2 가지 원인으로 인해 이상적인 소자의 경우와 차이가 있게 된다. 첫 번째는 게이트 전극으로 사용된 금속의 일함수 $q\phi_m$ 과 기판으로 사용되는 반도체의 일함수 $q\phi_s$ 의 차이가 나타나기 때문에 ϕ_{ms} 는 0 이 아니다. 두 번째는 산화막 내부 또는 반도체-산화막 (Si-SiO_2) 계면에는 이상적 MOS 특성에 영향을 미치는 각종 전하가 존재하기 때문이다.

4.1. 일함수의 차이

이상적인 MOS 구조에서는 게이트 전극으로 사용된 금속의 일함수 $q\phi_m$ 과 기판으로 사용되는 반도체의 일함수 $q\phi_s$ 의 차이가 없다고 가정했지만 실제로는 차이가 존재한다. [그림 12 (a)] 에 나타낸 것과 같이, ϕ_{ms} 가 음의 값을 가질 경우 평형상태에 대한 에너지 대역도는 E_F 를 일치시키기 위해 금속은 양으로, 반도체 표면은 음으로 대전되어야 한다. 그 결과, 에너지 밴드는 반도체 표면에서 아래쪽으로 휘게 된다. 실제로 ϕ_{ms} 가 충분한 음의 값을 갖게 되면 외부전압을 인가하지 않아도 반전영역이 존재할 수 있다. 평탄대역을 얻기 위해서는 [그림 12 (b)] 에 나타낸 바와 같이 금속에 음의 전압을 인가하여야 한다. 이 때 인가한 전압을 평탄밴드 전압 (flat-band voltage) 이라 하며 다음의 식으로 표현된다.

$$V_{FB} = \phi_{ms} = \phi_m - \phi_s = \frac{(E_{Fm} - E_{Fs})}{q} \tag{42}$$

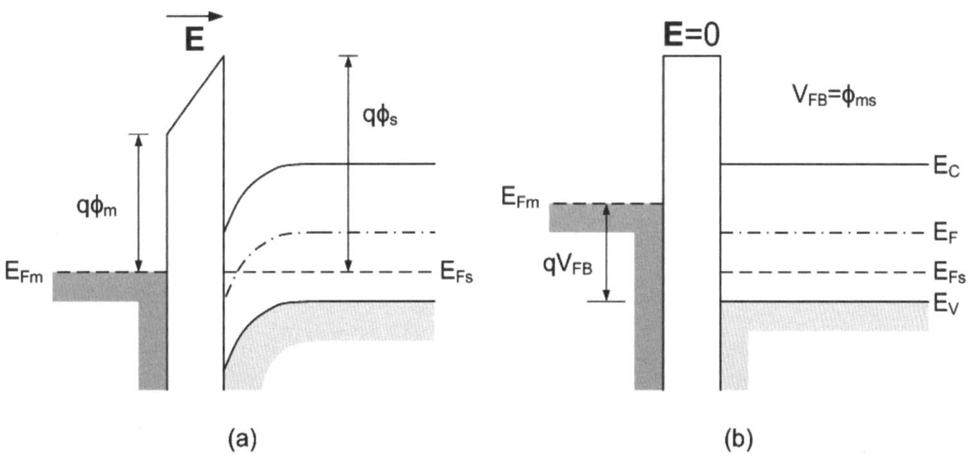

[그림 12] MOS 캐패시터의 (a) 평형상태와 (b) 평탄 밴드 조건에서의 에너지 밴드

[그림 13] 은 도핑 농도를 변화시켰을 때, 알루미늄 (Al) 및 n+ poly-Si 과 Si 의 일함수 차 $\phi_{ms} = \phi_m - \phi_s$ 를 나타낸 것이다. [그림 13] 에서 보듯이, 반도체의 일함수 $q\phi_s$ 는 도핑 농도에 따라 변한다. 기판이 p 형인 경우에는 불순물이 증가하면 ϕ_{ms} 는 감소하는 반면, 기판이 n 형인 경우에는 불순물이 증가하면 ϕ_{ms} 도 증가한다. 어느 경우에도 ϕ_{ms} 는 음의 값을 갖게 된다.

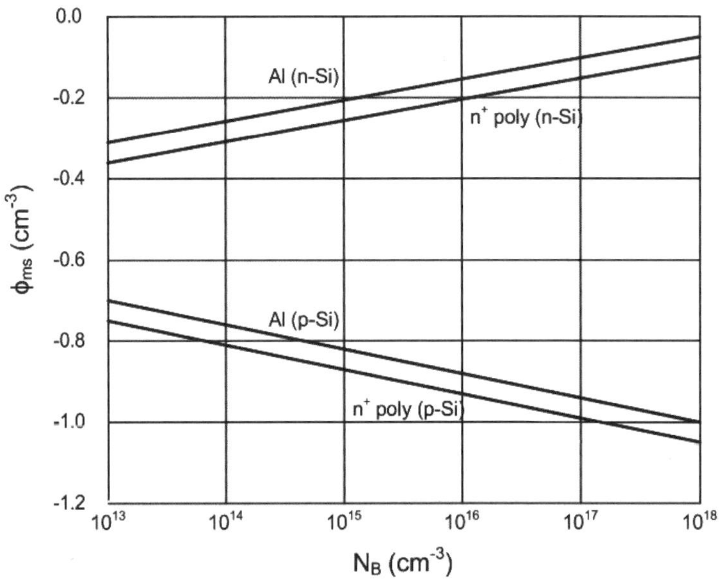

[그림 13] 기판의 도핑 농도에 따른 ϕ_{ms} 의 변화

4.2. 계면전하

일함수의 차이 이외에 평형상태의 MOS 는 산화층 내의 전하와 반도체-산화물의 계면에 존재하는 전하에 의해 영향을 받는다. 산화층과 계면에 있는 전하는 [그림 14] 에 나타난 것처럼 계면트랩전하, 고정산화층전하, 산화층트랩전하, 이동성이온전하로 분류될 수 있다.

계면트랩전하 Q_{it} 는 반도체-산화층의 계면 성질에 의한 화학적 구성에 의해 발생한다. 이 트랩은 반도체-산화층 계면에 위치하며 에너지 상태는 Si 금지대 내에 있다. 단위면적당 계면트랩의 수를 나타내는 계면트랩밀도는 Si 의 방향에 의존해서 (100) 면에서는 계면트랩밀도가 (111) 면에서 보다 한 자리 숫자만큼 작다. 오늘날의 MOS 소자의 경우, 450℃ 정도의 저온 수소 어닐링으로 대부분의 계면트랩전하를 중화시킨다. (100) 면의 Si 에 대한 Q_{it} 값은 $10^{10}cm^{-2}$ 까지 낮출 수 있으며, (111) 면의 실리콘의 경우에는 약 $10^{11}cm^{-2}$ 까지 낮출 수 있다. 고정산화층전하 Q_f 는 반도체-산화층 계면 근처에 위치한다. 이 전하는 고정되어 있어서 표면전위 ψ_s 가 크게 변해도 대전되거나 방전되지 않는다. 산화가 중지 될

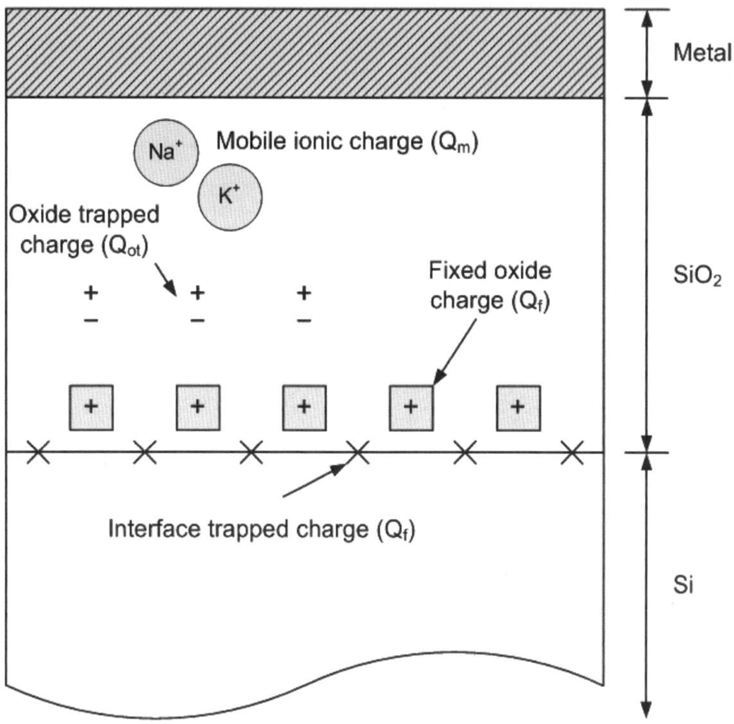

[그림 14] 실리콘 산화막내의 전하 분포

때 일부 이온성 Si 이 계면 근처에 남게 되는데, 표면에서 Si 의 불완전한 결합들과 더불어 이들 이온은 계면에서 양의 Q_f 를 발생시키는 원인이 된다. 일반적으로 Q_f 는 양의 값을 가지며 산화 및 어닐링 조건에 크게 영향을 받으며 Q_{it} 와 유사하게 Si 결정 방향에 의존적이다. SiO_2-Si 시스템에서 전형적인 Q_f 의 밀도는 (100) 면의 경우 약 $10^{10}cm^{-2}$ 이며 (111) 면의 경우 약 $5 \times 10^{10}cm^{-2}$ 이다. (100) 면에서 Q_{it} 와 Q_f 가 낮은 값을 갖기 때문에 MOS 에서 (111) 면보다 (100) 면이 더 많이 사용된다. 나트륨 (Na) 같은 알칼리 금속 이온이 성장과정 및 후속 공정 중에 산화물 속에 첨가되는 경우가 있는데, 이들 이온은 산화물 내에 양전하인 이동성이온전하 Q_m 을 발생시켜서 반도체에 음전하를 유기시킨다. Q_m 은 고온 및 고전압 동작의 경우 산화층 내에서 이동하기 때문에 높은 바이어스 온도 조건에서 동작하는 반도체 소자의 신뢰성 문제를 야기한다. 그러므로 MOS 제조에 있어서 이동성이온전하 Q_m 을 최소로 하는 공정이 필요하다. 산화층의 불완전성에 의한 산화층트랩전하 Q_{ot} 는 X-선이나 고에너지 전자 충격에 의해 발생될 수 있다. 트랩은 산화층 내에 존재하며, 공정에 관련된 Q_{ot} 는 대부분 저온 어닐링에 의해 제거될 수 있다. [그림 14] 의 계면전하들은 [그림 15] 의 양의 등가 전하 Q_{ox} 로 표현할 수 있는데, 이 양전하는 반도체 내에서 등가의 음전하를 유기하므로, 평탄밴드 전압 V_{FB} 를 변화시킨다.

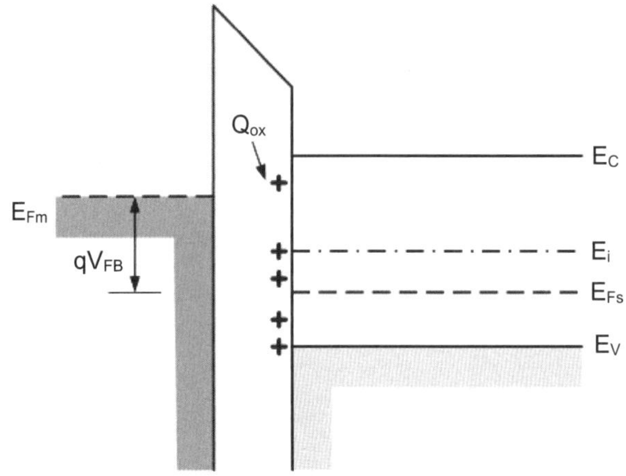

[그림 15] 반도체-산화막 계면에서의 양의 등가 전하 Q_{ox}

이러한 전하들이 평탄밴드전압 V_{FB} 에 미치는 영향을 자세히 알아보기 위해, [그림 16] 에 산화막 내에 단위면적 당 Q_{ox} 의 양전하가 존재할 때 전하분포와 전기장 분포를 나타낸 것이다. [그림 16 (a)] 와 같이 이러한 양전하 중 일부는 금속에, 또 일부는 반도체에 음전하를 유도한다. 이것에 의한 전기장 분포는 [그림 16 (a)] 의 아래 그림과 같다. 평탄밴드 조건에 도달하기 위해 [그림 16 (b)] 와 같이 금속에 음선압을 인가해야하는데, 음전압이 증가함에 따라 금속에는 더 많은 음전하가 존재하게 되면서 전기장 분포는 반도체 표면에서의 전기장이 0 이 될 때까지 아래쪽으로 이동하게 된다. 이러한 조건에서 전기장 분포곡선의 면적은 평탄밴드 전압 V_{FB} 와 동일하게 된다.

$$V_{FB} = -E_o x_o = -\frac{Q_{ox}}{\varepsilon_{ox}} x_o = -\frac{Q_{ox}}{C_{ox}} \frac{x_o}{d} \tag{43}$$

그러므로 평탄밴드 전압은 전하밀도 Q_{ox} 와 산화층 내에서 전하의 위치 x_o 에 의존한다. 전하가 금속에 매우 가까이 있으면, $x_o \approx 0$ 이므로 반도체에 전하를 유도하지 않으며 평탄밴드 전압에 영향을 미치지 않는다. 반대로 Q_{ox} 가 반도체에 매우 가까이 있으면, $x_o \approx d$ 이므로 평탄밴드 전압에 큰 영향을 미친다.

$$V_{FB} = -\frac{Q_{ox}}{C_{ox}}\left[\frac{d}{d}\right] = -\frac{Q_{ox}}{C_{ox}} \tag{44}$$

산화층 내에서 임의의 공간전하분포를 가지면 평탄밴드 전압은 식 (43) 을 다음과 같이 일반적인 형태로 표현할 수 있다.

$$V_{FB} = -\frac{1}{C_{ox}}\left[\frac{1}{d}\int_0^d x\rho(x)dx\right] \tag{45}$$

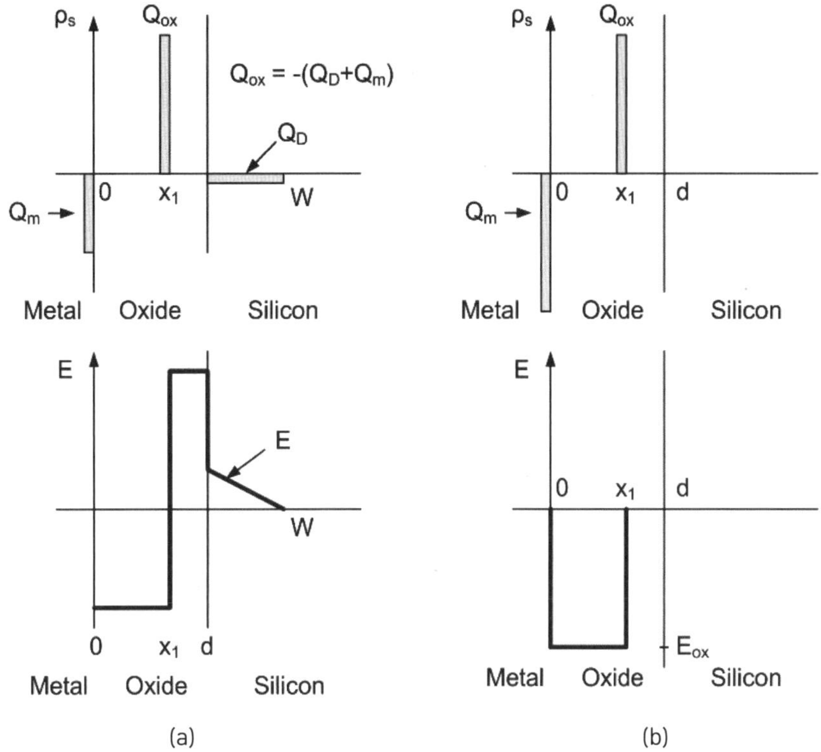

[그림 16] 산화막 내의 전하 분포와 전기장 분포 : (a) $V_G = 0$ 인 경우, (b) 평탄 밴드의 경우

여기서, $\rho(x)$ 는 산화층 내의 부피전하밀도이다. 산화층트랩전하의 부피전하밀도 $\rho_{ot}(x)$ 와 이동성이온전하의 부피전하밀도 $\rho_m(x)$ 를 알면, Q_{ot} 와 Q_m 그리고 각각이 평탄밴드 전압에 미치는 영향을 구할 수 있다.

$$Q_{ot} \equiv \frac{1}{d}\int_0^d x\rho_{ot}(x)dx \tag{46}$$

$$Q_m \equiv \frac{1}{d}\int_0^d x\rho_m(x)dx \tag{47}$$

일함수의 차이 $q\phi_{ms}$ 의 값이 0 이 아니며, Q_f, Q_m, Q_{ot} 의 값들이 큰 값을 가지고 있다면, 실제의 정전용량-전압 곡선은 이상적인 MOS 에서의 곡선과 아래 식에 표현된 양만큼 차이가 있다.

$$V_{FB} = \phi_{ms} - \frac{Q_f + Q_m + Q_{ot}}{C_{ox}} \tag{48}$$

[그림 17] 에서 (a) 는 MOS 캐패시터의 이상적인 정전용량-전압 곡선을 나타낸 것이다.

ϕ_{ms}, Q_f, Q_m, Q_{ot} 가 0 이 아니면 정전용량-전압 곡선은 식 (48) 에 주어진 양만큼 (b) 와 같이 평행 이동한 곡선과 같다. 많은 양의 계면트랩전하가 존재한다면 정전용량-전압 곡선은 표면전위에 따라 변하는 양만큼 위치가 달라지기 때문에 (c) 와 같이 이동과 동시에 왜곡될 것이다.

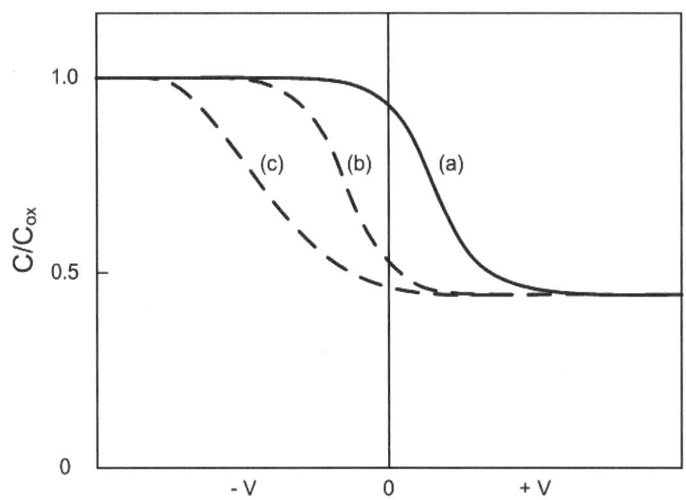

[그림 17] 계면전하와 계면트랩이 MOS 캐패시터의 정전용량-전압 곡선에 미치는 영향

4.3. 문턱전압 (Threshold voltage)

앞서 구한 식 (40) 의 문턱전압 (V_T) 는 이상적인 MOS 캐패시터에 적용되는 식이다. 실제 MOS 캐패시터의 문턱전압에서는 평탄대역을 얻기 위하여 필요한 전압을 추가시켜야 한다.

$$V_T = \phi_{ms} - \frac{Q_{ox}}{C_{ox}} - \frac{Q_D}{C_{ox}} + 2\psi_B \tag{49}$$

강한 반전을 발생시키는데 필요한 전압은 우선 평탄대역 상태를 얻기 위해 ϕ_{ms} 와 Q_{ox}/C_{ox} 를 도입해야 하고, 다음으로 공핍영역에 전하 Q_D/C_{ox} 가 수용되어야 하며, 마지막으로 $2\psi_B$ 만큼 반전영역을 유기하도록 충분히 커야 한다. 식 (49) 는 전형적인 MOS 소자에서 문턱전압에 영향을 주는 주된 효과를 설명한다. 식 (49) 의 각 항에 적절하게 부호를 변형시키면, n 형과 p 형 기판 모두에 대하여 적용시킬 수 있다. 계면의 전하는 양의 값을 갖기 때문에 $-Q_{ox}/C_{ox}$ 는 어느 기판에서도 음의 값을 가지며, ϕ_{ms} 도 항상 음의 값을 갖는다. 공핍영역의 전하는 p 형 기판에서 이온화된 억셉터에 대하여는 음의 값을 가지며, n 형 기판에서 이온화된 도너에 대해서는 양의 값을 갖는다. $(E_i - E_F)/q$ 로 정의되는 ψ_B 는 기판에 따라 양 또는 음의 값을 가질 수 있다. 따라서 n 형 기판을 사용하는 p-채널의 경우 4 가지 항이 모두 음의 값을 가지므로 전형적인 p-채널 소자의 경우 문턱전압이 음의 값을 갖는다. 반면에 p 형 기판을 사용하는 n-채널 소자는 식 (49) 의 각 항들의 값에 따라 문턱전압이 양 또는 음의 값을 갖게 된다. 식 (49) 에서 Q_{ox}/C_{ox} 를 제외한 모든 항은 기판의 도핑 농도에 의존한다. ϕ_{ms} 와 ψ_B 는 E_F 가 도핑농도에 따라 변하기 때문에 도핑 농도에 의존적이지만, 그 변화폭은 적은 편이다. 큰 변화는 Q_D 에서 발생하는데, 이것은 식 (31) 에 나타낸 것처럼 도핑 농도의 제곱근에 비례해서 변한다. [그림 18] 은 n^+ poly-Si 게이트 및 $Q_f = 0$ 라는 가정 하에 두 가지 산화층 두께에 대한 n-채널 및 p-채널 MOSFET 의 문턱전압의 계산 값을 기판도핑의 함수로 나타낸 것이다. 앞서 예측한 바와 같이 p-채널의 경우 문턱전압은 항상 음의 값을 갖는다. n-채널의 경우, p 형 기판이 저농도로 도핑된 경우는 음의 값을 가지며 도핑 농도가 증가하면서 문턱전압은 양의 값을 갖게 된다. p-채널 소자의 경우, 채널에 양의 전하를 유기시키기 위해 금속에서 반도체로 음의 전압을 인가해야 하며, 이 경우 음의 문턱전압은 강한 반전상태를 얻기 위해 인가하는 음의 전압보다 커야 한다. n-채널 소자에서 양의 문턱전압을 갖는 경우, 채널에 음의 전하를 유기하기 위해 금속에 양의 전압을 인가해야 하며, 강한 반전상태와 전도성 n-채널을 얻기 위하여 인가전압이 문턱전압보다 커야 한다. 반면에 음의 문턱전압을 갖는 경우 $V = 0$ 에서 ϕ_{ms} 와 Q_{ox} 의 효과로 인하여 채널이 존재하므로, 이 소자가 차단상태로 되기 위해서는 음의 전압이 인가되어야 한다.

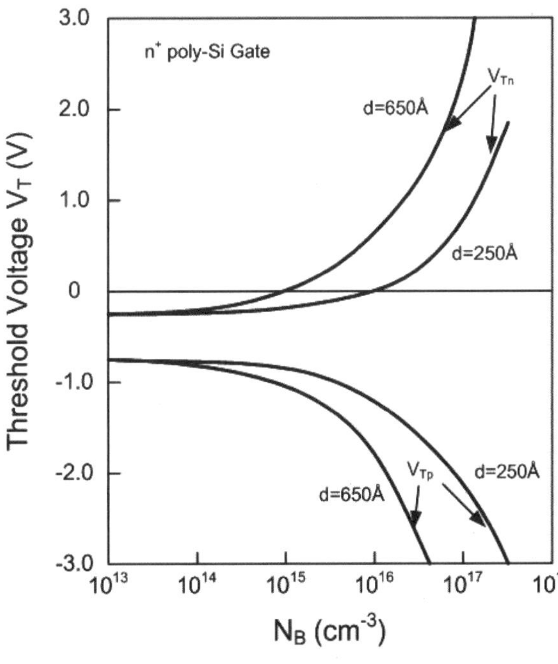

[그림 18] 기판 불순물 농도에 대한 n-채널 및 p-채널 MOSFET 의 문턱전압 (n+ poly-Si 게이트, $Q_f = 0$)

5. MOSFET의 기본 특성

5.1. 선형 및 포화특성

[그림 19] 는 n-채널 MOSFET 의 기본적인 구성을 나타낸 것이다. 이는 4 단자 소자이며, 두 개의 n^+ 영역인 소스와 드레인이 있는 p 형 반도체 기판으로 구성된다. 산화막 위의 금속접촉을 게이트라 한다. 과거에는 게이트 전극으로 금속이나 고농도의 poly-Si 을 많이 사용하였으나, 현재는 실리사이드 (silicide) 를 사용하고 있다.

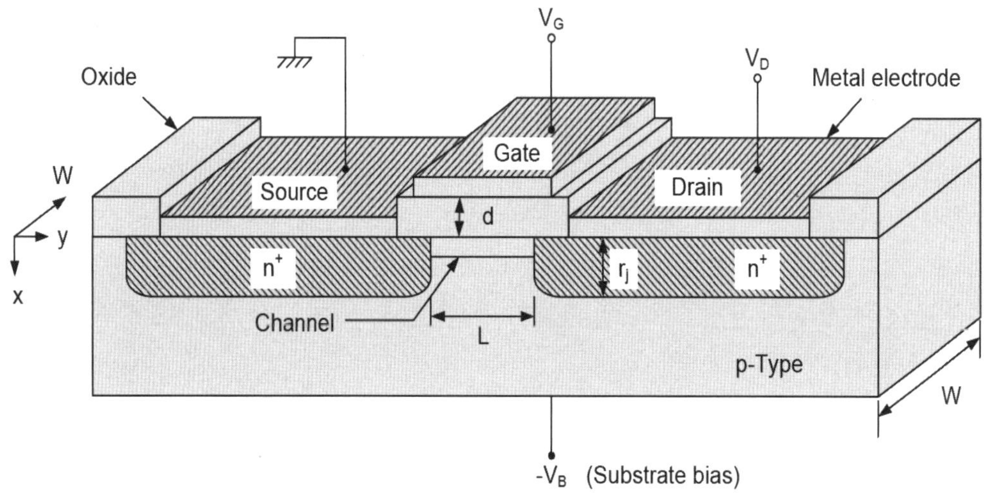

[그림 19] n-채널 MOSFET 의 기본 구성.

기본적인 파라미터는 2 개의 n^+p 접합 사이의 거리인 채널길이 L, 채널 폭 W, 산화막 두께 d, 접합깊이 r_j, 기판의 도핑농도 N_A 이다. 이 절 전체에서는 소스 접점이 기준전압으로 사용된다. 게이트에 전압이 인가되지 않은 경우 소스-드레인 사이는 두 개의 pn 접합으로 볼 수 있다. 이 때 소스에서 드레인으로 흐르는 전류는 역방향 누설전류뿐이다. 그러나 충분히 큰 양의 전압을 게이트에 인가하면 중앙의 MOS 구조는 반전되어 두 개의 n^+ 영역 사이에 표면 반전층인 채널이 형성되어서 소스와 드레인 사이에 큰 전류가 흐를 수 있게 된다. 이 채널의 컨덕턴스 (conductance) 는 게이트 전압을 변화시켜 조절 할 수 있다. 기판의 접촉부는 기준전압과 같게 하거나 역 바이어스로 한다. 기판에 인가되는 전압 역시 채널의 컨덕턴스에 영향을 미친다.

전압이 게이트에 인가되어 반도체 표면에 반전이 발생한 경우, [그림 20 (a)] 에서와 같이 작은 드레인 전압이 인가되면 전자는 도전 채널을 통하여 소스로부터 드레인으로 흐르게 된다. 여기서 채널은 저항과 같은 역할을 하며 드레인 전류 I_D 는 드레인에 인가된 전압에 비례한다. 이러한 영역은 [그림 20 (a)] 의 그래프와 같으며 선형영역이라고 한다. 드레인 전압이 증가하면, 결국 $y=L$ 에서 반전층의 폭 x_i 가 0 으로 되는 점에 도달하게 된다. 이것을 핀치오프 (pinch-off) 점이라 하며 [그림 20 (b)] 와 같다. 핀치오프 점을 넘으면 드레인 전류는 더 이상 증가하지 않고 일정한 값을 유지하게 된다. 이는 $V_D > V_{Dsat}$ 의 경우, 점 P 에서 전압 V_{Dsat} 는 같은 값을 유지해서 소스로부터 점 P 에 도달하는 캐리어의 수가 일정하게 유지되기 때문이다. 이러한 변화는 [그림 20 (c)] 와 같으며 여기서 채널길이 L 이 L' 으로 감소된 것을 알 수 있다. 드레인 전류 I_D 가 일정한 점 P 이후의 영역을 포화영역이라 하며 이때의 드레인 전류를 I_{Dsat} 이라 표현한다.

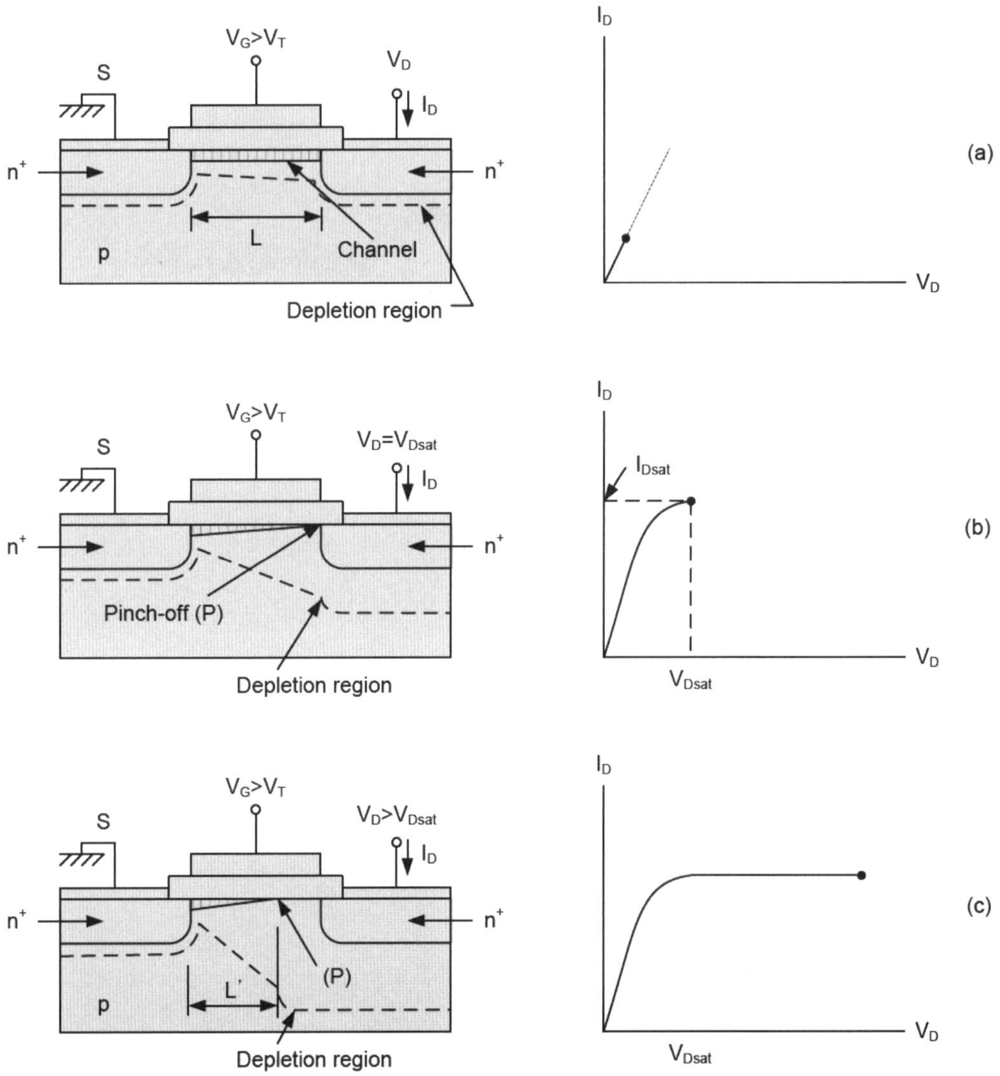

[그림 20] (a) 낮은 드레인 전압, (b) 포화점, (c) 포화 후 에서의 MOSFET 의 동작 및 출력 I-V 특성.

5.2. 출력특성

MOSFET 의 $I_D - V_D$ 출력특성은 앞의 절에서 간략하게 살펴본 바와 같이, 드레인 전압(V_D) 이 증가함에 따라 선형영역에서 포화영역으로 변한다. [그림 21] 에 나타낸 선형영역에서 동작하는 n-채널 MOSFET 를 이용하여, $I_D - V_D$ 출력특성을 살펴보자. 해석을 용이하게 하기 위하여 채널내의 위치 y 에 대한 전위 ψ 는 y 만의 함수로 가정한다. 게이트에 문턱전압 보다 큰 양의 전압 V_G 를 인가하면 채널이 형성되고, 드레인 전압을 증가시키면 드레인 전류가 흐르게 된다. 이때, 채널 내에 전압강하 V(y) 가 발생한다. 게이트 전압 V_G 는 다음과 같이 식 (14) 와 평탄대역을 얻는데 필요한 전압의 합으로 표현될 수 있다.

$$V_G = V_{ox} + \psi_s + V_{FB} \tag{50}$$

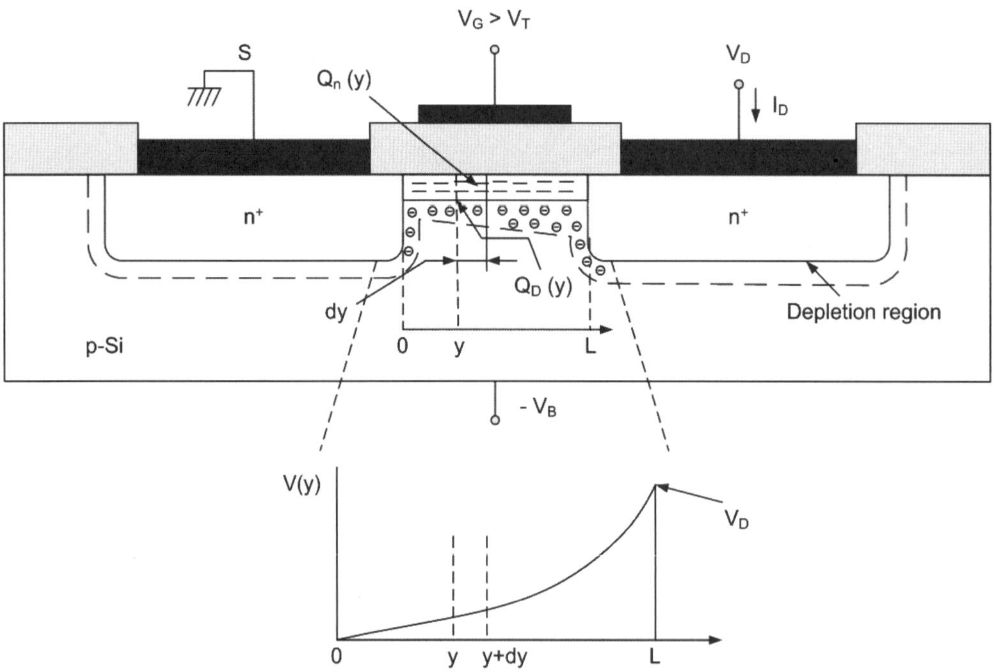

[그림 21] 선형영역에서 동작하는 MOSFET 의 개략도와 채널에 따른 드레인 전압

산화막에 걸리는 전위 V_{ox} 는 다음과 같이 나타낼 수 있다.

$$V_{ox} = \frac{Q_s}{C_{ox}} \tag{51}$$

식 (50) 에 식 (51) 을 대입하고, 반도체에 유기된 전하 Q_s 는 식 (23) 에 나타낸 바와 같이 반전층의 전하 Q_n 과 공핍영역의 전하 Q_D 로 구성되어 있으므로 이를 정리해서 나타내면 다음 식과 같다.

$$V_G = -\frac{(Q_n + Q_D)}{C_{ox}} + \psi_s + V_{FB} \tag{52}$$

식 (52) 를 반전층 내의 전하 Q_n 에 대해서 정리하면, 다음 식과 같다.

$$Q_n = -C_{ox}\left[V_G - \left(V_{FB} + \psi_s - \frac{Q_D}{C_{ox}}\right)\right] \tag{53}$$

드레인 전압이 인가되면, 채널 내부에 있는 임의의 점 y 에서 소스까지 전압강하 $V(y)$ 가 발생한다. 따라서 표면전위 ψ_s 는 강반전 상태를 얻기 위한 $2\psi_B$ 에 전압강하 $V(y)$ 를 합한 것이 된다.

$$Q_n(y) = -C_{ox}\left[V_G - V_{FB} - 2\psi_B - V(y) - \frac{Q_D(y)}{C_{ox}}\right] \tag{54}$$

식 (31) 에 나타낸 Q_D 에 관한 식에 전압 강하를 고려하여, 식 (54) 를 다시 쓰면 다음과 같이 나타낼 수 있다.

$$Q_n(y) = -C_{ox}\left[V_G - V_{FB} - 2\psi_B - V(y) - \frac{1}{C_{ox}}\sqrt{2q\varepsilon_s N_A(2\psi_B + V(y))}\right] \tag{55}$$

반전층에서의 채널 컨덕턴스 (channel conductance, g_I) 는 다음 식과 같이 나타낼 수 있다.

$$g_I = \frac{1}{R_I} = \frac{W}{L}\int_0^{x_I} q\mu_n(x)n_I(x)dx \tag{56}$$

여기서, $n_I(x)$ 는 반전층 내의 전자농도이고, x_I 는 반전층의 두께, $\mu_n(x)$ 는 반전층에서의 전자 이동도이다. 반전층 내의 단위 면적당 총 전하는 다음 식과 같다.

$$|Q_n| = \int_0^{x_I} qn_I(x)dx \tag{57}$$

따라서, 반전층에서의 채널 컨덕턴스는 다음 식과 같이 나타낼 수 있다.

$$g_I = \frac{W}{L}\mu_n(x)|Q_n| \tag{58}$$

미소부분 dy 에서 채널 저항 (channel resistance) 은 다음 식과 같다.

$$dR = \frac{dy}{gL} = \frac{dy}{W\mu_n|Q_n(y)|} \tag{59}$$

이 미소부분 dy 에서의 전압 강하는 다음 식과 같이 나타낼 수 있다.

$$dV = I_D\, dR = \frac{I_D\, dy}{W\mu_n |Q_n(y)|} \tag{60}$$

여기서, I_D 는 드레인 전류로 y 에 무관하게 일정하다. 식 (55) 를 식 (60) 에 대입하고 소스 ($y = 0$, $V = 0$) 에서 드레인 ($y = L$, $V = V_D$) 까지 적분하면 다음 식에 나타낸 것과 같은 드레인 전류에 대한 식을 얻을 수 있다.

$$I_D = \frac{W}{L}\mu_n C_{ox} \left\{ \begin{aligned} & \left(V_G - 2\psi_B - \frac{1}{2}V_D\right) V_D \\ & - \frac{2}{3}\frac{\sqrt{2\varepsilon_s q N_A}}{C_{ox}} [(V_D + 2\psi_B)^{3/2} - (2\psi_B)^{3/2}] \end{aligned} \right\} \tag{61}$$

$V(y)$ 에 따른 Q_D(y) 의 변동을 무시하면, 식 (61) 은 다음 식과 같이 간략하게 나타낼 수 있다.

$$I_D = \frac{W}{L}\mu_n C_{ox} [(V_G - V_T) V_D - \frac{1}{2} V_D^2] \tag{62}$$

[그림 22] 는 식 (61) 을 사용해서 나타낸 n-채널 MOSFET 의 출력특성 이다. 점선은 드레인 전류가 최대값에 도달한 경우의 드레인 전압 (V_{Dsat}) 의 궤적을 나타낸 것이다. [그림 22] 에서 보듯이, 주어진 V_G 대해서 초기에 드레인 전류는 드레인 전압에 따라 선형적으로 증가하는 선형영역과 그 후, 드레인 전압의 증가에 상관없이 드레인 전류가 포화되는 포화영역이 존재함을 알 수 있다. 선형영역과 포화영역에 대해 더 상세히 고찰해보자. 드레인 전압이 작은 경우 ($V_D \ll (V_G - V_T)$, 식 (61) 은 다음 식과 같이 간략하게 나타낼 수 있다.

$$I_D = \frac{W}{L}\mu_n C_{ox} (V_G - V_T) V_D \tag{63}$$

여기서, 문턱전압 V_T 는 식 (40) 에 나타낸 것과 동일하다.

이 경우 채널은 선형저항으로 가정할 수 있으며 그 값은 V_G 에 의존적이다. 이러한 영역을 선형영역이라 하며, 채널 컨덕턴스는 식 (63) 으로부터 구할 수 있다.

$$g = \frac{\partial I_D}{\partial V_D} \simeq \frac{W}{L}\mu_n C_{ox} (V_G - V_T) \tag{64}$$

드레인 전압이 포화 값보다 크면, ($V_D \gg V_{Dsat}$) 드레인 근처에서 산화물을 가로지르는 전압이 감소하게 되므로 이곳에서의 Qn 은 작아지게 된다. 이러한 결과로 채널은 드레인

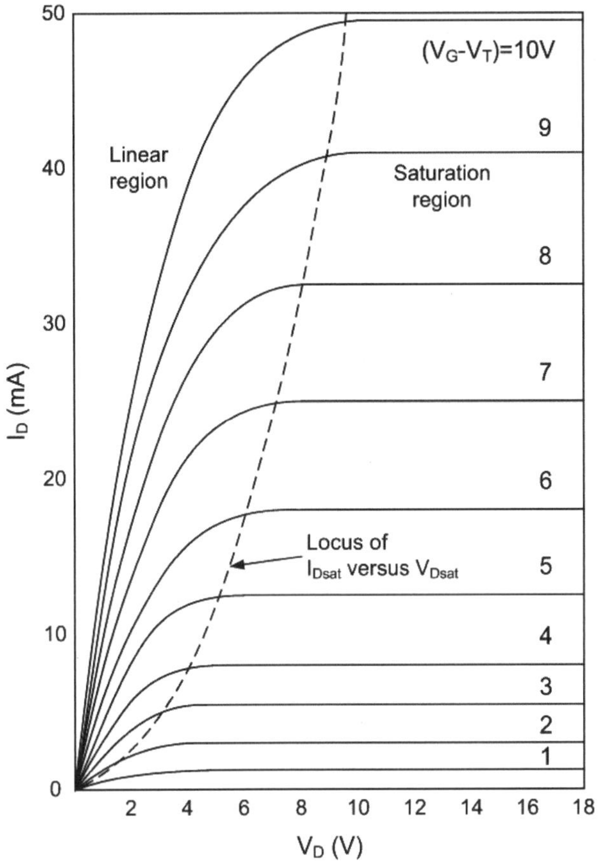

[그림 22] n-채널 MOSFET 의 출력 특성 ($I_D - V_D$ 특성) 곡선

단에서 핀치오프 (pinch-off) 되어서 드레인 전류는 포화된다. 포화영역에서의 드레인 전압은 다음 식과 같이 나타낼 수 있다.

$$V_{Dsat} \simeq V_G - V_T \tag{65}$$

포화상태에서 드레인 전류는 드레인 전압이 증가하더라도 계속해서 일정한 값을 유지한다. 식 (65) 에 식 (62) 를 대입하면 포화상태에서의 근사적인 드레인 전류 값을 구할 수 있다.

$$I_{Dsat} = \frac{1}{2}\mu_n C_{ox}\frac{W}{L}(V_G - V_T)^2 = \frac{W}{2L}\mu_n C_{ox} V_{Dsat}^2 \tag{66}$$

5.3. 전달 특성

출력 특성은 게이트 바이어스에 대한 드레인 바이어스의 함수로 드레인 전류를 나타낸 것이며, 전달 특성은 고정된 드레인 바이어스에 대해 입력 게이트 바이어스의 함수로 출력 드레인 전류를 나타낸 것이다. MOSFET 의 전달 컨덕턴스는 식 (67) 에 나타낸 것과 같이 게이트 전압의 변화에 대한 드레인 전류에서의 변화로써 정의한다.

$$g_m = \frac{\partial I_D}{\partial V_G} \tag{67}$$

선형 영역에서 MOSFET 가 동작하면, 식 (63) 을 사용하여 다음의 전달 컨덕턴스를 얻을 수 있다.

$$g_m(lin.) = \frac{\partial I_D}{\partial V_G} = \frac{W}{L}\mu_n C_{ox} \cdot V_D \tag{68}$$

전달 컨덕턴스는 V_D 와 함께 선형적으로 증가하지만 V_G 에는 무관함을 알 수 있다. 포화영역에서의 전달 컨덕턴스는 식 (66) 을 이용하여 다음과 같이 구할 수 있다.

$$g_m(sat.) = \frac{\partial I_D(sat.)}{\partial V_G} = \frac{W}{L}\mu_n C_{ox} \cdot (V_G - V_T) \tag{69}$$

포화영역에서 전달 컨덕턴스는 V_G 와 선형적인 관계가 있고, V_D 에는 무관하다는 것을 알 수 있다.

전달 컨덕턴스는 소자의 크기에 대한 기하학적 함수일 뿐만 아니라, 캐리어 이동도와 문턱전압의 함수이다. 전달 컨덕턴스는 채널의 폭 (W) 이 증가함에 따라 증가하며, 채널 길이 (L) 와 산화막 두께 (C_{ox}) 가 감소함에 따라 증가한다. MOSFET 회로의 설계에서 트랜지스터의 크기, 특히 채널 폭 (W) 은 중요한 공학적 설계 파라미터이다.

5.4. 문턱전압의 조절

문턱전압은 MOSFET 를 전도 상태 또는 차단 상태로 전환시키는 요건을 결정하기 때문에, 소자를 설계하는 데 있어 문턱전압을 조절하는 것은 매우 중요하다. 일부 응용분야 에서는 문턱전압이 낮은 값을 갖도록 해야 할 뿐 아니라 회로의 다른 소자들과 어울릴 수 있도록 정확하게 제어된 값을 가져야 할 필요가 있다. 이상적인 문턱전압은 앞에서 언급한 식 (40) 으로 주어진다. 그러나 고정산화층 전하 및 일함수 차이의 효과를 포함시키면 평탄밴드 전압에 변화가 생겨서 문턱전압의 변화를 야기한다. 이 경우의 문턱전압은 다음과 같은 식으로 나타낼 수 있다.

$$\begin{aligned} V_T &= V_{FB} + 2\psi_B + \frac{\sqrt{2\varepsilon_s q N_A (2\psi_B)}}{C_{ox}} \\ &= \left[\psi_{ms} - \frac{Q_f}{C_{ox}}\right] + 2\psi_B + \frac{\sqrt{4\varepsilon_s q N_A \psi_B}}{C_{ox}} \end{aligned} \tag{70}$$

앞서 언급한대로 문턱전압을 조절하는 것은 상당히 중요하므로, 이를 조절하는 방법을 크게 세 가지만 고려해보자.

5.4.1 이온 주입법에 의한 문턱전압 조절

문턱전압을 제어하기 위한 가장 중요한 방법 중 하나는 이온주입법이다. 이온주입법은 매우 정확한 양의 불순물을 주입할 수 있으므로, 문턱전압을 정확하게 조절하는 것이 가능하다.

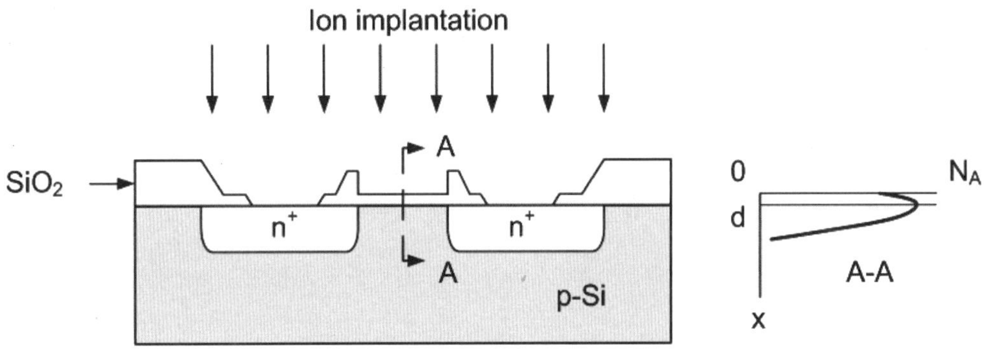

[그림 23] 이온 주입법에 의한 문턱전압 조절

[그림 23] 은 n-채널 MOSFET 의 게이트 산화층을 통하여 B (boron) 을 주입하여, 주입량의 피크가 Si-SiO_2 계면에 오도록 한 결과를 나타낸 것이다. 음으로 대전된 B (boron) 억셉터는 채널의 도핑 레벨을 증가시킨다. 이 결과 문턱전압은 증가한다. 마찬가지로 p-채널 MOSFET 에 대한 얕은 B (boron) 주입은 문턱전압을 감소시킬 수 있다.

5.4.2. 필드 산화막을 이용한 문턱전압 제어

MOSFET 의 게이트 영역에서는 낮은 문턱전압을 가지는 것이 바람직하다. 그러나 소자들 사이에는 서로를 격리할 수 있도록 하기 위해 큰 문턱전압이 요구된다. 보통 집적회로는 단일 칩에 수많은 소자들이 서로 연결되어 있기 때문에, 소자들 사이에 원하지 않는 반전층이 발생하지 않게 해야 된다. 이를 위해 [그림 24] 에 나타낸 것과 같이 소자들 사이에 매우 두꺼운 산화막 (필드 산화막) 을 형성시켜 큰 문턱전압을 나타나게 한다.

예를 들어 5 V 의 전압을 게이트 및 필드 산화층 모두에 인가한 경우, 게이트 아래에는 반전 채널이 형성되지만 필드 산화막 아래의 반도체 표면은 공핍된 상태로 남아 있게 된다.

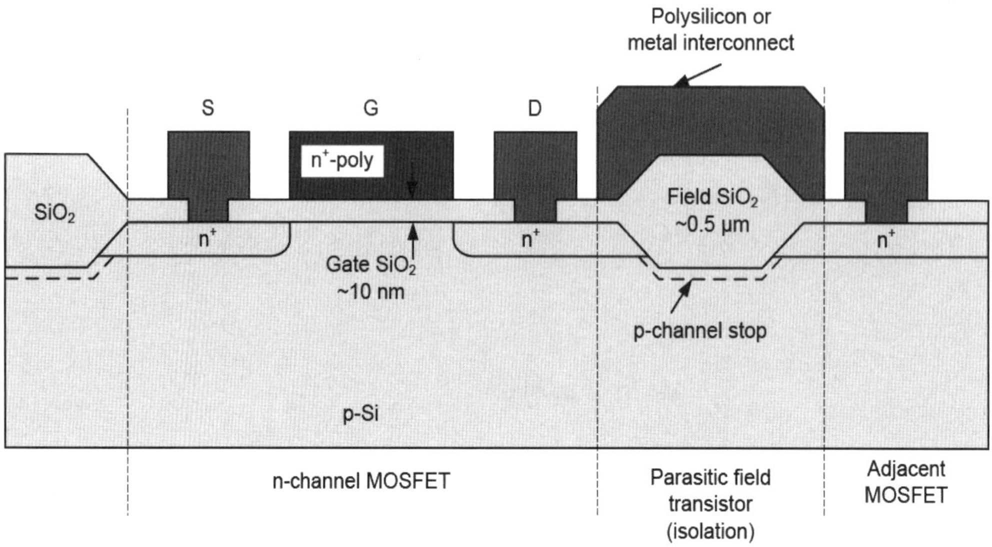

[그림 24] 필드 산화막을 이용한 문턱전압 제어

5.4.3. 기판 바이어스

기판 바이어스도 문턱전압에 영향을 줄 수 있다. 지금까지의 해석에서는 기판과 소스가 접지된 것으로 가정하였으나, 실제로는 소스와 기판사이에 전압을 인가할 수도 있다. [그림 25] 는 소스와 기판사이에 역방향 바이어스가 인가된 n-채널 MOSFET 을 나타낸 것이다.

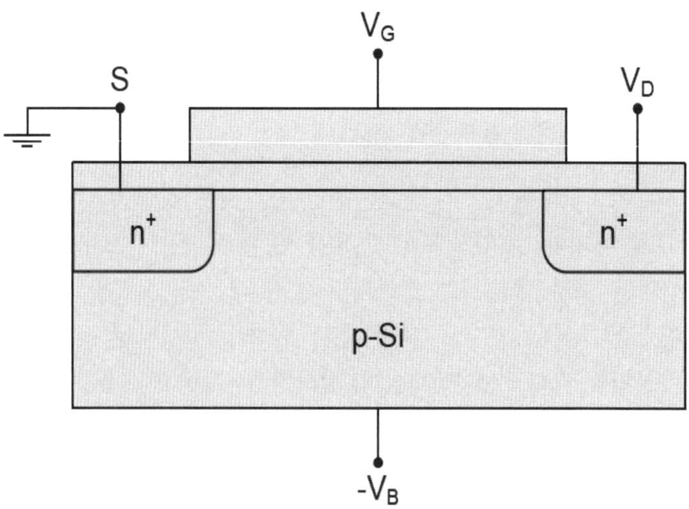

[그림 25] n-채널 MOSFET 의 기판 바이어스

이 경우 공핍영역이 확장되므로 MOS 구조 전체에 대한 전하 중성 조건을 고려하면, 게이트의 양전하는 문턱 반전 점에 이르기 위해 음의 공간전하가 증가된 만큼을 보상하기 위해 증가되어야 한다. 그래서 n-채널을 형성시키기 위한 문턱전압은 증가하게 된다. 반전 상태를 고려한 표면전위 $\psi_s = 2\psi_B$ 와 기판 바이어스 V_B 를 고려하면 식 (31) 은 다음 식과 같이 나타낼 수 있다.

$$Q'_D = -qN_A W \approx -\sqrt{2q\varepsilon_s N_A(2\psi_B - V_B)} \tag{71}$$

그러므로, 기판 바이어스에 의한 문턱전압의 변화 ΔV_T 는 아래의 식으로 표현할 수 있다.

$$\Delta V_T = \frac{\sqrt{2q\varepsilon_s N_A}}{C_{ox}}\left[\sqrt{2\psi_B + V_B} - \sqrt{2\psi_B}\right] \tag{72}$$

여기서, $\Delta V_T = V_T(V_B > 0) - V_T(V_B = 0)$ 이다. 기판 바이어스 V_B 가 $2\psi_B$ 보다 굉장히 크다면, 식 (72) 는 다음과 같이 나타낼 수 있다.

$$\Delta V_T \simeq \frac{\sqrt{2q\varepsilon_s N_A}}{C_{ox}}(-V_B)^{1/2} \tag{73}$$

따라서 기판 바이어스 V_B 가 증가하면 문턱전압은 양의 값으로 증가된다. 또, 불순물 농도 $\sqrt{N_A}$ 에 비례하므로 불순물 농도가 증가하면 문턱전압도 증가하게 된다.

p-채널을 갖는 PMOS 의 경우, 소스와 기판사이에 역방향 바이어스를 인가해야 하므로 V_B 는 양의 값을 가진다. $V_B \gg 2\psi_B$ 인 경우, 문턱전압의 변화는 다음 식과 같다.

$$\Delta V_T \simeq \frac{\sqrt{2q\varepsilon_s N_D}}{C_{ox}}(V_B)^{1/2} \tag{74}$$

따라서 기판 바이어스 V_B 가 증가하면 문턱전압은 더욱 음의 값으로 증가된다. 앞에서 살펴본 바와 같이, 이 기판 바이어스 효과는 NMOS 와 PMOS 두 소자 모두에 대해 문턱전압을 증가시킨다.

[그림 26] 은 3 가지 다른 기판 바이어스에 대한 문턱전압의 변화를 나타낸 것이다. 기판 바이어스 V_B 의 크기가 -2, -1, 0 V 로 변화함에 따라, 문턱전압도 1.05, 0.85, 0.55 V 로 감소한다. 이러한 기판 바이어스의 조절은 증가형 MOSFET 의 문턱전압을 조정하는데 사용될 수 있다.

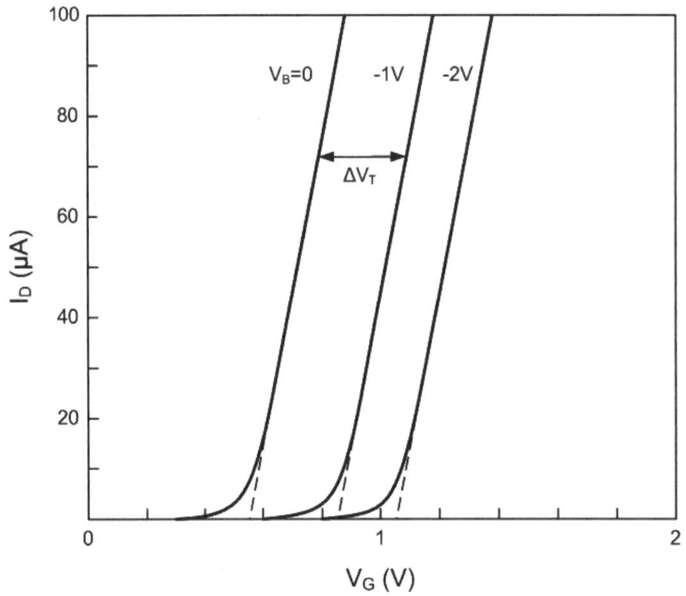

[그림 26] 기판 바이어스를 이용한 문턱전압 조절 (d=4.8nm, W=0.45μm)

5.5. 문턱전압 이하 영역

게이트 전압이 문턱전압보다 낮고 반도체 표면이 약하게 반전되었을 경우의 드레인 전류를 문턱이하 전류 (subthreshold current) 라 한다. 이러한 문턱이하 영역은 MOSFET 를 디지털 논리 소자나 메모리 응용에서의 스위치와 같은 저전압, 저전력 소자로 사용할 때 특히 중요시되는데 이는 문턱이하 영역이 어떻게 스위치가 on/off 되는지를 설명하기 때문이다.

문턱이하 영역에서의 드레인 전류는 드리프트에 의한 것이 아니라 확산에 의해 발생하므로 MOSFET 를 소스-기판-드레인의 npn 바이폴라 트랜지스터와 같이 생각하면 다음과 같은 수식을 얻을 수 있다.

$$I_D = -qAD_n\frac{dn}{dy} = qAD_n\frac{n(0)-n(L)}{L} \tag{75}$$

여기서, A 는 채널 단면적이며, $n(0)$ 과 $n(L)$ 은 각각 소스와 드레인에서의 전자밀도로서 다음 식과 같이 표현될 수 있다.

$$n(0) = n_i \exp\left(\frac{q(\psi_s - \psi_B)}{kT}\right) \tag{76}$$

$$n(L) = n_i \exp\left(\frac{q(\psi_s - \psi_B - V_D)}{kT}\right) \tag{77}$$

여기서, ψ_s 는 소스에서의 표면전위이다. 식 (76) 와 (77) 을 식 (75) 에 대입하면 다음과 같은 식을 얻을 수 있다.

$$I_D = \frac{qAD_n}{L} n_i \exp\left(\frac{q\psi_B}{kT}\right)\left(1-\exp\left(\frac{-qV_D}{kT}\right)\right)\exp\left(\frac{q\psi_s}{kT}\right) \tag{78}$$

표면전위 ψ_s 는 대략 $V_G - V_T$ 와 같다. 따라서 드레인 전류는 V_G 가 V_T 보다 작아질 때 지수 함수적으로 감소한다.

$$I_D \simeq \exp\left(\frac{q(V_G - V_T)}{kT}\right) \tag{79}$$

문턱이하 영역에 대한 드레인 전류 특성을 [그림 27] 에 나타내었다. [그림 27] 에서 보듯이, $V_G < V_T$ 의 경우 I_D 가 $V_G - V_T$ 에 지수적인 의존관계에 있음을 알 수 있다. 문턱이하 전류를 무시할 만한 값으로 줄이려면 MOSFET 에 문턱전압의 절반보다 작은 값의 바이어스가 인가되도록 해야 한다.

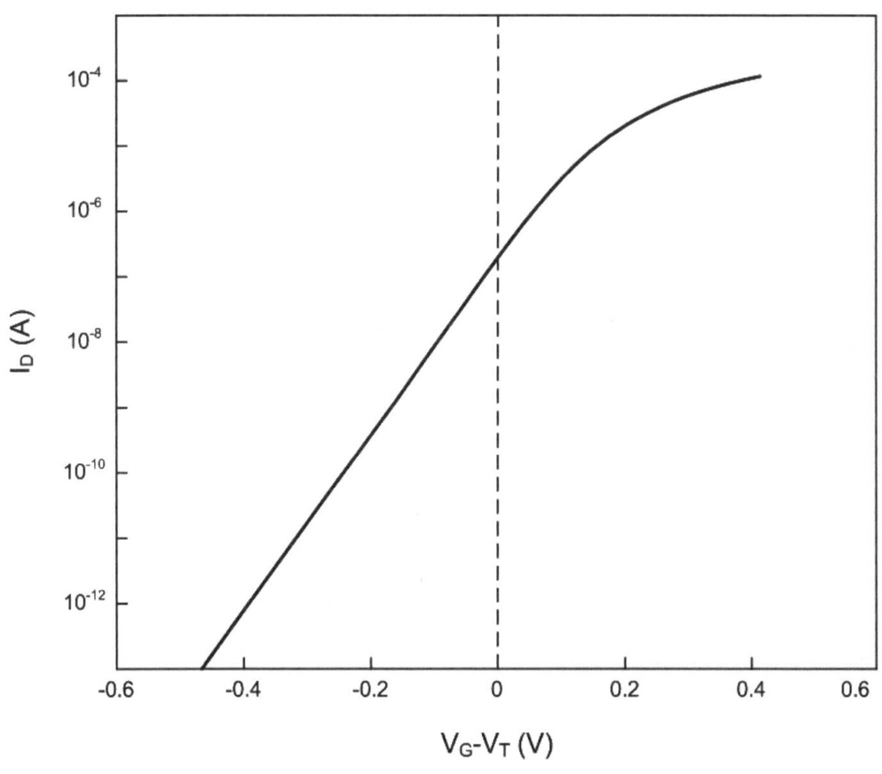

[그림 27] MOSFET 의 문턱이하 영역에서의 드레인 전류 (d=50 nm, $N_A=10^{15}cm^{-3}$, L=3μm, W=30 μm)

5.6. MOSFET 의 여러 가지 형

MOSFET 소자는 채널을 형성하는 캐리어가 전자 또는 정공이므로 이에 따라 NMOS 와 PMOS 를 구분할 수 있다. 각각의 NMOS 와 PMOS 는 증가형 (enhancement type) 과 공핍형 (depletion type) 으로 나눌 수 있다. 따라서, MOSFET 에는 4 가지 다른 형이 존재한다. 증가형 MOSFET 는 게이트 바이어스 0 에서 채널 컨덕턴스가 매우 낮아서 채널을 형성하기 위하여 게이트에 양의 전압을 인가해야 한다. 이런 소자를 정상 오프 (normally off) 소자라고 한다. 반면에 공핍형 MOSFET 는 채널을 제작 공정에서 미리 형성시켜, 게이트 바이어스 0 에서도 채널이 존재한다. 이러한 소자를 정상 온(normally on) 소자라고 한다. MOSFET 의 각 형에 대한 소자의 단면, 출력특성 그리고 전달특성을 [그림 28] 에 나타내었다. 정상 오프 n-채널 소자의 경우 상당한 크기의 드레인 전류가 흐르려면 문턱전압보다 큰 양의 게이트 바이어스가 인가되어야 한다. 정상 온 n-채널 소자의 경우에는 $V_G = 0$ 에서도 큰 전류가 흐를 수 있으며, 그 전류는 게이트 전압을 변화시켜서 증대 또는 감소시킬 수 있다. 이러한 논의는 극성을 바꾸어서 p-채널 소자에 대해서도 동일하게 적용시킬 수 있다.

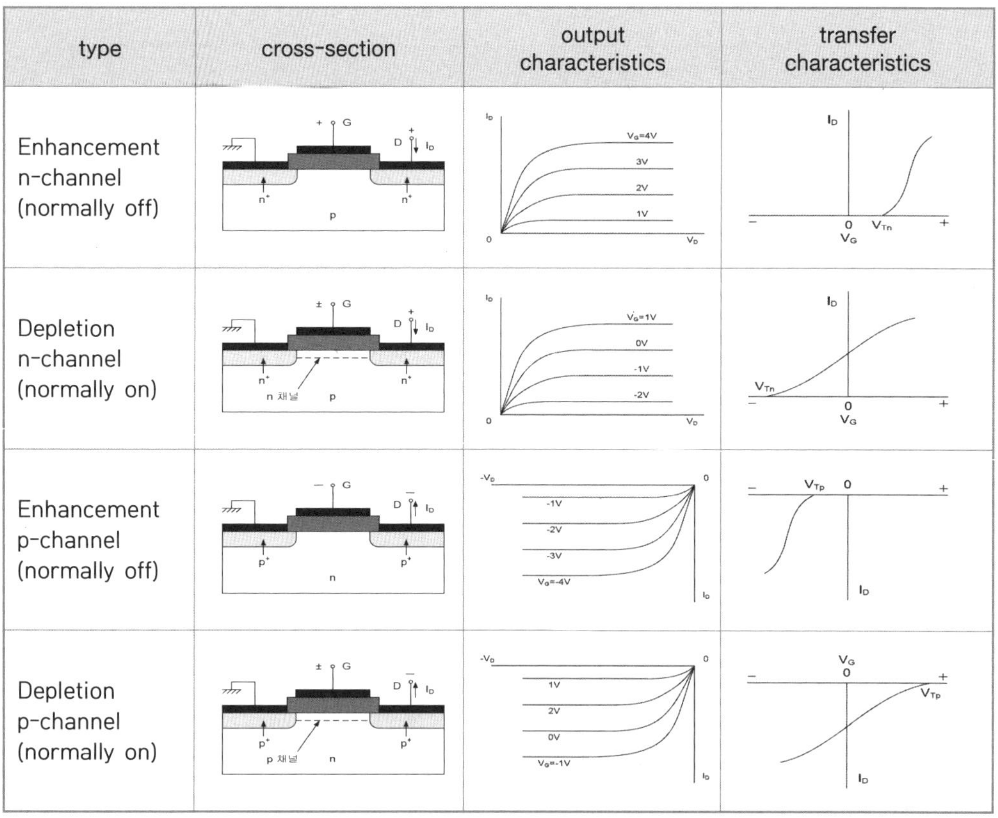

[그림 28] 4 가지 형태에 따른 단면, 출력특성, 전달 특성

6. MOSFET 등가회로

많은 응용에서 MOSFET 는 선형증폭회로에 이용된다. MOSFET 에 대한 소신호 등가회로는 전자회로를 수학적으로 해석하기 위해 필요하다. 등가회로는 주파수 효과를 나타내는 캐패시턴스와 저항들로 표현된다.

6.1. 소신호 등가회로

MOSFET 의 소신호 등가회로는 기본적인 MOSFET 구조로부터 구성된다. 소자의 기본적인 특성방정식을 나타내는 회로성분과 함께 트랜지스터 구조 내에 본질적으로 존재하는 캐패시턴스와 저항을 나타내는 모델을 [그림 29] 에 나타내었다. 소스와 기판은 접지되어 있다고 가정한다.

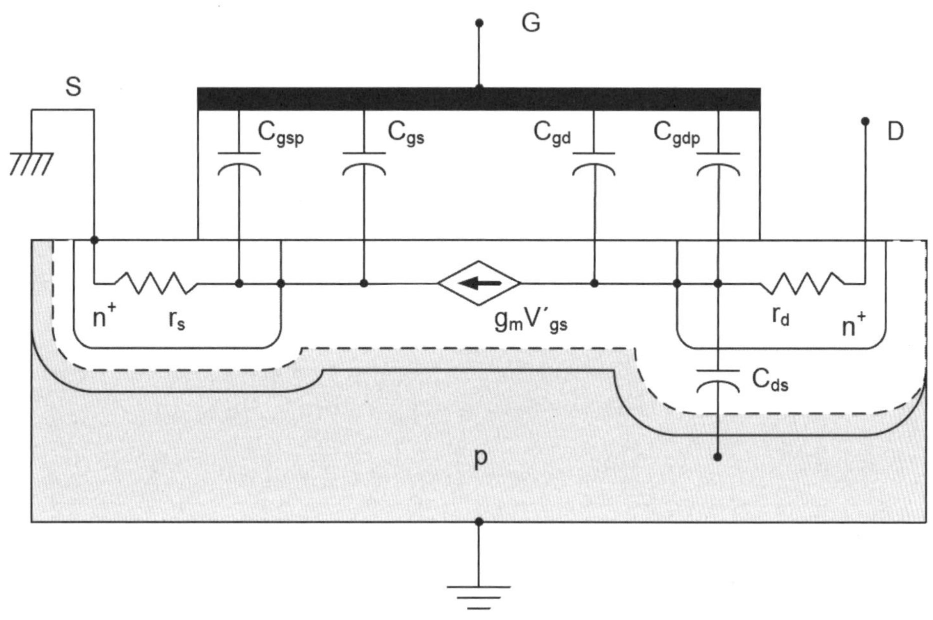

[그림 29] MOSFET 의 소신호 등가회로

게이트에 연결된 두 개의 캐패시턴스들은 소자 내에 본질적으로 존재하는 성분이다. 이들 캐패시턴스들은 C_{gs} 와 C_{gd} 로서 각각 게이트와 소스 및 드레인 단자 근처의 채널전하 사이의 상호작용을 나타낸다. 나머지 두 게이트 캐패시턴스 C_{gsp} 와 C_{gdp} 는 기생 또는 오버랩 캐패시턴스들이다. 이들은 드레인 출력단자와 게이트 입력단자 사이에 피드백 회로를 구성하기 때문에 상당히 큰 문제를 야기한다. 이들 오버랩 캐패시턴스들을 최소화하기 위해 자기정렬 게이트 (self-aligned gate) 를 사용한다. 이것은 게이트 자체가 소스와 드레인의 주입 마스크로 사용되는 방법으로 이들의 정렬을 이룰 수 있게 하는 것이다. 그러나 고온의 어닐링 과정에서 발생하는 측면확산에 의해 게이트 아랫부분에서 불순물이 겹치는 현상이 발생하여 채널 길이가 감소하게 된다. 파라미터 C_{ds} 는 드레인-기판 접합 캐패시턴스이며, r_s 와 r_d 는 소스와 드레인 직렬저항이다. 이들 직렬 저항은 드레인 전류와 전달 컨덕턴스를 낮추기 때문에 MOSFET 등가회로에서 중요한 파라미터이다. 소스와 드레인 단자에 바이어스가 인가될 때, 드레인 전류 또는 게이트 바이어스에 의한 저항이 발생하고 이러한 저항 양단에서 발생하는 전압강하에 의해 인가된 바이어스의 일부분이 소모된다. 그러므로 순수한 MOSFET 에 인가된 실제 드레인 전압은 실제 인가전압보다 작아지게 된다. 소신호 채널전류는 전달 컨덕턴스를 통해 내부 게이트-소스전압으로 조절된다. [그림 30] 은 가장 많이 사용되는 n-채널 MOSFET 를 이용한 공통 소스 (common source) 회로에 대한 소신호 등가 모델을 나타낸 것이다. 전압 V'_{gs} 는 내부 게이트-소스 전압으로 채널 전류를 제어한다. 파라미터 C_{gsT} 와 C_{gdT} 는 각각 총 게이트-소스 캐패시턴스와 총 게이트-드레인 캐패시턴스를 나타낸 것이다. 저항 r_{ds} 는 MOSFET 의 출력 임피던스를 나타내는 것으로 다음과 같이 정의된다.

$$r_{ds} = \left.\frac{\Delta V_D}{\Delta I_D}\right|_{V_{G=const.}} \tag{80}$$

이는 MOSFET 의 출력 특성 그래프에서, 주어진 V_G 값에서 출력 특성 곡선의 기울기에 해당된다. 포화영역에 바이어스된 이상적인 MOSFET 에서는 r_{ds} 가 무한대의 값을 나타낸다.

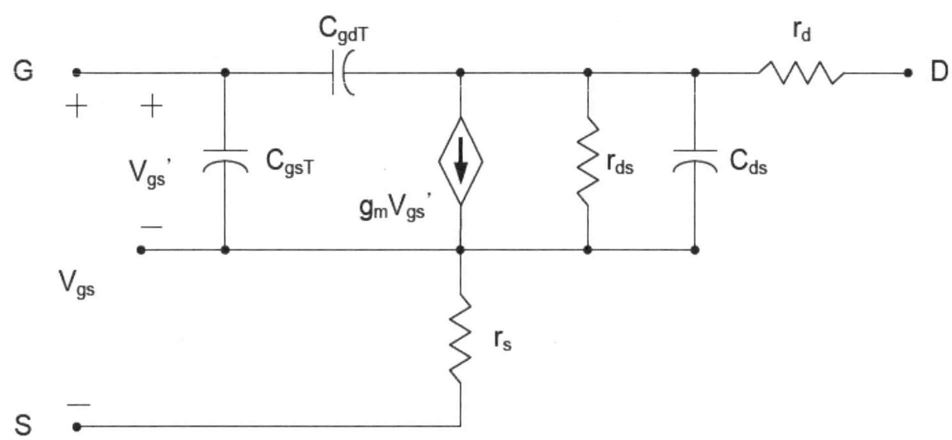

[그림 30] n-채널 MOSFET 를 이용한 공통소스회로의 소신호 등가모델

[그림 31] 은 저주파에 적용되는 간략화 된 소신호 등가모델을 나타낸 것이다. 직렬저항 r_s 와 r_d 는 무시 가능하기 때문에, 드레인 전류는 본질적으로 전달 컨덕턴스를 통한 게이트-소스 전압에만 관련된다. 입력 임피던스는 이 간략화 된 모델에서 무한한 값을 가진다.

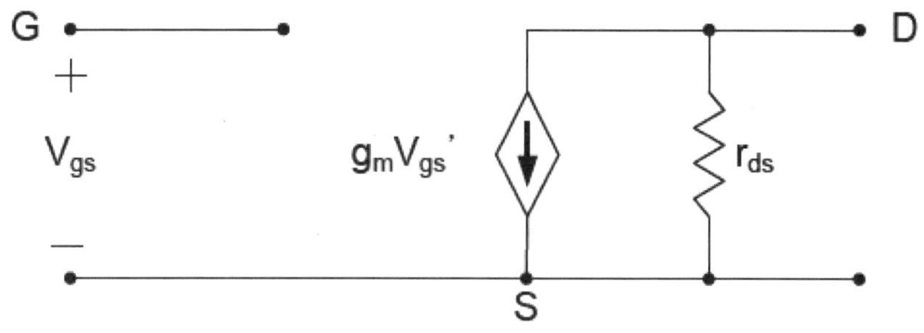

[그림 31] n-채널 MOSFET 를 이용한 공통소스회로의 간략화된 저주파 등가모델

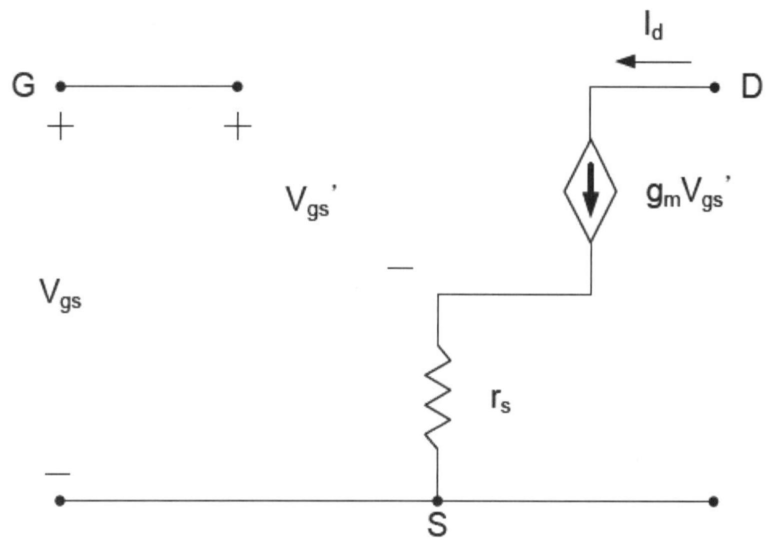

[그림 32] 소스 저항 r_s 를 포함한 저주파 소신호 등가모델

소스 저항 r_s 는 트랜지스터 특성에 중대한 영향을 줄 수 있다. [그림 32] 는 소스 저항 r_s 를 포함시킨 반면 r_{ds} 는 무시한, 간략화 된 저주파 등가모델을 나타낸 것이다. 드레인 전류는 다음 식과 같이 나타낼 수 있다.

$$I_d = g_m V_{gs}' \tag{81}$$

V_{gs} 와 V'_{gs} 사이의 관계는 다음 식으로부터 알 수 있다.

$$V_{gs} = V_{gs}' + (g_m V_{gs}')r_s = (1 + g_m r_s) V_{gs}' \tag{82}$$

식 (81) 로부터 드레인 전류는 다음 식과 같이 표현할 수 있다.

$$I_d = \left(\frac{g_m}{1 + g_m r_s} \right) V_{gs} = g'_m V_{gs} \tag{83}$$

소스 저항은 유효전달 컨덕턴스 또는 트랜지스터 이득을 감소시킨다.

6.2. 주파수 제한요소와 차단 주파수

MOSFET 소자에는 기본적인 두 가지 주파수 제한요소들이 있다. 첫 번째는 채널 천이 시간이다. 캐리어가 포화 표동 속도 v_{sat} 로 이동한다면, 천이 시간은 다음 식과 같이 나타낼 수 있다.

$$\tau_t = \frac{L}{v_{sat}} \tag{84}$$

여기서, L 은 채널 길이이다. 만약 $V_{sat} = 10^7 cm/\sec$ 이고 $L = 1\mu m$ 이면 $\tau_t = 10 psec$ 이므로 최대 주파수는 $100\,GHz$ 가 된다. 이 주파수는 MOSFET 의 전형적인 최대 주파수 응답보다 훨씬 큰 값이다. 따라서 채널을 통한 캐리어들의 천이 시간은 보편적으로 MOSFET 의 주파수 응답을 제한하는 요소가 아니다.

두 번째는 게이트 또는 캐패시터의 충전시간이다. [그림 33] 은 r_s, r_d, r_{ds}, C_{ds} 를 무시한 소신호 등가회로를 나타낸 것이다. 여기서, R_L 은 부하저항이다.

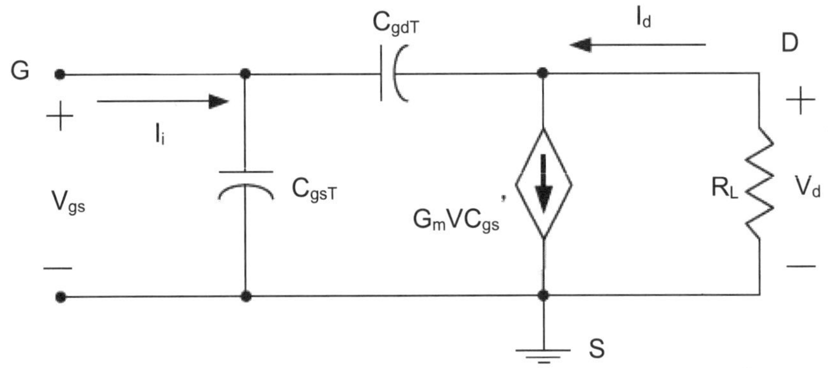

[그림 33] n-채널 MOSFET 를 이용한 공통 소스 회로의 고주파 소신호 등가모델

이 등가모델에서 입력 임피던스는 더 이상 무한대의 값을 갖지 않는다. 입력 게이트 노드에서 전류들을 합하면 다음과 같은 식을 얻을 수 있다.

$$I_i = jw C_{gsT} V_{gs} + jw C_{gdT} (V_{gs} - V_d) \tag{85}$$

여기서, I_i 는 입력 전류를 나타낸다. 마찬가지로 출력 드레인 노드에서 전류들을 합하면 다음과 같은 식을 얻을 수 있다.

$$\frac{V_d}{R_L} + g_m V_{gs} + jwC_{gdT}(V_d - V_{gs}) = 0 \tag{86}$$

전압 V_d 를 제거하기 위해 식 (85) 와 식 (86) 을 연계해서 풀면, 다음과 같이 입력 전류 I_i 에 대한 식을 구할 수 있다.

$$I_i = jw\left\{C_{gsT} + C_{gdT}\left[\frac{1 + g_m R_L}{1 + jwR_L C_{gdT}}\right]\right\}V_{gs} \tag{87}$$

일반적으로 $\omega R_L C_{gdT}$ 는 1 보다 훨씬 작아서, 분모에 있는 $(j\omega R_L C_{gdT})$ 항은 무시할 수 있다. 따라서 식 (87) 은 다음 식과 같이 간략화 된다.

$$I_i = jw\left[C_{gsT} + C_{gdT}(1 + g_m R_L)\right]V_{gs} \tag{88}$$

[그림 34] 는 식 (88) 에 표현된 등가 입력 임피던스를 갖는 등가모델을 나타낸 것이다. 파라미터 C_M 은 Miller 캐패시턴스로 다음 식과 같이 나타낼 수 있다.

$$C_M = C_{gdT}(1 + g_m R_L) \tag{89}$$

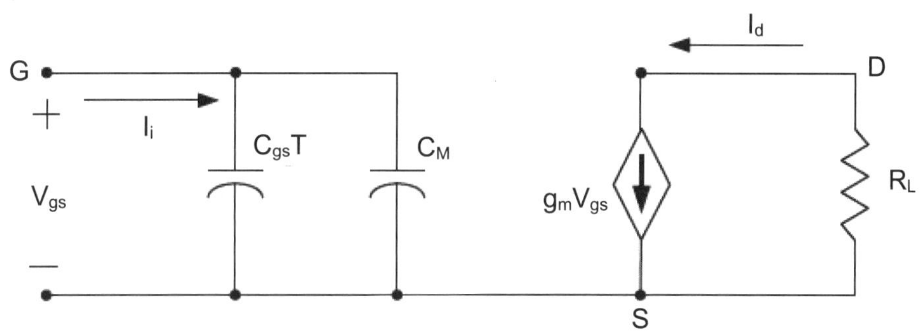

[그림 34] Miller 캐패시턴스를 포함하는 고주파 소신호 등가모델

트랜지스터가 포화영역에서 동작할 때, C_{gs} 는 본질적으로 0 이 되지만 C_{gdp} 는 일정한 값을 유지한다. 이 기생 캐패시턴스는 트랜지스터의 이득에 의해 곱해져서 입력 임피던스에 중요한 요소가 될 수 있다.

차단 주파수 f_T 는 소자의 전류이득의 크기가 1 인 점에서의 주파수로 정의되거나, 입력전류 I_i 의 크기가 이상적인 부하전류 I_d 와 같아질 때의 주파수로 정의한다. [그림 34] 의 등가모델로부터 다음에 나타낸 식을 구할 수 있다.

$$I_i = jw(C_{gsT} + C_M)V_{gs} \tag{90}$$

$$I_d = g_m V_{gs} \tag{91}$$

따라서, 전류이득은 다음 식과 같이 나타낼 수 있다.

$$\left|\frac{I_d}{I_i}\right| = \frac{g_m}{2\pi f(C_{gsT} + C_M)} \tag{92}$$

차단 주파수에서 전류이득의 크기가 1 과 같다고 하면 차단 주파수 f_T 는 다음 식과 같이 나타낼 수 있다.

$$f_T = \frac{g_m}{2\pi(C_{gsT} + C_M)} = \frac{g_m}{2\pi C_G} \tag{93}$$

여기서, C_G 는 등가입력 게이트 캐패시턴스이다. 이상적인 MOSFET 에서 오버랩 또는 기생 캐패시턴스 C_{gsp}, C_{gdp} 들은 0 이다. 또한 트랜지스터가 포화영역에 바이어스 될 때, C_{gd} 는 0 에 접근하고 C_{gs} 는 근사적으로 $C_{ox}WL$ 이다. 포화영역에 바이어스된 이상적인 MOSFET 의 전달 컨덕턴스가 일정한 이동도를 가진다고 가정하면 식 (69) 에 주어진 것과 같다. 그러므로 이상적인 경우에 대한 차단 주파수는 다음 식과 같다.

$$f_T = \frac{g_m}{2\pi C_G} = \frac{\frac{W}{L}\mu_n C_{ox} \cdot (V_G - V_T)}{2\pi(C_{ox}WL)} = \frac{\mu_n(V_G - V_T)}{2\pi L^2} \tag{94}$$

7. MOSFET 스케일링

1959년 집적회로기술이 개발된 이후, 단일 반도체 칩 위에 수십만 개나 되는 트랜지스터로 구성된 아주 복잡한 집적회로를 제작할 수 있게 되었다. 이에 따라 트랜지스터를 포함한 소자들의 크기는 계속 줄어들고 있다. MOSFET 소자는 그 크기를 줄이거나 스케일링 할 수 있는 장점을 갖고 있기 때문에 반도체 집적회로 기술에 상당한 수준의 진전을 가져왔다. MOSFET 의 크기를 줄이는 것은 여러 가지로 이득을 준다. 그러나 이러한 축소와 스케일링에 의해서 채널이 짧아짐에 따라 수평전계가 강해져서 단채널 효과 (short-channel effects) 와 열전자 효과 (hot-electron effects) 라는 바람직하지 않은 효과가 발생하게 된다. 또, 채널 폭에 따른 문턱전압의 변동등도 발생한다. 따라서 단채널 효과와 열전자 효과를 최소로 하면서 디바이스의 선폭을 축소시키는 방법이 연구되고 있다.

7.1. 단채널 효과 (Short-channel effects)

채널 길이 L 이 감소함에 따라, 기존의 장채널 (long channel) 에서 무시될 수 있었던 여러 가지 현상들이 MOSFET 의 특성을 현저히 악화시키고 있다. 여기서는 단채널로 인한 대표적인 몇 가지 현상들을 다루고자 한다.

7.1.1. 드레인 유기 장벽 감소 (Drain Induced Barrier Lowering)

장채널에서는 드레인 바이어스가 소스-채널의 전위 장벽에 영향을 미치지 않는다. 따라서 게이트 바이어스가 이들 전위장벽을 낮추기 위해 증가되지 않으면 드레인 전류는 거의 흐르지 않는다. 반면에 단채널에서는 소스-채널 접합과 드레인-채널 접합이 매우 근접해 있으므로, 드레인 바이어스가 증가하면 소스-채널 전위장벽이 낮아지는 현상이 발생한다. 이를 드레인 유기 장벽 감소 (Drain Induced Barrier Lowering, DIBL) 라고 한다. 이 현상이 발생하면 전자가 채널 내부로 쉽게 들어오게 되므로, 게이트 바이어스가 더 이상 드레인 전류를 제어할 수 없게 된다.

단채널 MOSFET 에서, 드레인 유기 장벽 감소는 핀치오프 (pinch-off) 영역의 채널길이 ΔL 의 변화에 관계된다. 드레인 전류가 채널길이에 반비례하므로, 식 (95) 로 표현할 수 있다.

$$I_D \propto \frac{1}{L-\Delta L} = \frac{1}{L}\left(1+\frac{\Delta L}{L}\right) \tag{95}$$

채널길이에서의 작은 변화가 드레인 바이어스에 비례한다고 가정하면 다음 식으로 표현할 수 있다.

$$\frac{\Delta L}{L} = \lambda V_D \tag{96}$$

여기서, λ 는 채널길이 변조 파라미터이다. 따라서 포화영역에서의 드레인 전류에 대한 식은 다음과 같이 나타낼 수 있다.

$$I_D = \frac{W}{2L}\mu_n C_{ox}(V_G - V_T)^2(1+\lambda V_D) \tag{97}$$

식 (97) 은 출력특성에서 기울기와 출력임피던스의 저하를 나타낸다.

7.1.2. 펀치-스루 (Punch-through) 현상

채널길이가 감소함에 따라, 소스 및 드레인 접합의 공핍층이 채널길이와 비슷하게 된다. 이 두 공핍층이 만나 서로 붙어 버리면 두 영역사이의 전위장벽이 낮아져서 게이트가 드레인 전류를 제어하지 못하게 된다. 따라서 드레인을 통한 상당량의 누설전류가 흐르게 되고, 심한 경우에는 MOSFET 를 파괴하게 된다. 이 현상을 펀치-스루라고 한다.

7.1.3. 문턱전압이하 (Sub-threshold) 전류

문턱전압이하의 전압을 게이트에 인가하면, 약반전 상태에서 매우 작은 드레인 전류가 흐른다. 문턱전압이하에서는 채널의 전자농도가 낮아서 확산전류가 표동전류보다 우세하다. 단채널의 경우, 채널길이가 짧기 때문에 소스에서 드레인으로의 캐리어 확산 현상은 더욱 심화될 것이다. 따라서 문턱전압이하에서 MOSFET 를 차단상태로 만드는 것은 매우 어렵게 된다.

7.2. 열전자 효과 (Hot-electron effects)

열전자 효과는 단채널 효과와 마찬가지로 스케일링에 의해 MOSFET 내부에 발생하는 전계가 강해짐에 따라 발생하는 바람직하지 않은 효과이다. 전자가 소스에서 드레인으로 이동할 때, Si 채널과 게이트 산화막 사이에 존재하는 전위장벽을 넘을 수 있을 만큼 큰 에너지를 갖는 열전자가 되어서, 게이트 산화막을 통과하거나 게이트 산화막에 트랩될 수 있다. 식 (48) 에 의하면, 이것은 평탄대역 전압을 증가시켜서 결국 문턱전압 을 증가시킨다. 또한, 열전자가 Si-SiO_2 계면에 존재하는 Si-H 결합을 파괴하여, 전달 컨덕턴스와 문턱전압 기울기 등의 MOSFET 파라미터를 열화 시킬 수도 있다. 열전자 효과로 인한 소자의 열화 문제는 소스와 드레인 영역의 불순물 농도를 낮추어서 접합의 전계를 감소시켜 해결할 수 있다. 그러나 소스와 드레인 영역의 불순물 농도를 낮추면 접촉저항의 증가와 같은 다른 문제들이 발생한다. 이 때문에 [그림 35] 에 나타낸 두 가지 상이한 불순물 농도를 갖는 LDD (Lightly Doped Drain) 구조를 이용한다. LDD 는 소스와 드레인 영역 중 채널에 인접한 부분만 불순물의 농도를 낮춘 구조이다. LDD 구조를 이용하면 드레인과 채널 영역 사이의 전계를 감소시킬 수 있어, 열전자 효과를 현저히 줄일 수 있다.

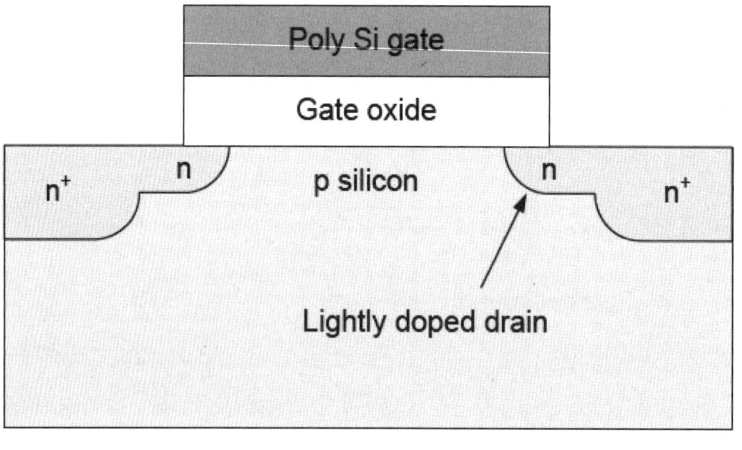

[그림 35] LDD (Lightly Doped Drain) 구조

열전자 효과는 정공의 채널이동도가 전자의 절반 정도이기 때문에, p-채널 MOSFET 보다는 n-채널 MOSFET 에서 더 문제가 된다. 다시 말하면, 동일한 전계에서 열전자가 열정공 보다 더 많이 발생하게 된다. 또한, Si/SiO_2 사이의 가전자대에서 정공주입 장벽은 5 eV 로 전자에 대한 장벽 3.1 eV 에 비해 높으므로 LDD 는 n-채널에서 사용될 수 있지만, p-채널에서는 보통 사용되지 않는다.

7.3. 협폭 효과 (Narrow Width Effect)

협폭 효과는 채널 폭이 공핍층 길이와 거의 같은 크기일 때, 필드 산화막 (field oxide) 하부에 축적된 공핍 전하들에 의해 문턱전압이 증가하는 현상을 의미한다. 채널 폭이 감소되면 게이트 영역의 총 전하도 감소되지만, 필드 산화막 영역의 전하는 일정한 값을 유지한다. 채널 폭이 감소될수록 이 필드 산화막 영역의 전하가 더 큰 영향을 미쳐 문턱전압이 커지게 된다. 협폭 효과는 채널 폭이 1μm 이하인 소자에서 특히 중요하다.

7.4. MOSFET 소자의 소형화

MOSFET 소자의 크기를 작게 하면 집적도뿐만 아니라 소자의 속도나 전력소비와 같은 성능도 대폭 향상된다. 그러나 크기를 작게 하면 단채널 효과 및 열전자 효과와 협폭 효과 등의 부작용이 발생한다. 따라서 [표 1] 에 나타낸 바와 같은 소자크기와 그와 연관된 소자의 파라미터를 적절하게 축소시키는 비례축소법칙 (scaling rule) 이 제안되었다.

[표 1] MOSFET 의 스케일링

Determinant	MOSFET device and circuit parameters	Multiplying factor (k>1)
Scaling assumption	Device dimensions (d, L, W, r_j) Doping concentration (N_A, N_D) Voltage (V)	1/k k 1/k
Derived scaling behavior of device parameters	Electric field (ε) Carrier velocity (v) Depletion-layer width (W) Capacitance (C=εA/d) Inversion-layer charge density (Q_n) Current, drift (I) Channel resistance (R)	1 1 1/k 1/k 1 1/k 1
Derived scaling behavior of circuit parameters	Circuit delay time (τ~CV/I) Power dissipation per circuit (P~VI) Power-delay product per circuit (Pτ) Circuit density (~1/A) Power density (P/A)	1/k $1/k^2$ $1/k^3$ k^2 1

이 법칙의 기본적인 개념은 단순히 모든 선폭과 전압을 스케일링계수 k (>1) 만큼 줄여서, 내부 전계를 장채널에서의 전계와 동일하게 유지하여 동일한 채널특성을 유지시키는 것이다. [표 1] 에서 보듯이, 소자 크기가 축소됨에 따라 전류 밀도를 제외한 모든 파라미터가 유리하게 변한다. 동작속도는 빨라지고 부품밀도는 증가하며 전력밀도는 일정하게 남아 있다. 그러나 전류밀도는 스케일링 계수만큼 증가한다. 금속 도체는 전기력의 영향으로 한곳에서 다른 곳으로 원자가 이동하는 전기적 이동 (electromigration) 때문에 전류밀도의 제한을 받는다. 이 효과는 알루미늄 도체의 경우 최대전류밀도를 약 10^5A/cm^2 로 제한한다.

[그림 36] 은 보통의 큰 소자와 축소된 소자의 출력특성을 나타낸 것이다. 문턱전압 역시 같은 계수만큼 축소됨을 알 수 있다. 스케일링 방법 중 다른 하나는 $L_{\min}$ 과 파라미터 γ 에 대한 그래프를 이용하는 것이다. $L_{\min}$ 은 장채널 특성을 관찰할 수 있는 최소 채널길이이다. γ 는 다음과 같은 식으로 주어진다.

$$\gamma = r_j d(W_S + W_D)^2 \quad (98)$$

여기서, r_j 는 접합깊이 (μm), d 는 산화막 두께 (Å), $W_S + W_D$ 는 소스와 드레인 공핍층 폭 (μm) 의 합이다.

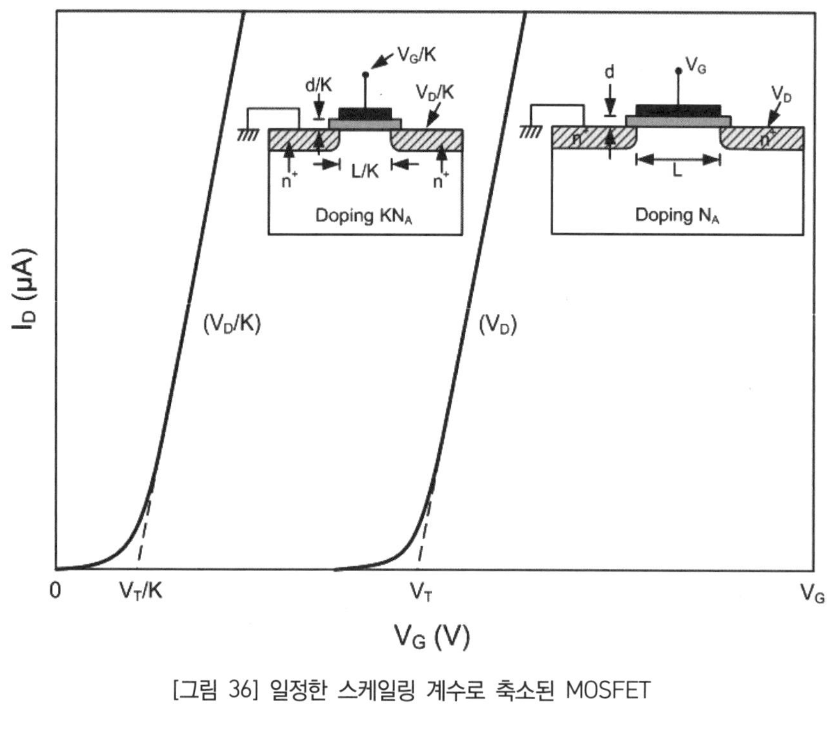

[그림 36] 일정한 스케일링 계수로 축소된 MOSFET

식 (99) 는 실험적인 연구 결과와 2 차원 컴퓨터 시뮬레이션 결과로부터 얻은 것이다.

$$L_{\min} \simeq 0.4[r_j d(W_S + W_D)^2]^{1/3} \equiv 0.4\,\gamma^{1/3} \tag{99}$$

예들 들어, 적절한 장채널 특성을 갖는 0.5 μm 채널의 MOSFET 를 설계하려면 γ 는 2 가 되어야 한다. 일단 γ 가 정해지면 r_j, d, W_S 및 W_D 를 택하여 γ 가 2 를 초과하지 않도록 할 수 있다. 최소 채널길이에 대한 식 (99) 는 더욱 융통성 있는 척도변환을 위해 사용 될 수 있다. 이는 이 식이 γ 의 값이 동일하게 남아 있는 한, 소자의 여러 가지 파라미터를 독립적으로 조정할 수 있도록 허용하기 때문이다. 따라서 소자의 모든 파라미터를 같은 계수 k 만큼 척도변환하지 않아도 된다. 이러한 융통성은 엄격하게 일률적으로 척도변환된 구조보다는 오히려 만들기 쉽거나 소자 동작의 다른 국면을 최적화 할 수 있는 새로운 구조의 선택을 허용한다. [표 2] 는 식 (99) 를 기초로 마이크론 이하의 채널을 갖는 MOSFET 에 대한 일련의 파라미터를 열거한 것이다.

[표 2] MOSFET 의 소형화

Channel length (μm)	Junction depth (μm)	V_D (V)	V_T (V)	Gate oxide (Å)
0.75	0.30	5.0	1.0	400
0.5	0.20	4.0	0.7	250
0.25	0.10	2.0	0.5	160
0.1	0.05	1.0	0.2	100

채널길이가 짧아짐에 따라 장채널 특성을 유지하기 위해서는 소자의 모든 파라미터 및 전압도 따라서 감소되어야 한다.

8. CMOS (Complementary MOS)

주로 디지털 논리회로에서 사용되는 CMOS (complementary MOS) 는 하나의 기판 위에 증가형 n-채널 MOS 와 증가형 p-채널 MOS 가 나란히 형성된 구조를 갖는다. 여기서는 증가형 n-채널 MOS 를 nMOS, 증가형 p-채널 MOS 를 pMOS 라 하자. 이러한 구성은 [그림 37] 과 같다.

낮은 농도로 도핑된 n 형의 기판위에 pMOS 를 형성하고, nMOS 는 기판의 농도보다 조금 높은 농도로 도핑된 p 영역 속에 형성한다. 여기서 p 영역을 p-well 이라 하며, 이 well 의 표면 농도는 nMOS 의 형성이 가능하도록 낮은 농도를 유지해야 한다.

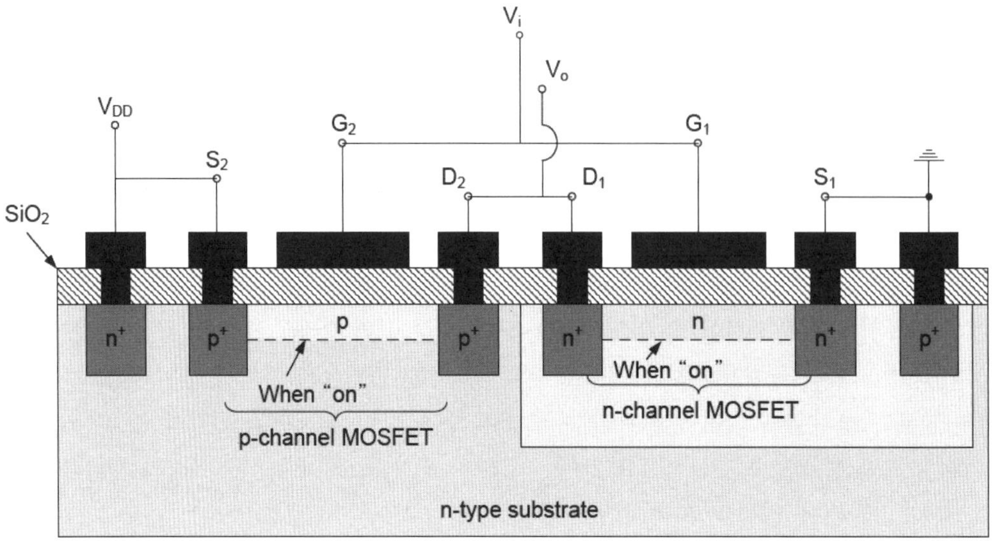

[그림 37] CMOS 의 구조

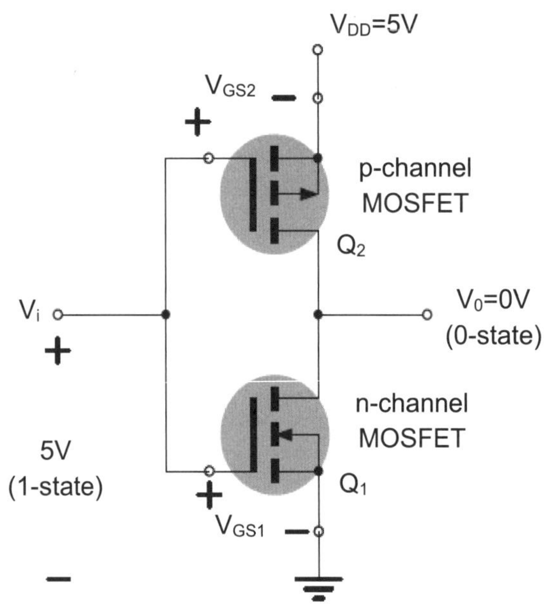

[그림 38] CMOS 인버터 회로

앞서 설명한 CMOS 의 구조는 [그림 38] 과 같이 nMOS 와 pMOS 를 연결한 회로도로 기호화 할 수 있으며, 일반적으로 CMOS 인버터 (inverter) 라 한다. 이것은 입력 신호 V_i 에 대한 출력 신호 V_o 가 반전되기 때문이다. 이제부터 CMOS 인버터의 동작을 알아보자.

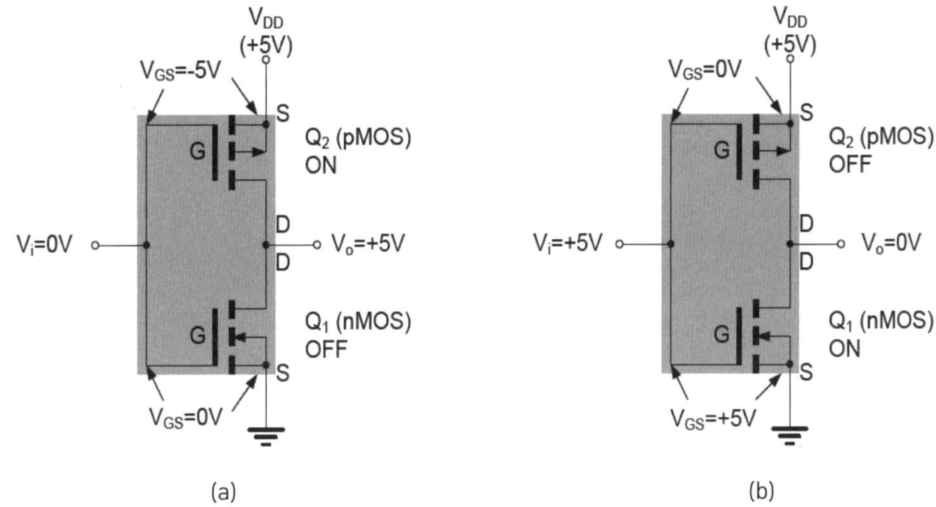

[그림 39] CMOS 의 인버터 동작 : (a) 입력전압 $V_i = 0\,V$, 출력전압 $V_o = 5\,V$, (b) 입력전압 $V_i = +5\,V$, 출력전압 $V_o = 0\,V$

[그림 39 (a)] 와 같이 CMOS 회로의 입력 V_i 에 0 V 를 인가하면 nMOS 의 게이트와 pMOS 의 게이트에 동시에 0 V 가 인가된다. nMOS 의 경우 게이트 전압 V_{GS} 에 0 V 가 인가되면 채널이 형성되지 않아서 오프 (off) 상태가 되며, pMOS 의 경우는 채널이 형성되어서 온 (on) 상태가 된다. 따라서 출력 단자 V_o 는 nMOS 의 소스와 연결되어 있는 접지부 (ground) 와는 연결되지 않으며, pMOS 의 소스에 연결되어 있는 V_{DD} (+5 V) 와 연결된 상태가 된다. 결국 입력단 V_i 에 0 V 를 인가한 경우 5 V 가 출력되는 것이다.

[그림 39(b)] 와 같이 CMOS 회로의 입력 V_i 에 5 V 를 인가하면 nMOS 의 채널은 형성되지만 pMOS 의 채널은 형성되지 않게 되어, 출력 단자 V_o 는 nMOS 의 소스에 연결되어 있는 접지부와 연결된다. 따라서 입력단 V_i 에 5 V 의 전압이 인가되면 출력단 V_o 는 0 V 가 되는 것이다.

CMOS 회로의 입출력 전압 사이에 반전되는 특성을 [표 3] 에 정리하였다.

[표 3] CMOS 회로의 동작

V_i (V)	nMOS	pMOS	V_0 (V)
0	off	on	+5
+5	on	off	0

CMOS 구조는 nMOS 와 pMOS 의 게이트를 동시에 연결해서 입력 전압 V_i 를 인가하며, 두 트랜지스터의 드레인을 한데 묶은 곳에서 출력 전압 V_o 를 얻는다. 또한 pMOS 의 소스에 가장 높은 전압인 V_{DD} (+5 V) 를 인가하며, nMOS 의 소스에 가장 낮은 전압인 접지 (ground) 를 연결한다. 이와 같은 CMOS 의 구조는 래치업 (latch-up) 이라 부르는 의도되지 않은 현상에 노출되어 있다. [그림 40] 은 CMOS 에 발생하는 래치업 현상의 원인을 보여주고 있다. n 형으로 도핑된 부분과 p 형으로 도핑된 부분이 서로 연결되면서 pn 접합 또는 np 접합이 형성되는데, 이러한 접합의 연결이 BJT 의 npn 트랜지스터와 pnp 트랜지스터로 동작하게 된다.

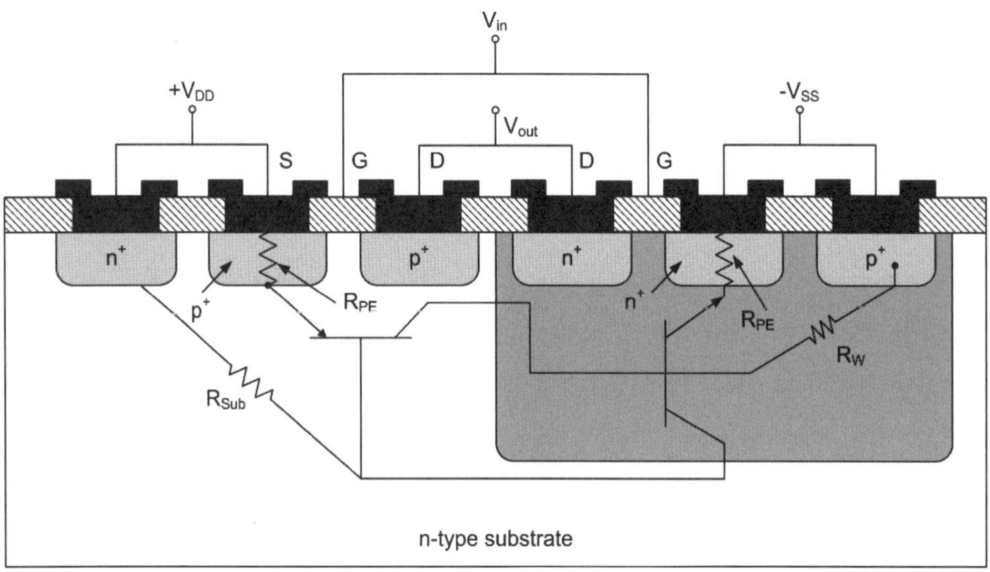

[그림 40] CMOS 트랜지스터 단면도

nMOS 의 소스 (n 형), p-well (p 형), 그리고 n 형 기판 (n 형) 의 연결이 하나의 npn 트랜지스터가 되며, pMOS 의 소스 (p 형), n 형 기판 (n 형), 그리고 p-well (p 형) 이 pnp 트랜지스터가 된다. CMOS 의 정상 동작은 pMOS 와 nMOS 의 채널을 통해서 전류가 흘러야 하는데, 래치업 현상이 발생하게 되면 채널을 통하지 않고 기판 자체의 np 또는 pn 접합면을 통해서 전류가 전달되므로, 전류는 $+V_{DD}$ 로부터 접지로 흐르게 된다. npn 트랜지스터와 pnp 트랜지스터는 서로 베이스에 연결되어 있기 때문에 하나의 트랜지스터가 동작하기 시작하면 다른 트랜지스터의 전류를 증폭시키는 작용을 해서 점차 큰 전류를 흐르게 한다. 결국 CMOS 회로에 과전류가 흐르게 되어 본래의 기능을 상실하게 된다. 이와 같은 현상을 래치업 이라고 한다. 이러한 래치업 현상은 CMOS 회로의 가장 큰 문제점이다. 래치업의 방지를 위한 기술이 계속해서 발전되어 왔는데, 아래의 세 가지가 가장 널리 알려진 래치업방지법이다.

첫째, 베이스와 에미터 사이에 순방향 바이어스가 걸리지 않도록 기판의 도핑 농도를 충분히 높게 한다.

둘째, 베이스와 에미터 사이에 순방향 바이어스가 걸려서 전류가 흐르더라도 다른 기생 BJT 에 영향이 미치지 않도록 콜렉터 전류를 낮추는 방법이다. 이를 위해서 두 BJT 사이의 거리를 떨어지게 하며, 이는 실제로 nMOS 와 pMOS 사이의 거리를 멀리하는 것이 아니라 nMOS 와 pMOS 사이에 가드링 (guard-ring) 을 설치하는 방법으로, 트렌치 고립 (trench isolation) 공정을 이용한다.

셋째, V_{DD} 에 의한 전류 생성이 아닌, 외부의 빛이나 α-입자의 영향에 의해 발생하는 전류를 방지하기 위해 소수 캐리어의 수명을 줄이는 방법이다. 이를 위해, 역시 높은 농도로 도핑된 기판을 사용하는 것이 유리하다.

Chapter 6. 반도체 칩 제작과 메모리 소자

1. 반도체 소자의 발전 과정
2. 반도체 칩 제작의 단계
3. 집적회로 (IC) 칩

Chapter 6

반도체 칩 제작과 메모지 소자

현대 사회는 20 세기 동안 기계에서 전자에 이르기까지 기술혁명을 겪었으며, 반도체 산업은 이러한 기술 혁명의 중심에 있다. 지난 40 년간 획기적인 기술 혁신으로 반도체와 관련된 전자 산업은 급격히 성장하였으며, 반도체를 전자 산업의 핵심 또는 20 세기 최고의 발명품 등으로 간주하기도 한다. 반도체는 이미 사회 곳곳에 퍼진 전자 제품의 주요한 구성 요소이다. 전자 소자에 있어 기본 반도체 재료는 웨이퍼로 알려진 얇은 결정체로서, 반도체 소자는 웨이퍼 위에 제작되며 흔히 마이크로 칩 또는 칩이라 부른다. 이러한 반도체 산업에서 기초가 되는 재료 중에는 게르마늄과 실리콘이 있다. 게르마늄은 반도체 소자 제작에 필요한 재료 중 하나로 주목받았지만 1960 년대 초기에 이르러 실리콘으로 급속히 대체되었다. 이는 실리콘이 쉽게 실리콘 산화물을 형성할 수 있어 집적회로 제작에 필요한 선택적 확산 경계의 훌륭한 장벽뿐만 아니라 우수한 품질의 부도체로 사용되기 때문이다. 그 외에도 실리콘은 열에 강하고 지구상에서 산소 다음으로 풍부하기 때문에 낮은 비용으로 초기 재료를 만들 수 있고 게르마늄보다 넓은 대역폭을 가지고 있고 보다 높은 온도에서 동작할 수 있는 장점을 가지고 있다.

전형적인 반도체 칩 제조 공정은 전체 제조 과정을 끝내기 위해서 68 주 정도의 기간을 필요로 하며, 350 또는 그 이상의 공정 단계를 필요로 한다. 제조된 마이크로 칩은 자동차, 전자기기, 개인 컴퓨터, 이동 통신 등의 다양한 분야에 사용되도록 전자적이고 기계적인 조립과정을 거쳐 패키징 된다. 반도체 칩의 세계 시장은 2001 년에 이미 2000 억 달러 규모를 넘어섰고 그 규모는 계속 증가하고 있다. 반도체 칩 중에서 메모리는 가장 광범위하게 사용되는 소자이다. 메모리는 디지털 이진정보 를 저장해두고 필요한 경우 꺼내어 읽어볼 수 있는 장치를 의미하며, 전원 공급이 중단되면 데이터를 상실하는 휘발성 메모리와 전원 공급이 중단되어도 저장된 데이터를 상실하지 않는 비휘발성 메모리로 구분할 수 있다.

본 장에서는 반도체의 개략적인 발전과정에 대하여 언급을 하고, 칩 제작 단계와 메모리에 대하여 설명하고자 한다. 반도체 칩 제작단계에서는 웨이퍼 제조, 반도체 칩의 제작, 테스트/분류, 조립과 패키징, 최종 테스트에 대한 내용을 설명하여 전체적인 칩 제작단계에 대한 이해를 돕고자 한다. 또한 DRAM, SRAM, EPROM, 플래시 메모리 와 같은 전통적인 메모리 뿐만 아니라 차세대 메모리로 주목받고 있는 FeRAM, PRAM, MRAM 등의 구조 및 동작원리 등을 상세히 설명해 메모리에 대한 전반적인 이해를 도모하고자 한다.

1. 반도체 소자의 발전 과정

1.1. 트랜지스터의 발명

트랜지스터가 발명될 당시 모든 전자 제품은 진공관과 릴레이 위주로 구성되어 있었다. 진공관은 크고 비싼데다 지나치게 많은 열을 내는 문제점을 가지고 있었다. 많은 연구자들이 고체 상태 (solid state) 의 부품이 진공관을 대체할 수 있을 것으로 믿고 연구를 진행하였다. 특히, 벨 연구소 (AT&T Bell Lab.) 에서는 많은 물리학자와 기술자들이 반도체 재료를 사용한 소자의 개발에 몰두하고 있었다. 이 연구소는 상당한 진전을 보였으나, 제2차 세계 대전의 발발과 더불어 많은 연구자들이 전쟁에 필요한 연구에 동원되었다. 제2차 세계 대전이 끝나자 전쟁 연구에 동원되었던 많은 사람들이 다시 자신들의 연구 분야로 돌아왔다. 1946 년 벨 연구소의 연구진은 복잡한 화합물 반도체를 버리고 가장 간단한 반도체 물질인 실리콘과 게르마늄에 집중하기로 결정하였다. 1947 년 크리스마스 바로 전에 벨 연구소의 두 과학자, 바딘 (John Bardeen) 과 브래튼 (Walter Brattain) 은 n 형 게르마늄 조각 위에 두 개의 전극을 매우 가깝게 연결하여 전압 증폭과 전력 증폭이 일어남을 확인할 수 있었다. 이것이 [그림 1] 에 나타낸 점 접촉형 (point contact) 트랜지스터이다. 트랜지스터라는 말은 이 소자가 낮은 등가 저항을 가진 전류를 높은 등가 저항을 가진 전류로 변환시키는 저항 전달 (transfer resistor) 의 기능을 가지고 있다는 뜻으로 명명된 것이다. 그들의 지도 교수인 쇼클리 (William Shockley) 는 이 트랜지스터가 어떻게 동작되는지를 밝히기 위해, pn 접합을 토대로 접합에서의 소수 캐리어의 동작을 분석하여 pn 접합에는 전위 장벽이 존재하며 순방향 전압 상태에서는 전위 장벽을 넘어선 소수 캐리어와 전압 사이에 지수함수적인 관계가 존재한다는 사실을 발견하였다. 이를 토대로 n 형 반도체 내에 p 형 반도체를 샌드위치 구조로 삽입하거나 그 반대로 p 형에 n 형을 삽입 시키는 경우에 증폭 현상이 일어남을 계산해냈다. 그가 발명한 구조는 현재에도 사용되고 있는 트랜지스터의 구조와 같으며, 그는 순수하게 물리적인 이론을 바탕으로 트랜지스터를 발명한 것이다. 그러나 그의 발명은 아직 이론일 뿐 실험적인 검증이 필요하였다. 벨 연구소의 연구진은 얇은 게르마늄 조각의 양편에 금속 접점을 만들어도 증폭 현상이 일어나는 것을 관찰함으로써 점 접촉형 트랜지스터가 쇼클리의 분석대로 전계효과가 아닌 접합에서의 소수 캐리어 동작과

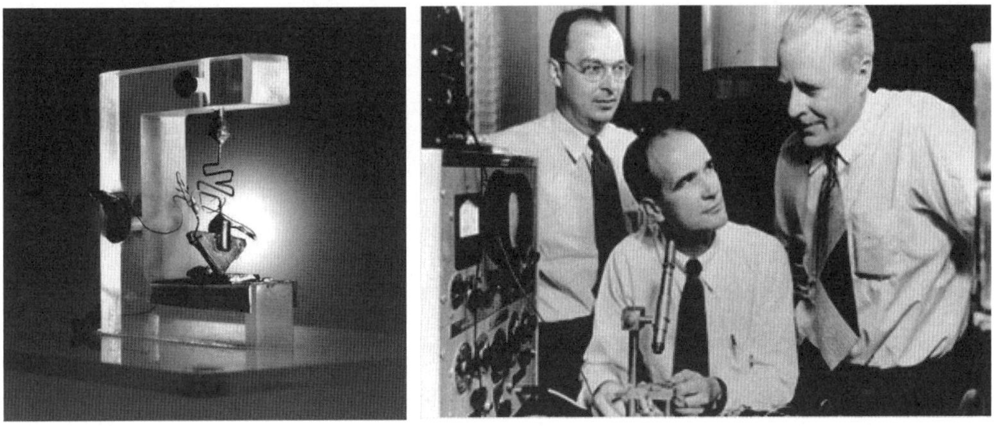

[그림 1] 벨 연구소의 첫 번째 트랜지스터와 그 발명자들

관계가 있음을 보였다. 쇼클리, 바딘, 브래튼은 1956년에 트랜지스터 발명으로 노벨 물리학상을 받았다.

1956년에, 쇼클리는 뉴저지에 있는 벨 연구소를 떠나서, 베크만 회사 (Beckman Instruments)의 지원을 받아 자신의 고향인 팔로 알토 (Palo Alto) 에 쇼클리 반도체 연구소 (Shockley Semiconductor Laboratory) 를 설립하였다. 그가 만든 이 회사가 현재의 실리콘 밸리 (Silicon Valley) 의 시작이다. 쇼클리는 노이스 (Robert Noyce) 와 무어 (Gordon Moore) 와 같은 재능 있는 과학자와 기술자들을 발굴했다. 쇼클리 반도체 연구소가 몇 가지 매우 우수한 연구 개발 결과를 발표하였지만, 사업으로는 크게 성공하지 못했다. 노이스와 무어를 포함한 일부 연구자들은 1957 년에 쇼클리 반도체 연구소를 떠나서, 동부의 페어차일드 카메라 (Fairchild Camera & Instruments) 로부터 자금을 얻어 페어차일드 반도체 (Fairchild Semiconductor Corp.) 를 설립하고 본격적으로 실리콘 트랜지스터의 연구에 착수하였다. 이는 새로운 모험적인 기술에 자본을 투자한다는 개념으로서의 벤처 산업의 시작이었다. 이들 초기 페어차일드의 직원들은 향후 실리콘 밸리 내의 많은 반도체 회사를 창업하여 반도체 산업을 일으키고 발전시키는 데 핵심적인 역할을 하였다.

1.2. 집적회로의 발명

트랜지스터의 발명은 전자 산업에 혁명을 일으켰다. 트랜지스터는 컴퓨터, 군수 산업 등의 분야에 혁신을 일으켰을 뿐만 아니라 그 자체를 트랜지스터라고 부르는 휴대용 라디오에 사용되는 등 일상생활에도 큰 변화를 일으켰다. 트랜지스터가 진공관을 대신하여 전자제품에 사용되기 시작하면서 괄목할만한 성능과 신뢰성의 향상이 이루어졌다. 그러나 이는 진공관을 트랜지스터로 대체한 것일 뿐 아직도 동작하는 제품을 만들기 위해서는 트랜지스터 주위에 저항, 캐패시터 등의 부품을 연결해야만 했다. 트랜지스터의 성공은 더 많은 트랜지스터를 사용하는 제품을 요구하게 되었고 사용되는 트랜지스터의 개수가 증가함에 따라 제품의 설계가 어려워졌다. 이를 극복하기 위하여 많은 회사가 트랜지스터, 저항, 캐패시터 등의 부품을 모아 기본 기능을 하는 새로운 부품을 만드는 연구에 집중하고 있었다. 1958 년에 텍사스 인스트루먼트 (Texas Instruments) 사의 기술자인 킬비 (Jack Kilby) 는 저항, 캐패시터, 다이오드, 그리고 트랜지스터 같은 대부분의 분리된 소자를 실리콘 같은 반도체 재료 하나로 만들 수 있다는 것에 주목했다. 킬비는 트랜지스터가 이미 형성된 게르마늄 조각에 캐패시터와 저항 세 개를 형성하고 가느다란 백금선으로 이들을 연결하여, [그림 2] 에 나타낸 것과 같은 최초의 집적회로 (integrated circuit) 를 만들었다.

www.ti.com

[그림 2] 잭 킬비와 최초의 집적회로

거의 동일한 시기에, 페어차일드사의 노이스는 같은 아이디어에 대해 연구하고 있었다. 킬비의 집적회로와 다르게, 노이스의 칩은 기판 표면에 증착된 알루미늄 박막을 식각한 알루미늄 선으로 다른 소자들을 연결하는 플래너 기법으로 소자 사이를 상호 접속하였다. 페어차일드 반도체는 1961 년에 최초로 상업적인 집적 회로를 만들었다. 이것은 트랜지스터 네 개로만 구성되어 있었다. [그림 3] 은 페어차일드의 노이스가 1960 년에 만든 최초의 실리콘 집적회로 칩 중 하나이다. 이것은 2/5 인치 (약 10mm) 실리콘 웨이퍼로 만들어졌다. 노이스의 칩은 현대 집적회로 칩의 기본 공정 기술로 사용되며, 이어서 개발된 모든 집적회로를 위한 모델이 되었다.

특허권에 대한 수년간의 법정 싸움 끝에, 텍사스 인스트루먼트와 페어차일드는 집적회로 기술에 대한 특허권 공유를 합의함으로서 문제를 해결했다. 킬비와 노이스는 집적회로 발명에 대한 특허권을 나눠가졌다. 노이스는 1968 년에 그로브 (Andrew Grove), 무어 (Gordon Moore) 와 함께 인텔 (Intel Corporation) 을 공동 설립했다. 그는 세마테크 (Sematech) 의 대표이사를 지냈으며, 1988 년부터 1990 년까지 국제 반도체 제조 협회에서 근무했다.

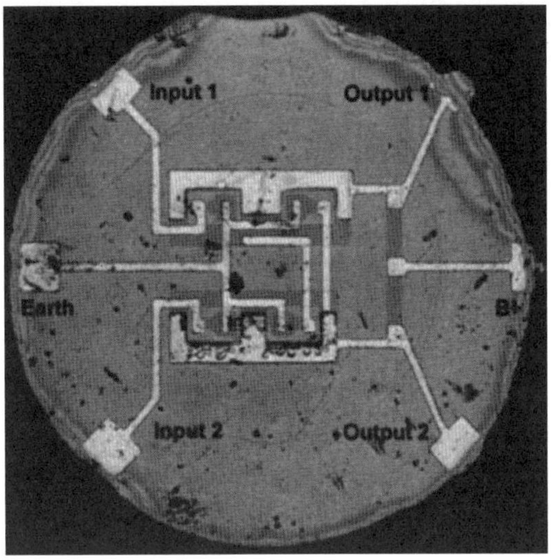

www.eetimes.com

[그림 3] 실리콘 웨이퍼로 만든 최초의 집적회로

1.3. 무어의 법칙

1960 년대에 집적회로 산업은 급격히 발전했다. 1964 년에, 인텔사의 공동 건립자중 한 명인 무어는 컴퓨터 칩에 있는 소자의 수가 매 12 달마다 두 배로 늘어나고, 가격은 동일하게 유지되는 것에 주목했다. 이러한 경향에 대한 그의 예견은 사실로 나타났고 이를 반도체 산업에서 무어의 법칙 (Moore's law) 이라고 부른다. 무어의 법칙은 30 년 이상 정확성을 보였고, 단지 1975 년도에 12 개월에서 18 개월로 약간의 수정이 있었다. [그림 4] 는 무어의 법칙을 나타낸 것이다.

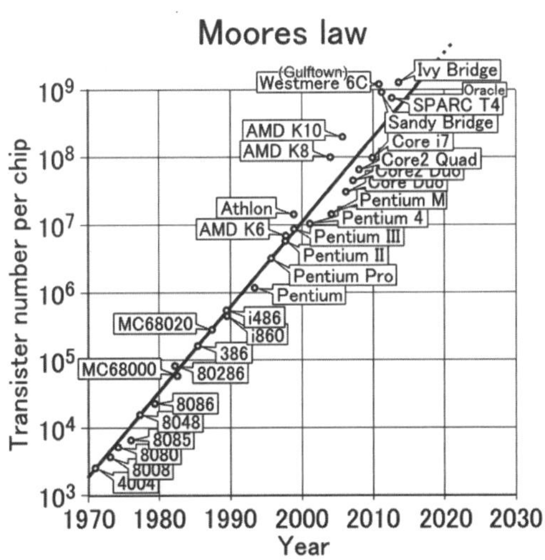

[그림 4] 마이크로프로세서에 대한 무어의 법칙

반도체 산업에서 집적도 (integration level) 를 [표 1] 에 나타내었다.

[표 1] 집적회로 칩의 집적도

Integration level	Abbreviation	Number of devices on a chip
Small-scale integration	SSI	2 to 50
Medium-scale integration	MSI	50 to 5,000
large-scale integration	LSI	5,000 to 100,000
Very large-scale integration	VLSI	100,000 to 10,000,000
Ulter large-scale integration	ULSI	10,000,000 to 1,000,000,000
Super large-scale integration	SLSI	>1,000,000,000

1.4. 웨이퍼의 크기와 최소 선폭

반도체 산업에서, 선폭은 일반적으로 마이크론 (10^{-6}m, μm) 을 사용한다. 사람 머리카락의 지름은 약 50 μm 에서 100 μm 이다. 40 년 전부터, 집적회로 칩의 최소 선폭이 급격히 줄어들어 1960 년대에 약 50 μm 에서 2000 년에 0.18 μm 가 되었다. 최소 선폭이 감소함에 따라, 소자를 더욱 작게 만들 수 있게 되었다. 이는 웨이퍼 당 더 많은 칩들을 생산하거나, 동일한 다이 (die) 크기에서 더욱 성능 좋은 칩을 만들 수 있게 되었다는 것을 의미한다. 이는 집적회로 칩의 제조에서 더 많은 이윤을 남기도록 하며, 집적회로 기술 개발의 가장 중요한 추진력이다. 예를 들면, 최소 선폭이 0.35 μm 에서 0.25 μm 로 줄어들면, 동일한 종류의 칩 크기는 $(0.25/0.35)^2 = 0.51$ 에 의해 줄어든다. 이것은 칩과 웨이퍼가 사각형이라면 생산될 수 있는 칩들의 양이 거의 두 배가 된다는 것을 의미한다. 실리콘 웨이퍼는 원형이기 때문에, 가장자리 효과로 실제 생산은 약 50 % 증가되며 그만큼 비용이 절감된다. 유사하게, 최소 선폭이 0.18 μm 로 더욱 줄어들면, [그림 5] 에서 보듯이 칩의 수는 0.35 μm 기술에서보다 약 4 배가 많아질 것이다.

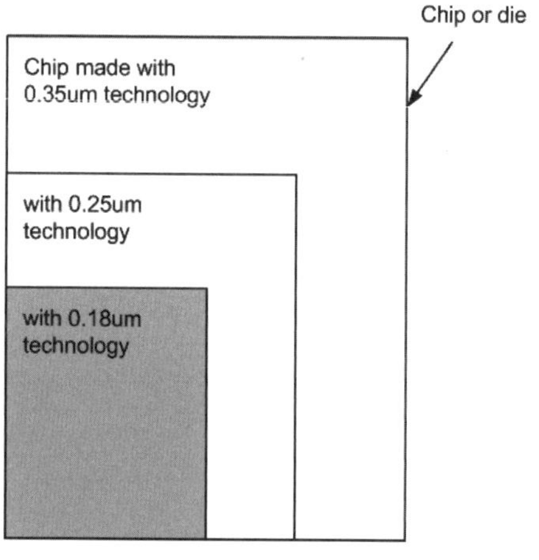

[그림 5] 최소 선폭에 따른 칩 크기의 비교

[표 2] 는 최소 선폭 및 트랜지스터 밀도와 단가의 예측을 나타낸 것이다. 최소 선폭은 계속해서 줄어드는 반면에, 웨이퍼 크기는 점점 더 증가한다. 더 많은 소자가 하나의 칩에 집적되며, 하나의 웨이퍼에서 더 많은 칩이 만들어진다. 따라서 트랜지스터의 단가는 계속해서 감소하게 된다.

[표 2] 반도체 산업의 전체 로드맵

	1995	1998	2000	2002	2005	2008
Minimum feature size (m)	0.35	0.25	0.18	0.13	0.10	0.07
DRAM						
Bits/Chip	64 M	256 M	1 G	4 G	16 G	64 G
Cost/bits@volume (milicents)	0.017	0.007	0.003	0.001	0.0005	0.0002
Microprocessor						
Transistors/cm^2	4 M	7 M	13 M	25 M	50 M	90 M
Cost/transistor@volume (milicents)	1	0.5	0.2	0.1	0.05	0.02
ASIC						
Transistors/cm^2	2 M	4 M	7 M	13 M	25 M	40 M
Cost/transistor@volume (milicents)	0.3	0.1	0.05	0.03	0.02	0.01
Wafer size	200	200	200-300	300	300	300-400

Source: Semiconductor Industry Association (SIA)

최소 선폭이 물리적 한계에 도달하기 전에 이러한 점을 극복하기 위한 많은 기술이 개발되고 있다. 가장 주목할 만한 것은 집적회로 소자 형성을 위해 웨이퍼 표면에 디자인된 패턴을 옮길 때 사용되는 가장 기본적인 집적회로 제조 단계인 패터닝 공정이다. 일반적으로 사용되는 포토 리소그래피 (photo lithography) 는 최소 선폭이 물리적 한계에 도달하기 전에 X-선 리소그래피 (X-ray lithography) 와 전자빔 리소그래피 (e-beam lithography) 와 같은 대체 리소그래피 기술들이 실용화 될 것이다. 최소 선폭이 줄어드는 동안, 웨이퍼 크기는 증가해왔다. 1960 년대에 10 mm (2/5 inch) 로 시작된 웨이퍼 크기는 300 mm (12 inch) 까지 증가하였다. 웨이퍼 크기가 증가함으로써, 하나의 웨이퍼에 더 많은 칩을 구현할 수 있게 되었다. 200 mm 에서 300 mm 로, 웨이퍼의 크기가 인자 $(3/2)^2 = 2.25$ 에 의해 증가하는 것은 웨이퍼 당 칩의 수가 300 mm 웨이퍼에서 두 배가 될 수 있음을 의미한다. [그림 6] 은 웨이퍼의 크기를 비교한 것이다.

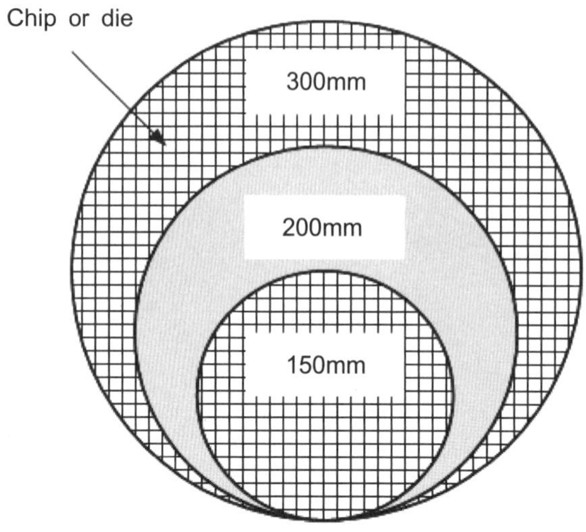

[그림 6] 상대적인 웨이퍼 크기의 비교

2. 반도체 칩 제작의 단계

반도체 칩 제작은 보통 웨이퍼 제조, 반도체 칩의 제작, 테스트/분류, 조립 및 패키징, 마지막 테스트 다섯 가지 단계를 갖는다.

2.1. 웨이퍼 제조

2.1.1. 천연 실리콘

보통의 석영 모래는 주로 규암으로 이루어져 있으며, 고온에서 탄소 (carbon) 와 반응할 수 있다. 실리콘-산소 결합이 강하기 때문에 규암은 매우 안정적이다. 따라서 이러한 탄소 저하 반응은 매우 높은 온도를 필요로 하므로 고온의 도가니 (furnace) 에 순수한 규암과 탄소를 넣는다. 높은 온도에서, 탄소는 일산화탄소를 형성하기 위해 규암과 반응하기 시작한다. 이 공정에서 천연 실리콘 또는 MGS (metallurgical-grade silicon) 라 불리는 약 98% 에서 99% 의 순도를 가지는 다결정 실리콘이 만들어진다. MGS 를 형성하는 화학 반응식은 다음과 같이 표현된다.

$$\underset{\text{Quartzite}}{SiO_2} + \underset{\text{Coal}}{2C} \xrightarrow{\text{Heat}} \underset{\text{MGS}}{Si} + \underset{\text{Carbon monoxide}}{2CO} \quad (1)$$

천연 실리콘은 높은 불순물 농도를 가지기 때문에 반도체 소자 제작에 사용하기 위해 정제되어야 한다.

2.1.2. 실리콘 정제

실리콘을 정제하기 위해 몇 단계를 거치게 된다. 우선, 천연 실리콘은 미세한 분말로 으깨어진다. 이때 실리콘 분말은 HCl 증기와 반응하기 위해 반응기 안으로 투입되며, 약 300℃의 온도에서 $SiHCl_3$ 증기를 형성한다. 화학반응은 다음 식과 같이 표현된다.

$$\underset{\text{MGS}}{Si} + \underset{\text{Hydrochloride}}{3HCl} \xrightarrow{\text{Heat (300℃)}} \underset{\text{TCS}}{SiHCl_3} + \underset{\text{Hydrogen}}{H_2} \tag{2}$$

$SiHCl_3$ 증기는 이때 99.9999999% (10억 개의 원자 당 1개 이하의 불순물) 보다 높은 순도를 가지는 초고순도 액체 $SiHCl_3$ 를 얻기 위해 일련의 필터, 응축기 (condenser), 정제기를 거치게 된다. 고순도 $SiHCl_3$ 는 실리콘을 얻기 위해 사용되는 가장 일반적인 실리콘 원료 전구체 (precursor) 중의 하나이다. 이것은 비정질 실리콘, 다결정 실리콘, 그리고 에피텍시 실리콘 증착에 광범위하게 응용된다. 고온에서 $SiHCl_3$ 는 H_2 와 반응하여 고순도 다결정 실리콘이 만들어지며, 반응식은 다음과 같이 표현된다.

$$\underset{\text{TCS}}{SiHCl_3} + \underset{\text{Hydrogen}}{H_2} \xrightarrow{\text{Heat (1100℃)}} \underset{\text{EGS}}{Si} + \underset{\text{Hydrochloride}}{3HCl} \tag{3}$$

고순도 다결정 실리콘은 EGS (electronic-grade silicon) 라고 불린다. 현재 EGS 는 집적회로 공정에서 단결정 실리콘 잉곳 (ingot) 으로 바로 만들어 질수 있으며, 이를 이용하여 웨이퍼가 제작된다.

2.1.3. 결정 성장

단결정 실리콘 잉곳을 만들기 위해, EGS 와 단결정 실리콘 종자 (seed) 를 녹일 높은 온도가 필요하다. 용융된 실리콘은 이때 종자 결정과 동일한 결정 구조로 재응결 된다. 일반적으로 반도체 산업에서 단결정 실리콘을 만드는 두 가지 방법이 있는데, 쵸크랄스키 방법 (Czochralski method) 과 플로팅 존 방법 (floating zone method) 이다. 쵸크랄스키 방법은 플로팅 존 방법에 비해 단일 조각의 결정과 다결정 실리콘이 사용될 수 있으므로 상대적으로 저가로 제작될 수 있고, 200 mm 이상의 큰 직경을 가지는 웨이퍼를 제작할 수 있는 장점이 있기 때문에 웨이퍼 제작에 더 보편적으로 이용된다.

집적회로 공정에서 사용되는 실리콘 웨이퍼는 주로 [그림 7] 에 나타낸 쵸크랄스키 방법으로 만들어진다. 쵸크랄스키 방법에서, 고순도 EGS 는 1414℃ 의 실리콘 용융점 바로 위인 1415℃ 에서 느리게 회전하는 석영 도가니 (crucible) 에서 RF 또는 저항 가열 코일에 의해 녹는다. 저항 가열기는 낮은 비용과 유지비, 그리고 높은 효율로 인하여 현재 광범위하게 사용되고 있다. 느리게 회전하는 척 (chuck) 에 설치된 막대 형태의 단결정 실리콘 종자는 용융된 실리콘 안으로 점차적으로 내려가서 종자 결정의 표면이 용융된 실리콘에

잠기고 녹기 시작한다. 종자 결정 온도는 실리콘 용융점 바로 아래로 정밀하게 제어된다. 시스템이 열적 안정성에 도달했을 때 종자 결정을 천천히 상부로 끌어올리면서 회전시켜 종자 결정과 동일한 결정 방향과 일치하는 단결정을 만든다. 종자 결정의 회전과 용융은 결정 잉곳을 가로질러 불순물 균일성을 개선시킨다. 쵸크랄스키 방법에서 결정의 직경은 온도와 끌어올리는 속도에 의해 결정된다. 쵸크랄스키 방법에 의해 만들어진 단결정 실리콘 잉곳은 높은 온도 때문에 석영 도가니가 침식당하면서 나오는 산소와 탄소 불순물을 포함하는 단점이 있다. 따라서 높은 비저항을 가지는 단결정 실리콘을 성장시킬 수 없다.

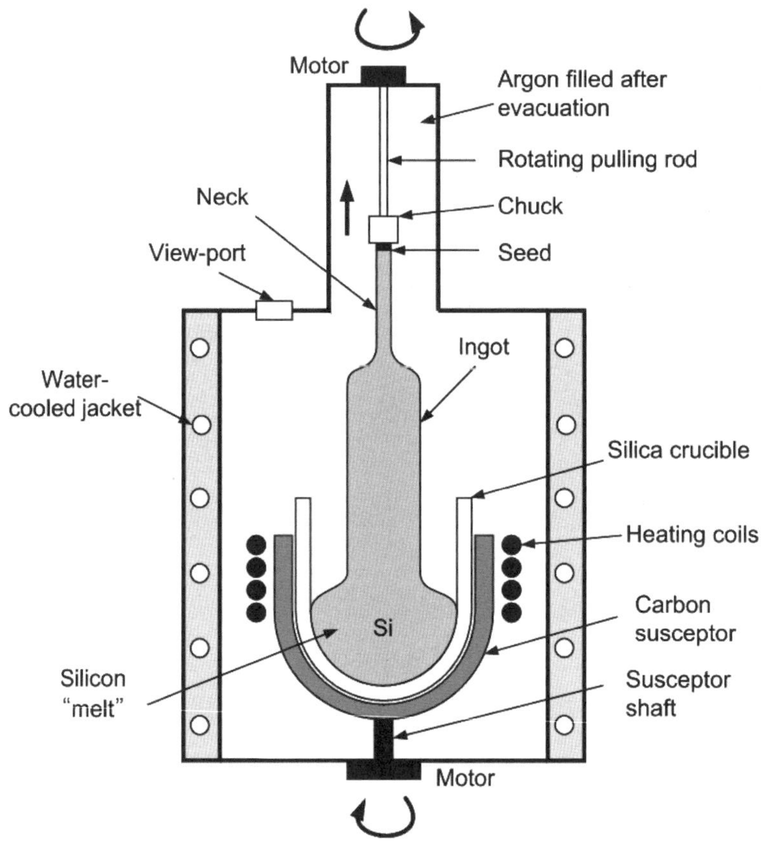

[그림 7] 쵸크랄스키 (CZ) 방법

2.1.4. 웨이퍼링

결정 잉곳이 식은 후에, 잉곳의 양쪽 끝을 잘라내고 자동 직경 제어 공정 (automatic diameter control process) 에 의해 발생한 홈을 제거하기 위해 측면을 연마 (polish) 한다. 그 후, 웨이퍼의 결정방향과 전도 형태를 표시하기 위해 잉곳의 일정한 면에 플랫 (flat) 이 나타나도록 연마한다. 이를 [그림 8] 에 나타내었다.

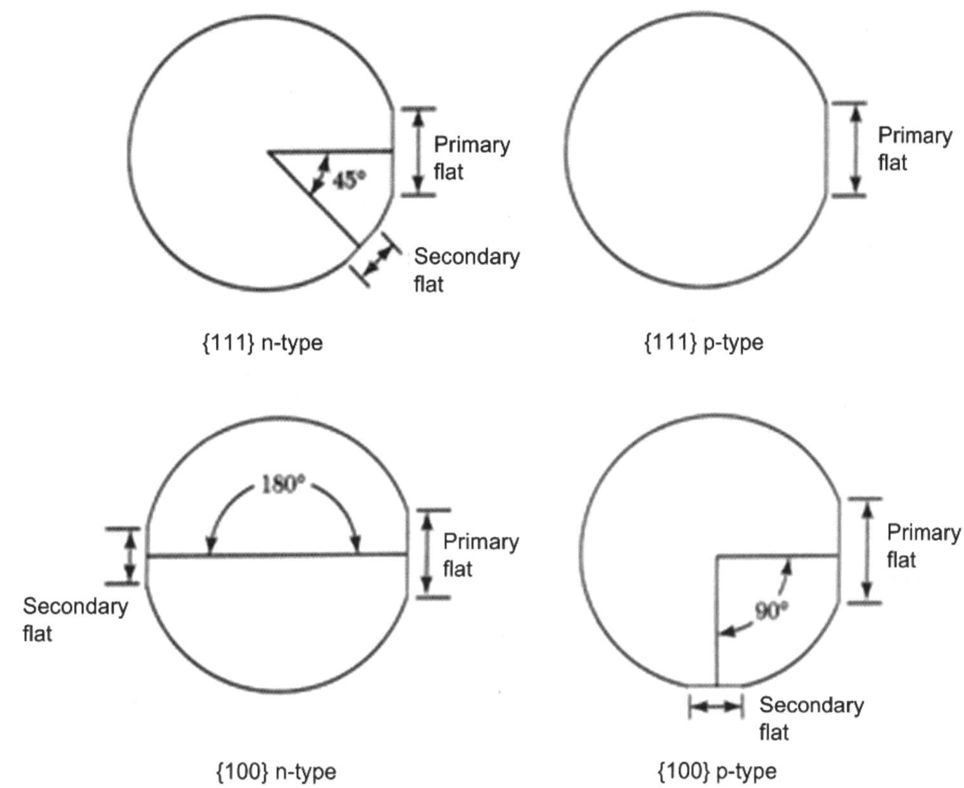

[그림 8] 실리콘 웨이퍼의 결정방향과 전도형태의 표시

완성된 잉곳으로 부터 웨이퍼를 잘라내기 위해, 다이아몬드가 코팅된 톱이 사용된다. 냉각제 (coolant) 는 절단 공정에 의해 발생하는 열을 제어하기 위하여 잉곳과 톱의 전면에 계속 뿌려진다. 웨이퍼는 가능한 얇게 잘리지만, 웨이퍼 공정에서 기계적 취급을 견딜 수 있을 만큼 충분히 두꺼워야 한다. 직경이 큰 웨이퍼는 더 큰 두께가 요구된다. 다양한 크기에 대한 웨이퍼 두께를 [표 3] 에 나타내었다.

[표 3] 웨이퍼 크기에 따른 웨이퍼 두께

Wafer Size (mm)	Thickness (m)	Area (cm^2)	Weight (g)
50.8 (2")	279	20.26	1.32
76.2 (3")	381	45.61	4.05
100	525	78.65	9.67
125	625	112.72	17.87
150	675	176.72	27.82
200	725	314.16	52.98
300	775	706.21	127.62

절단 공정 중에, 단결정 잉곳의 1/3 이 절단 시 생기는 가루로 소모된다. 다행히, 이것은 출발 실리콘 물질로 쵸크랄스키 방법에서 재사용 될 수 있다.

2.1.5. 웨이퍼 마무리

절단 과정 후에, 웨이퍼 가장자리는 절단 공정에서 생긴 날카로운 끝을 원형으로 만들어 주기 위해 모서리 다듬기 (edge-rounding) 공정을 통해 연마된다. 이후 웨이퍼는 통상적인 연마재로 거칠게 연마되며, 웨이퍼 절단 공정에 의해 발생한 주요 표면 손상을 제거하고 포토리소그래피 과정을 위해 필요한 평탄한 표면을 만들기 위해 슬러리를 이용한 연마 (slurry-lapping) 공정을 거친다. 연마 (lapping) 공정은 2 ㎛ 이내의 표면 평탄도를 가지는 웨이퍼를 생산할 수 있다.

습식 식각 공정은 절단, 모서리 다듬기, 연마공정 중에 발생한 입자나 손상을 제거하기 위하여 수행된다. 어느 정도의 절단 손상이 실리콘 안으로 10 ㎛ 만큼 일어날 수 있으므로, 습식 식각에서는 웨이퍼의 양쪽 면으로부터 약 10 ㎛ 의 실리콘을 제거할 필요가 있다. 보통 사용되는 식각액 (etchant) 은 HNO_3, HF, CH_3COOH 의 혼합물이다. HNO_3 는 웨이퍼 표면에 실리콘 산화막을 형성시키는데, HF 가 이를 제거한다. CH_3COOH 는 반응속도를 조절하는데 도움을 준다. 식각 공정은 HNO_3 가 많은 용액에 의한 등방성 식각 특성으로 인하여, 웨이퍼 표면을 더욱 부느럽게 한다. 보동의 화학식은 HNO_3 (H_2O 에 79 wt%), HF (H_2O 에 49 wt%), CH_3COOH 에 대하여 4:1:3 이다. 화학반응은 다음식과 같이 표현될 수 있다.

$$3Si + 4HNO_3 + 6HF \longrightarrow 3H_2SiF_6 + 4NO + 8H_2O \tag{4}$$

화학적-기계적 연마 (Chemical Mechanical Polishing, CMP) 공정에서, 웨이퍼는 회전하는 용기에 고정되고 슬러리와 물을 주입하면서 회전하는 연마판 (polishing pad) 으로 누른다. 슬러리는 NaOH 의 수용액에 약 100 Å의 직경을 가지는 미세한 실리카 (SiO_2) 입자들이 있는 콜로이드성 현탁액이다. NaOH 은 웨이퍼와 연마판 사이의 마찰에 의해 발생하는 열의 도움으로 실리콘 표면을 산화 (화학적 공정) 시킨다. 이때 실리카 입자들은 표면으로부터 산화막을 마모시켜 제거 (기계적 공정) 한다.

산성-산화제 (acid-oxidizer) 용액의 혼합물에 의한 화학적-기계적 연마공정 (post-CMP) 후 세정 공정으로 유기물 및 무기물 불순물과 입자들을 제거한다. 이것으로 웨이퍼 표면 공정이 끝나며, 집적회로 제조공정의 준비가 갖춰진 결함이 없는 표면을 갖는 웨이퍼가 만들어진다. 일반적으로 사용되는 세정 용액은 HCl 과 H_2O_2 의 혼합물과 H_2SO_4 와 H_2O_2 의 혼합물이다. 이후에 검사가 실시되고, 이를 마지막으로 웨이퍼의 제조공정은 끝나게 된다.

2.2. 반도체 칩의 제작

웨이퍼로부터 집적회로 칩을 제작하는 것이 두 번째 단계이며 이 단계를 [그림 9] 에 나타내었다.

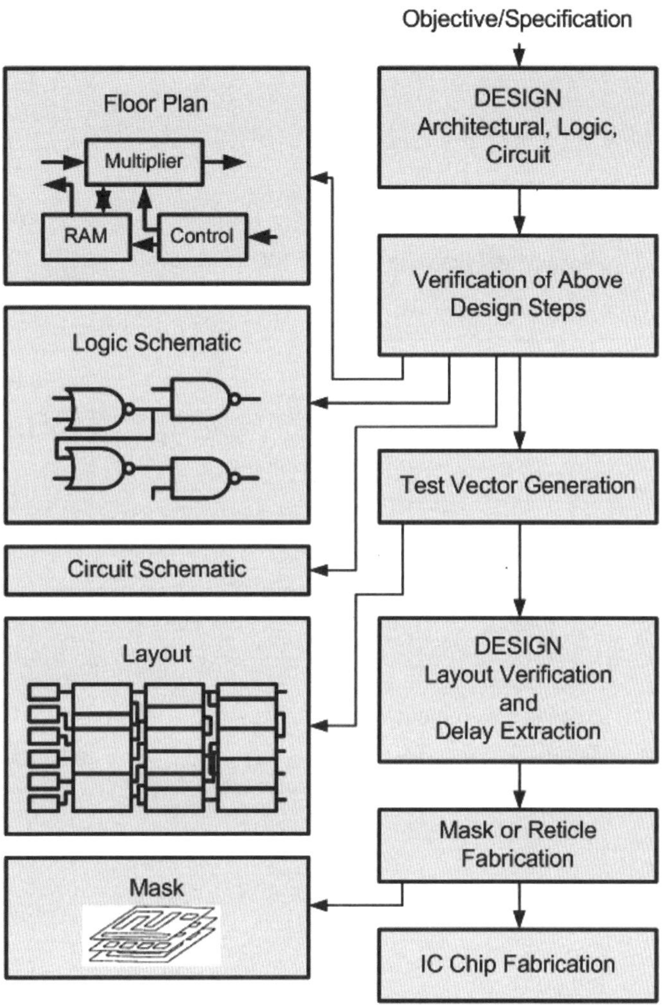

[그림 9] 집적회로 칩의 제작 단계

어떤 기능과 사양의 집적회로 칩을 제작하려는 것인지를 먼저 결정하고 이를 바탕으로 블록도와 논리 및 회로 설계를 해야 한다. 회로의 동작과 성능을 확인하고 검증을 마친 후, 설계된 회로는 디자인 규칙에 따라 여러 층의 패턴으로 디자인 되는데 이를 레이아웃(layout) 이라고 한다. 이 레이아웃을 이용하여 마스크를 제작하는데, 복잡한 집적회로를 제작하는 데는 보통 수십 여장의 마스크가 필요하다.

실리콘 웨이퍼는 집적회로 제조시설에 도달해서 세정, 산화, 패터닝, 식각, 불순물 주입, 박막 증착 등의 다양한 단위 공정을 거쳐 집적회로 칩으로 제작된다. 이해를 돕기 위해 가장 간단한 p-n 접합 다이오드 공정의 개략도를 [그림 10] 에 나타내었다.

n 형 웨이퍼에 실리콘 표면을 보호하기 위해 실리콘 산화막으로 얇은 막을 형성한다. 그 위에 감광막을 도포하고 마스크를 사용하여 감광막의 일부분을 제거한다. 식각공정을 이용하여 감광막으로 보호받지 못하는 실리콘 산화막을 제거한다. 다음으로 p 형 불순물을 이온 주입 공정으로 감광막과 실리콘 산화막으로 보호받지 못하는 영역에 주입한다. 감광막을 제거한 후, Al 과 같은 금속을 증착한다. 그 후, 접촉 부분을 형성하기 위해 포토리소그래피와 식각공정을 사용하여 p-n 접합 구조의 제작을 완료한다.

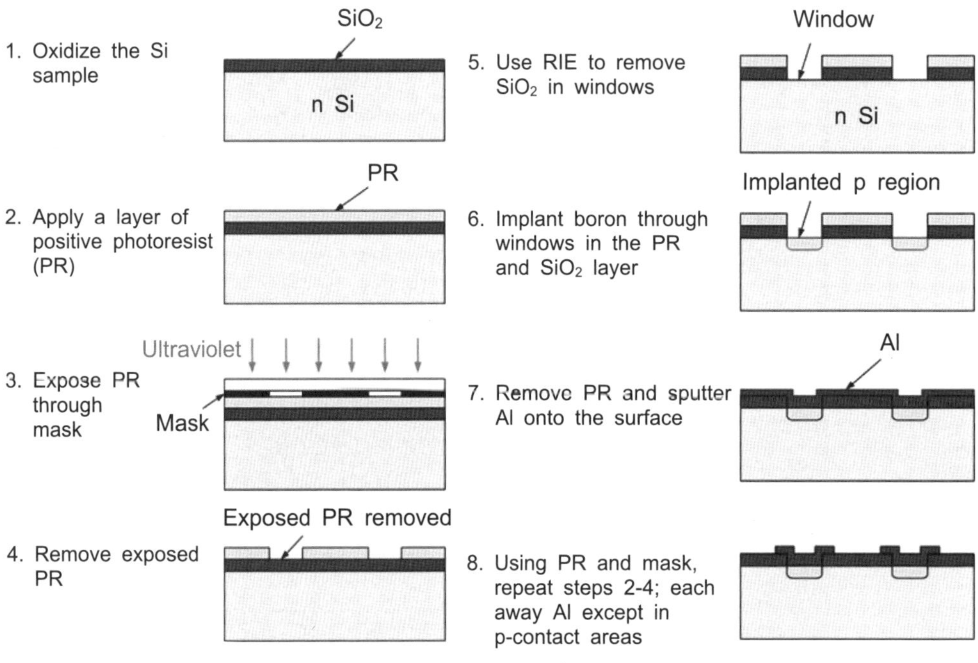

[그림 10] p-n 접합 다이오드의 주요 제작 단계

위에 언급했듯이, p-n 접합 다이오드를 제작하는 데는 다음과 같은 기본적인 단위 공정이 반복적으로 사용된다.

- 산화
- 포토 리소그래피
- 식각
- 박막 증착
- 이온 주입 / 확산

집적회로 칩 제조업체는 하나의 웨이퍼에서 수 억 개의 칩을 생산할 수 있는 자동화된 장비를 사용하는 복잡한 공정 단계들을 가지고 있다. 그러나 복잡한 집적회로도 기본적인 단위 공정들의 조합으로 제작되기 때문에, 단위공정을 이해하는 것이 대단히 중요하다.

2.3. 테스트/분류

집적회로 칩의 제작이 끝나면, 웨이퍼는 개별적인 다이 (die) 를 검증하고 전기적으로 테스트하는 테스트/분류 지역으로 보내진다. 결함 있는 다이는 후에 사용될 수 있는지 없는지를 분류하기 위해 [그림 11] 에 나타낸 것처럼 표시를 한다.

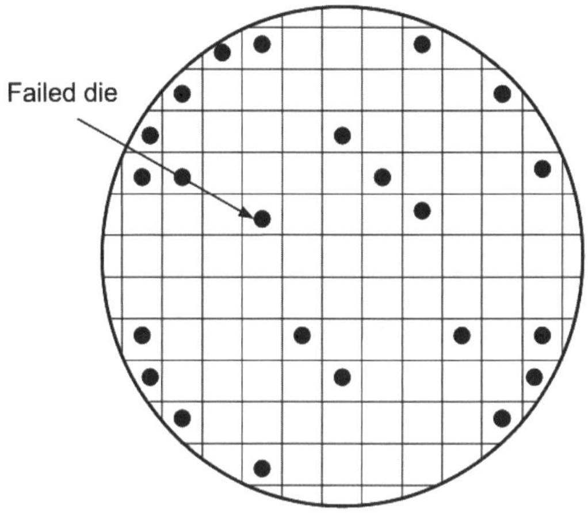

[그림 11] 검사 후 웨이퍼

웨이퍼 테스트를 통과한 다이는 계속해서 후속 공정단계를 거치게 된다.

2.4. 조립과 패키징

웨이퍼 테스트/분류 후, 웨이퍼는 각 칩들을 보호하기 위한 조립과 패키징 공정으로 이어진다. 최종 조립 및 패키징은 집적회로 제조의 마지막 공정이다. 일반적으로, 집적회로의 최종 조립에서는 웨이퍼로부터 각각의 우수한 다이 (die) 를 분리시키고, 금속 리드 프레임 (lead frame) 또는 기판에 다이를 부착시킨다. 최종 조립 단계 후에, 다이를 보호 패키지에 넣는 패키징 공정이 이루어진다. 과거 패키지는 외부로부터 칩 보호 및 보드와의 전기적 연결이 주요 역할이었기 때문에 하이테크가 별로 필요하지 않았다. 하지만 칩의 고집적화와 고속화가 이루어지면서 패키지의 탁월한 열적, 전기적 수행 능력이 점차 요구되기 시작했고, 디바이스와 기기장착과 분리해서 생각할 수 없는 하나의 시스템화로 발전하고 있다. 전자기기의 고성능화와 경박 단소화는 어디가 최종한계인지 모르는 듯 공격적으로 계속 발전을 거듭하고 있다. 따라서 앞으로는 패키징의 중요성이 점차로 증대될 것이다. 집적회로 패키징은 모든 칩에 대하여 아래와 같이 중요한 기능을 가진다.

- 주위 환경과 취급 시 발생하는 손상으로부터의 보호, 칩에 대한 물리적인 지지

예를 들어 16M DRAM 의 경우 머리카락 굵기의 약 100 분의 1 정도의 가느다란 미세회로로 패턴 되어 있기 때문에 그 자체로는 어떠한 외부환경에서도 유지될 수 없다. 패키징을 함으로써 칩은 외부환경 (기계적, 화학적) 으로부터 보호를 받을 수 있다.

- 칩의 내부나 외부로의 신호를 보내기 위한 접속 (interconnection)

칩은 육안으로 판독이 어려울 만큼 미세하기 때문에 직접 기기에 전기적 연결이 불가능하다. 패키징을 함으로써 전기적 연결이 쉬워진다.

- 열 분산 (thermal dissipation)

칩 동작 시 내부회로에서 발생되는 열은 전자기기의 성능과 신뢰성에 직결되므로 효과적으로 열을 방출하는 역할을 해야 한다. 온도가 10℃ 상승할 때마다 칩의 수명은 50% 씩 줄어들고 스위칭 딜레이 (switching delay) 는 2% 씩 상승한다고 보고되고 있다. 따라서 고집적화 된 대용량의 칩에서 열을 효과적으로 방출할 수 없다면 디바이스가 제 성능을 발휘할 수 없을 뿐만 아니라, 얼마 가지 않아 디바이스가 사용될 수 없는 상태가 되기 때문에 칩 제조 못지않게 패키징을 통한 열방출도 중요하다.

2.4.1. 조립

조립 단계는 칩을 집적회로 패키징에 붙이기 위해 후면연마 (back grinding), 다이 분리 (die separation), 다이 부착 (die attach), 접속 (interconnection) 등 4 가지 단계로 구성되어 있다.

2.4.1.1. 후면연마

조립에서 첫 번째 공정은 후면연마이다. 웨이퍼들은 물리적인 충격에 파손되는 것을 방지하기 위해 일정한 두께를 가지고 있다. 예를 들어, 300 mm 웨이퍼의 두께는 775 μm 이다. 그러나 웨이퍼는 조립이 되기 전에 두께가 얇아져야 한다. 웨이퍼는 일반적으로 200~500 μm 의 두께로 얇게 된다. 더 얇은 웨이퍼일수록 칩으로 분리되기 쉬우며, 열 분산을 개선하여 열응력을 줄이는데 유리하다. 후면연마는 웨이퍼에서의 응력 형성을 최소화하기 위하여 주의 깊게 제어되어야 한다. 응력은 웨이퍼를 뒤틀리게 할 수 있으며, 다이싱 (dicing) 동안 웨이퍼를 파손시킬 수 있다. 후면 연마 후에 후면 금속공정이 실시되는 경우도 있다. 금속공정에서 사용되는 금속은 기판의 전기적 전도도를 개선시키기 위해 Au 를 사용한다.

2.4.1.2. 다이 분리

다이 분리에서는 다이아몬드-블레이드 절단 톱을 사용하여 웨이퍼로부터 각각의 다이를 잘라낸다. 절단하기 전에, 웨이퍼는 카세트로부터 제거되어 고정 프레임의 접착성 필름 위

에 놓여진다. 접착성 필름은 모든 칩들이 절단될 때 웨이퍼를 원래대로 고정시키는 역할을 한다. 웨이퍼는 각 개별 다이가 접착성 지지대에 의해 고정되어 있을 동안, 절단 작업에서 발생하는 실리콘 슬러리 (slurry) 잔류물을 제거하기 위해 탈이온화수 (deionized water) 를 이용하여 린스된다.

2.4.1.3. 다이 부착

다이 분리 과정 후에, 웨이퍼는 다이 부착 공정으로 이동한다. 다이 부착 과정에서, 각각의 다이들은 접착성 지지대로부터 개별적으로 선택되어 기판 또는 리드 프레임에 물리적으로 부착된다. 리드 프레임에서 리드선들은 내부 칩 접속 영역에서부터 고수준 조립을 위해 필요한 큰 리드 피치 (lead pitch) 까지 부채꼴로 전개된다. 피치는 리드선들의 중심선 사이의 간격이다. 다이는 보통 에폭시 부착 또는 공정 (eutectic) 부착에 의해 리드 프레임 또는 기판에 물리적으로 부착된다.

1) 에폭시 부착

에폭시 부착은 리드 프레임 또는 기판에 칩을 접속시키기 위한 가장 일반적인 방법이다. 에폭시는 리드 프레임 또는 기판의 중앙 영역에 놓인다. 다이 접속 장치는 에폭시 위에 칩의 후면을 올려놓고 에폭시를 경화시키기 위하여 가열 과정 (1시간 동안 125℃) 을 거친다. 대부분의 MOS 응용에서는 순 에폭시 (straight epoxy) 를 사용한다. 그러나 칩과 나머지 패키지 사이의 열 분산이 필요하다면, 은 성분을 포함한 열 전도성 에폭시가 사용된다.

2) 공정 부착

공정 부착을 이용하여 칩을 부착시키기 위해, Au 박막이 후면 연마 후에 웨이퍼의 뒷면에 증착된다. 공정 (eutectic) 은 녹는점 (melting point) 을 최소화하기 위해 고용농도의 범위를 한정시킨다. 이때 Au 는 기판과 합금되어 붙게 되는데, 기판은 일반적으로 금속 리드 프레임 (합금 42, Ni-Fe 합금) 이나 세라믹 기판 (90～99.5% Al_2O_3) 이다. 전형적으로, 기판은 금 또는 은으로 코팅되어 있다. 대략 6초 동안 Au-Si 공정 온도 (eutectic temperature) 이상인 420℃ 로 가열하여, 칩과 리드 프레임 사이에 공정 합금 상호접속을 형성한다. 공정 부착은 우수한 열 경로와 기계적 강도를 가지며, 바이폴라 소자에서 많이 사용되는 방법이다.

2.4.1.4. 접속

집적회로 패키징에서 칩 레벨 접속 (chip level interconnection) 기술로는 선 접속 (wire bonding), 탭 본딩 (TAB, tape automated bonding), 플립칩 본딩 (flip chip bonding) 등 3 가지 기술이 사용된다.

1) 선 접속

선 접속은 [그림 12] 에 나타내었듯이, 칩 표면상의 알루미늄 접속 패드를 리드 프레임 또는 기판의 패키지 내부 리드 단자에 전기적으로 연결시키기 위한 가장 일반적인 방법이다. 미세한 직경의 선을 칩 접속 패드로부터 리드 프레임의 내부 리드 패드로 연결시킨다. 접속선은 칩 패드와 리드 프레임 내부 리드 패드에 잘 접속되도록 보통 25~75 ㎛ 의 직경을 가지는 Au 또는 Al 을 사용한다. 선 접속 공정은 사용되는 에너지의 형태에 따라 열압착 접속 (thermo-compression bonding), 초음파 접속 (ultrasonic bonding), 열음파 볼 접속 (thermosonic ball bonding) 등으로 분류된다.

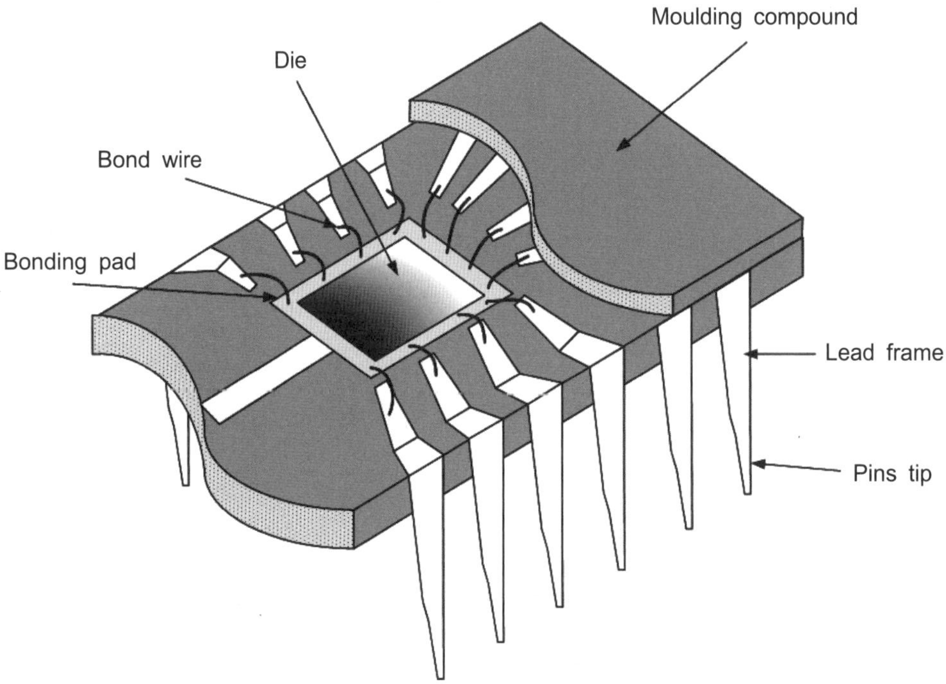

[그림 12] 칩 접속 패드로부터 리드 프레임으로의 선 접속

2) 탭 본딩

탭 본딩의 개략도를 [그림 13] 에 나타내었다. 구리 및 폴리 이미드 접합체로 구성된 테이프 (tape) 를 이용하여 칩과 기판을 연결하는 방법으로 리드 (lead) 의 형태에 따라 ILB (Inner Lead Bonding) 과 OLB (Outer Lead Bonding) 이 있으며, 두 가지 모두 열압착 본딩 방법을 이용한다. 대량생산이 용이하고, 와이어 본딩 (wire bonding) 에 비해 전기적인 성능이 우수하며, 칩 패드 피치 (chip pad pitch) 와 기판 패드 피치 (substrate pad pitch) 를 독립적으로 할 수 있다는 장점이 있다. 하지만 범프 (bump) 및 테이프 형성을 위한 추가적인 공정이 필요하며, 각각의 칩에 대하여 각각의 테이프 및 각각의 본딩 장치를 준비하여야 하며, 장치 가격이 비싸다는 단점이 있다.

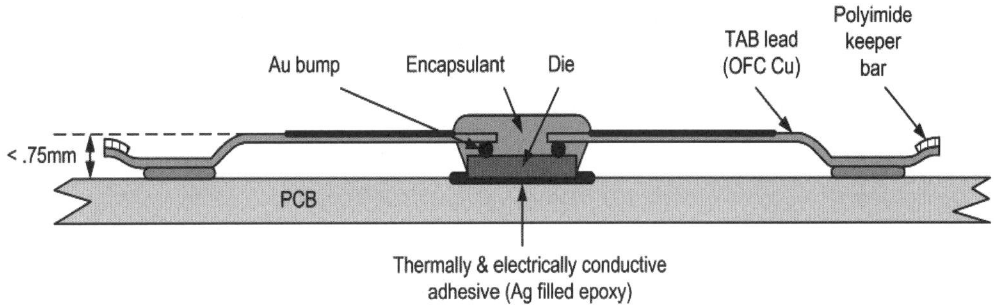

[그림 13] 탭 본딩 (TAB bonding)

3) 플립칩 본딩

[그림 14] 에 플립칩 본딩의 개략도를 나타내었다. 집적회로 칩을 기판에 맞대어 실장 시키는 기술로 공간 활용도가 우수하며, 접속거리 (interconnection length) 가 굵고 짧아 고주파에도 문제가 없으며, 일괄 공정이 가능하기 때문에 와이어 본딩 (wire bonding) 에 비해 가격이 저렴하다는 장점이 있다.

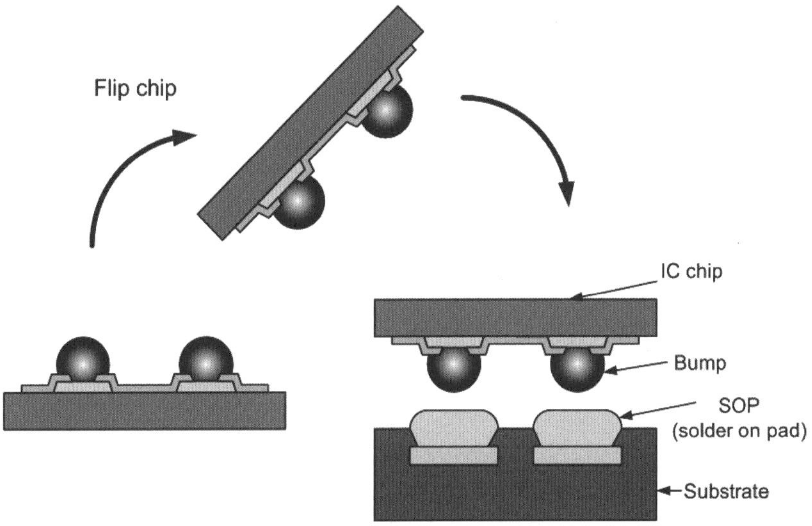

[그림 14] 플립칩 본딩 (flip chip bonding)

접속 기술에 따른 전기적인 특성을 [표 4] 에 나타내었다. 플립칩 (flip chip) 기술은 접속거리가 굵고 짧아 전기적인 특성이 우수하여 반도체 설계 엔지니어에게 파워와 그라운드 (ground) 의 설계를 용이하게 하며, 고속 (high speed) / 고주파 (high frequency) 디자인이 가능하여 신호처리 능력을 향상 시킬 수 있다.

[표 4] 접속 기술에 따른 전기적 특성

ITEM	Wire bond	TAB	Flip Chip
Resistance per length	1 Ohm/inch	0.25 Ohm/inch	0.08 Ohm/inch
Inductance per length	25 nH/inch	21 nH/inch	18 nH/inch
Typical length	50-100 mils	100-300 mils	3-6 mils
Typical resistance	50-100 mOhms	25-75 mOhms	< 1 mOhms
Typical inductance	1.2-2.5 nH	2.1-6.3 nH	< 0.1 nH

(Source : ICE, "Roadmap of Packaging Technology")

2.4.2. 패키징

2.4.2.1. 패키징 형태

집적회로는 다양한 패키징 형태를 갖는다. 패키징은 외부환경으로부터 습도와 오염에 의한 손상을 막기 위해 필요하다. 최근 전자 패키지는 경박 단소화, 신호 처리 속도 증가, 다 기능 구현을 위해 다양한 형태로 발전하고 있다. 리드의 형태는 회로 기판에 구멍을 뚫어 핀을 삽입하는 PIH (pin-in-hole) 형과 기판의 표면 위에 핀을 형성하는 표면 실장형 (SMT : surface mount technology) 으로 구분된다. 표면 실장형 리드의 구성은 다수의 입/출력 리드를 갖는 고밀도 패키징이기 때문에 집적회로에서 그 사용이 급증하고 있는 추세이다.

1) PIH (Pin-In-Hole) 형

a) DIP (Dual In-line Package)

[그림 15] 에 나타낸 것처럼, 2 열의 PIH 리드를 갖는 DIP 는 회로 기판의 구멍을 통해서 뒷면으로 구부러져 있다. 이 패키지는 1970 년대와 80 년대에 많이 사용되었지만, 이 후에는 사용이 많이 감소되었다.

elcodis.com

[그림 15] DIP 형태

b) PGA (Pin Grid Array)

세라믹 패키지에 가장 많이 사용되는 리드 형식은 [그림 16] 에 나타낸 PGA 형이다. PGA 는 고주파이며 600 개 이상의 핀을 갖는 빠른 마이크로프로세서 같은 고성능 IC 를 위해 사용된다. 일부의 PGA 패키지는 패키지 내에서 발생한 열을 제거하기 위한 작은 선풍기 같은 냉각 도구가 달려 있다.

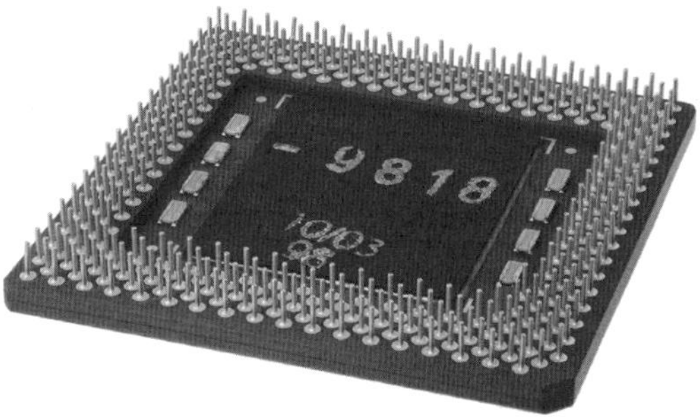

[그림 16] PGA 패키지

2) 표면 실장형 (SMT : Surface Mount Technology)

a) TSOP (Thin Small Outline Package)

메모리와 고성능의 카드로 널리 사용되는 TSOP 는 [그림 17] 에서 보듯이, 갈매기 날개형 표면 실장 회로 기판 위의 패드를 부착시키기 위해 리드가 두 옆면을 따라서 나와 있다.

[그림 17] TSOP 형태

b) QFP (Quad Flat Package)

QFP 는 높은 리드 밀도를 이루기 위해, [그림 18] 에서 보듯이, 패키지의 4 개의 면 모두에 리드를 갖고 있다. QFP 는 1998 년에 생산된 모든 집적회로 패키지의 80% 정도를 차지하였다.

[그림 18] QFP 형태

c) BGA (Ball Grid Array)

BT 양면 판을 회로로 가공하여 한쪽 면에 칩, 다른 면에는 솔더 볼 (solder ball) 을 탑재하여 몰드 수지로 봉지한 구조를 BGA 라 한다. 밑면의 솔더 볼이 부품의 리드 역할을 하게 되므로 소형의 부품으로 많은 리드의 구성이 가능하다. 따라서 각종 전자기기 및 통신 기기 등 제품의 소형화, 경량화, 고기능화로 PC 보드 및 부품도 소형화됨에 따라 생겨난 패키지이다. BGA 패키지의 종류는 여러 가지가 있으며 대표적인 형태로는 [그림 19] 에 나타낸 PBGA (Plastic BGA) 와 [그림 20] 에 나타낸 FCBGA (Flip Chip BGA) 가 있다. FCBGA

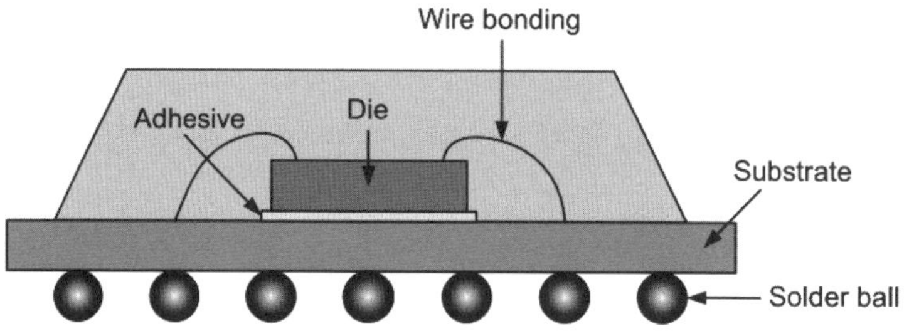

[그림 19] PBGA 패키지 구조

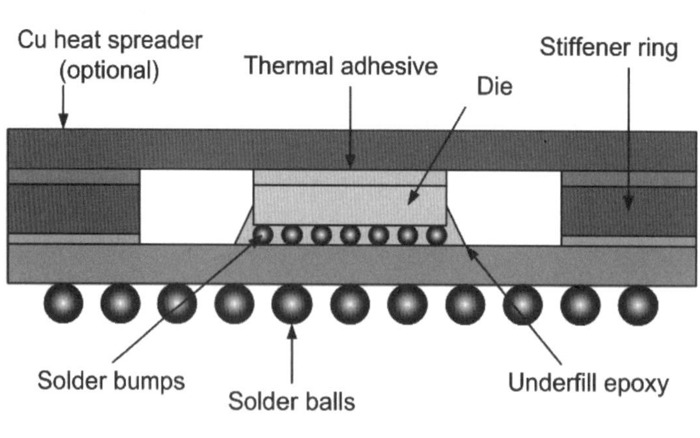

[그림 20] Flip chip BGA 패키지 구조

의 경우 열 방출이 용이하도록 TIM (Thermal Interface Material) 을 사용하여 다이에서 발생되는 열을 쉽게 방출 시킬 수 있도록 일반적으로 방열판 (heat spreader) 이 부착된 구조가 사용되며, 라미네이트 (laminate) 기판의 휨 (warpage) 을 방지 해주는 스티프너 (stiffener) 가 적용된 구조가 이용되기도 한다.

d) CSP (Chip Scale Package 또는 Chip Size Package)

CSP 란 chip scale package 또는 chip size package 라고 하며, 패키지의 크기가 다이 크기의 1.2 배 보다 작은 크기를 가지며 직접 표면 실장 (direct surface mounting) 이 가능한 패키지를 말한다. CSP 는 크게 플렉서블 인터포저 (flexible interposer), 리드 프레임 (lead frame), 리지드 기판 (rigid substrate interposer), 웨이퍼 레벨 CSP (WL-CSP, Wafer Level CSP) 와 같이 4 가지 타입으로 나누며, 아래에 간략히 설명하였다.

① 플렉서블 인터포저 (flexible interposer)

플렉서블 인터포저는 [그림 21] 에 나타내었듯이, 유연성 테이프 (flexible tape) 이나 TAB (Tape Automated Bonding) 과 같은 인터포저(interposer) 를 사용하여 칩의 본드 패드 구조를 표면 실장형 (SMT) 피치와 풋프린트 (footprint) 에 맞도록 변경시키는 CSP 패키지 방법이다. 여기에서 사용되는 플렉서블 테이프 인터포저 (flexible tape interposer) 는 칩과 표면 실장형 구조에 우수한 접속 (interconnection) 밀도를 제공해 준다. 집적회로 칩과 인터포저 사이의 접속 방법으로는 와이어 본딩, 탭본딩, 플립칩 방법 모두 사용 가능하며, 플렉서블 인터포저 CSP 패키지는 보편적으로 가장 널리 사용되는 방법으로 고입출력 카운트 (high I/O count), 낮은 패키지 프로파일 (low package profile, thin package profile), 우수한 신뢰성 (high reliability performance), 칩 표면으로부터 직접 열 방출이 가능한 장점이 있다.

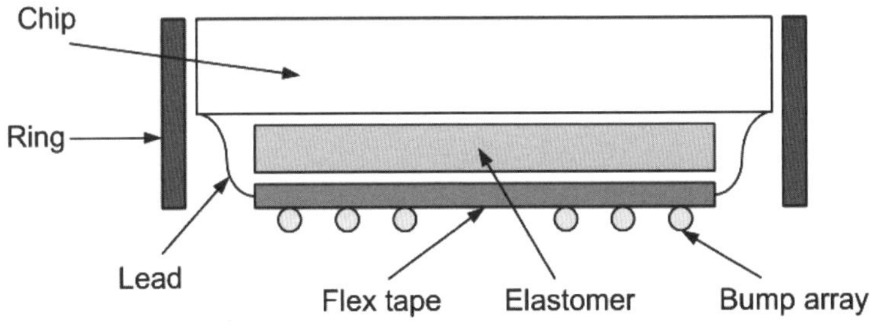

[그림 21] 플렉서블 인터포저 (flexible interposer) 구조

② 리드 프레임 (lead frame)

[그림 22] 에 나타내었듯이, 기존의 리드 프레임 패키지의 설계를 변경하여 단순히 패키지의 크기를 CSP 규격에 맞도록 줄인 패키지이며, 대표적인 예로는 메모리 소자에 사용되

는 LOC (lead on chip) 패키지가 있다. 메모리 소자를 접착 테이프 (adhesive tape) 등을 이용하여 리드 프레임의 리드가 칩의 가운데 면으로 향하도록 제작된 리드 프레임에 접착시킨다. 그리고 와이어 본딩을 이용하여 반도체 칩의 패드와 리드 프레임을 연결하고 봉지제로 몰딩 (molding) 한다. 형태는 기존의 플라스틱 패키지와 유사하지만 패키지 크기를 매우 작게 할 수 있는 장점을 가지고 있다.

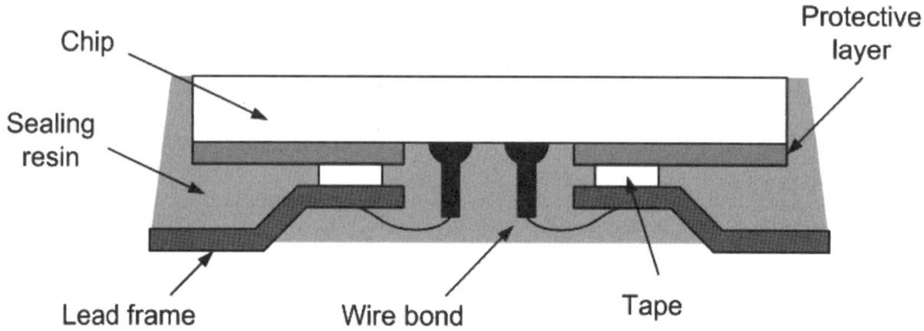

[그림 22] 리드 프레임 (lead frame) 구조

③ 리지드 기판 (rigid substrate)

집적회로 칩을 단단한 기판 위에 접착하여 제조하는 패키지로서 기판은 PCB 기판과 같은 유기 또는 세라믹 또는 실리콘과 같은 무기 기판 모두를 사용할 수 있다. 기존에는 집적회로 칩을 와이어 본딩 방법을 사용하여 접속하였으나 최근에는 작은 패키지를 구현하기 위해서 플립칩 범프된 칩을 주로 사용한다. [그림 23] 에 나타낸 리지드 기판 CSP 패키지는 견고하며, 고입출력 카운트를 구현 할 수 있으며, 수율이 매우 높은 장점이 있다. 그러나 열 관리 측면에서 직접적인 열 방출이 어렵고, 열 방출을 위한 써멀 페이스트 (thermal paste) 등의 매개체를 사용하기 때문에 가격이 높아지는 단점이 있다. 또한 FCBGA (flip chip ball grid array) 구조에서 열 피로에 따른 신뢰성 문제 등이 있어 언더필 (underfill)을 사용하기도 하며, 1.0~1.4 mm 정도의 높은 패키지 프로파일을 갖는 단점이 있다.

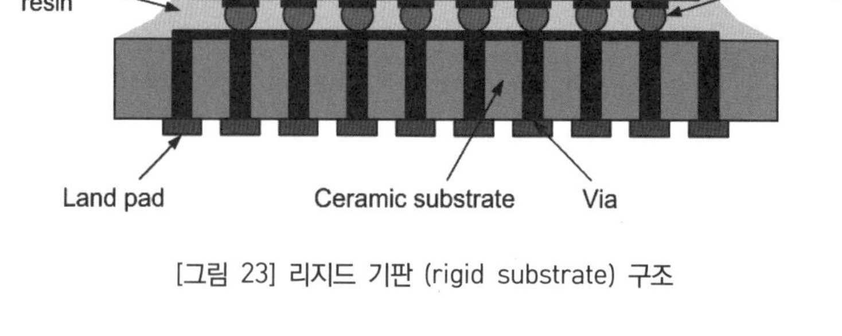

[그림 23] 리지드 기판 (rigid substrate) 구조

④ 웨이퍼 레벨 CSP (wafer level CSP)

일반적으로 적용되는 CSP 패키지의 제조 방법은 집적회로 제조 공정을 거쳐 완성된 웨이퍼를 싱귤레이션 (singulation) 한 후 각각의 칩을 패키지로 제작한다. 그러나 [그림 24]에 나타낸 웨이퍼 레벨 CSP 패키지는 웨이퍼 상태에서 재배치 또는 플립칩 범핑 공정을 진행 한 후 싱귤레이션을 진행하여 패키지를 완성한다. 따라서 웨이퍼 레벨 CSP 패키지는 집적회로 칩의 크기와 같으며 모든 공정이 웨이퍼 레벨로 이루어지기 때문에 배치 (batch) 공정이 가능하고, 공정 단계를 줄일 수 있으며, 재료 사용이 적으며, 수율 (yield) 이 높은 장점을 가진다. 그러나 언더필 (underfill) 을 사용하지 않기 때문에 외부로부터의 기계적인 충격과 진동에 약하며, 노출되어 있는 칩의 측면에서 균열이 생기는 문제가 발생할 수 있다.

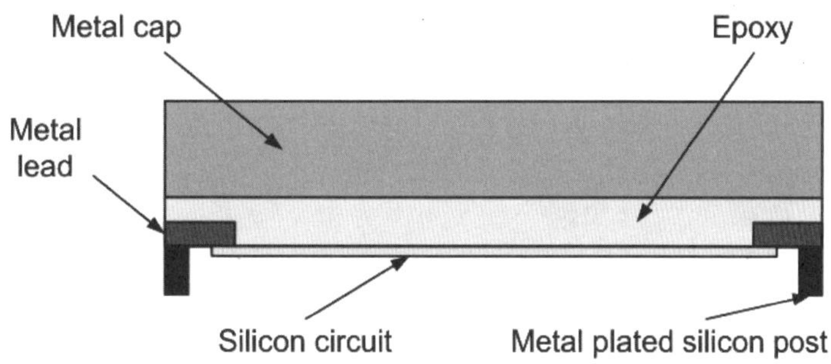

[그림 24] 웨이퍼 레벨 CSP 구조

[그림 25] 에 웨이퍼 레벨 CSP 패키지의 실제 사진을 나타내었다.

[그림 25] 웨이퍼 레벨 CSP 패키지 사진

e) SiP (System-in Package)

SiP 란 하나의 패키지에 시스템이 모두 구성된 패키지 형태를 말하며, 구성 형태에 따라 [그림 26] 에 나타낸 멀티칩 패키지 (MCP, multi chip package) 와 [그림 27] 에 나타낸 적층 패키지 (stacked package) 로 나눌 수 있다. 특징 및 장점으로는 접속재의 사용 감소, 칩과 칩 사이의 연결 길이가 매우 짧아 신호 선에서 발생하는 잡음 신호를 줄일 수 있다는 점이다. 또한 칩과 칩 사이의 접속 길이가 짧아 도선 내의 저항 손실을 줄여 낮은 전력 소모와 작동 중 발생하는 열량을 감소시킬 수 있다. 단일 칩 모듈에 비해 5배 이상의 집적도를 가져 단위 면적 당 더 많은 양의 칩을 접속 할 수 있고, 불량 발생 칩을 용이하게 수리, 교환 할 수 있도록 설계되어 있어 수리가 간단하다는 장점이 있다. 기술 개발에 따라 다양한 패키지 형태로 SiP 가 구현되고 있으며, 현재도 좁은 실장 면적에 다양한 기능을 구현할 수 있는 SiP 패키지 형태가 개발되고 있다.

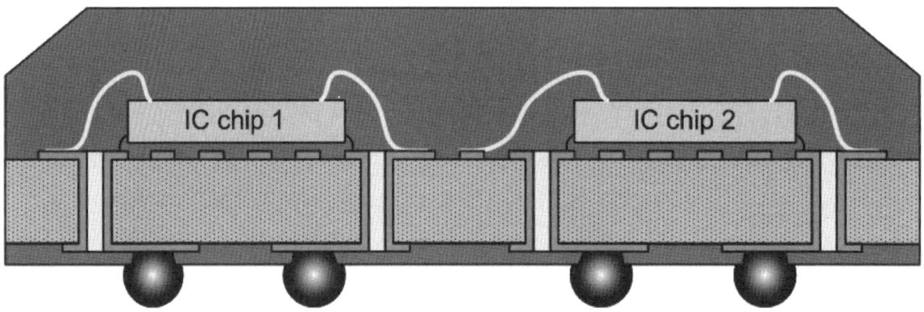

[그림 26] MCP 패키지 구조

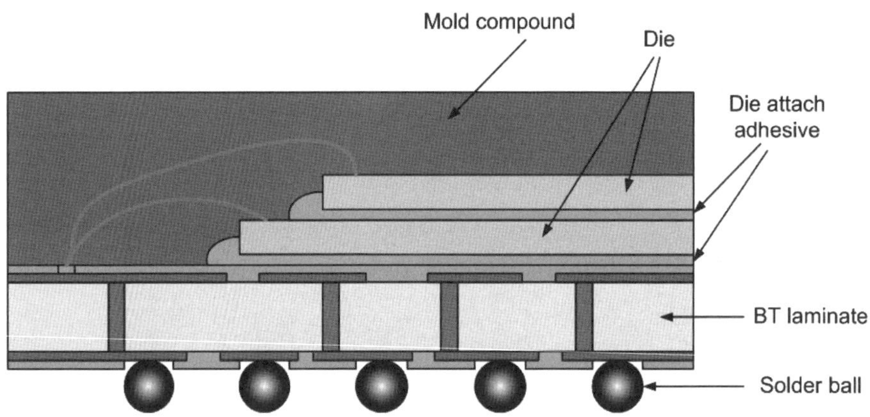

[그림 27] 적층 패키지 구조

2.5. 마지막 테스트

칩의 성능을 확인하는 것은 패키지된 각각의 칩이 제조업체의 요구사항에 부합되는지를 테스트하는 것이다. 마지막 테스트는 기계적 충격, 고온의 열적 스트레스, 주파수 특성 등을 시험하는 것이다. 마지막 테스트 후에, 칩은 개인 컴퓨터의 회로 판에 있는 메모리 부품처럼 특별히 응용되는 분야의 조립을 위해 운반된다.

3. 집적회로 (IC) 칩

집적회로 (IC) 칩들은 크게 메모리와 마이크로프로세서 및 ASIC (Applied Specific Integrated Circuit) 의 세 가지로 분류될 수 있다.

3.1. 메모리

메모리는 디지털 이진정보 (0 또는 1) 를 저장해두고 필요한 경우 꺼내어 읽어볼 수 있는 장치를 의미하며, [그림 28] 과 같이 휘발성 메모리와 비휘발성 메모리로 구분할 수 있다. 휘발성 메모리는 DRAM 이나 SRAM 과 같이 전원 공급이 중단되면 데이터를 상실하는 반면에, EPROM 과 플래시 메모리 뿐만 아니라 차세대 메모리로 주목받고 있는 FeRAM, PRAM, MRAM 등의 비휘발성 메모리는 전원 공급이 중단되어도 저장된 데이터를 상실하지 않는다.

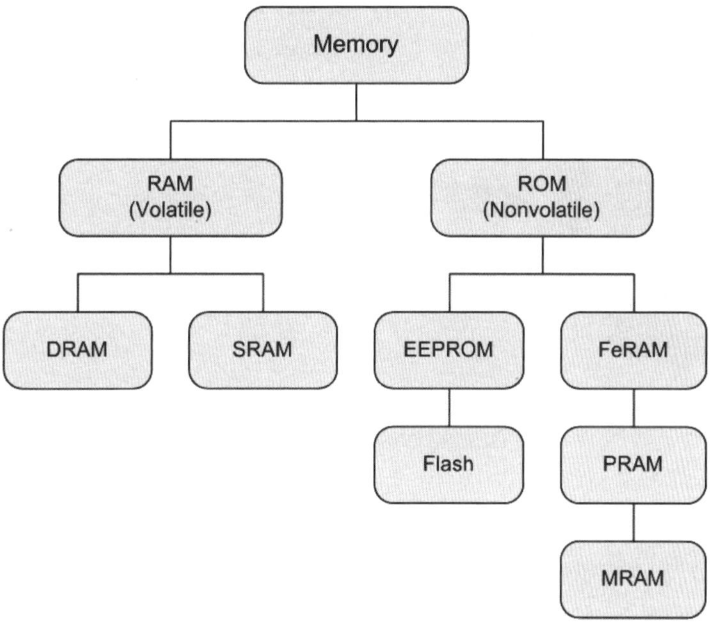

[그림 28] 메모리 분류

3.1.1. DRAM (dynamic random access memory)

DRAM 은 "random access" 이므로 비순차적 즉, 임의로 데이터의 읽기나 쓰기가 가능하다. 반면에, 순차 메모리 소자 (sequential memory device) 는 순차적으로만 데이터의 읽기나 쓰기가 가능하다. 예를 들면, 하드디스크와 컴팩트디스크 (compact disk) 는 "random access" 인 반면에, 카세트 테이프는 "sequential access" 이다.

DRAM 은 컴퓨터 내부에서 데이터 저장을 위해 가장 많이 사용되는 메모리로서, "1 transistor + 1 capacitor" 로 구성되어 있고 실제 정보는 캐패시터 내에 전하의 충전에 따라 "1" 또는 "0" 의 상태로 기억된다. 또, 그 내용이 지워지기 전에 전하를 재저장 (refresh) 하지 않으면 일정한 시간의 경과에 따라서 전하가 유실되어 정보 내용을 상실한다.

▣ DRAM 의 구조 및 동작원리

DRAM 은 전하를 축적할 수 있는 캐패시터와 스위칭 소자 (MOSFET) 의 불과 2 개의 소자로 구성되어 있어 고집적화하기 쉽고 가격이 싸다는 장점이 있기 때문에 메모리 중 가장 큰 시장을 형성해 왔다. 일찍이 3 MOSFET 형 메모리 셀에서 시작했던 DRAM 메모리 셀이 Dennard 의 발명에 의해 [그림 29] 에 나타낸 것과 같은 현재의 "1 MOSFET + 1 capacitor" 형의 메모리 셀로 바뀐 이래 구조의 간단함, 제조의 용이성, 우수한 성능 등 많은 장점으로 인해 현재에 이르기까지 이 형태의 메모리 셀이 사용되고 있다.

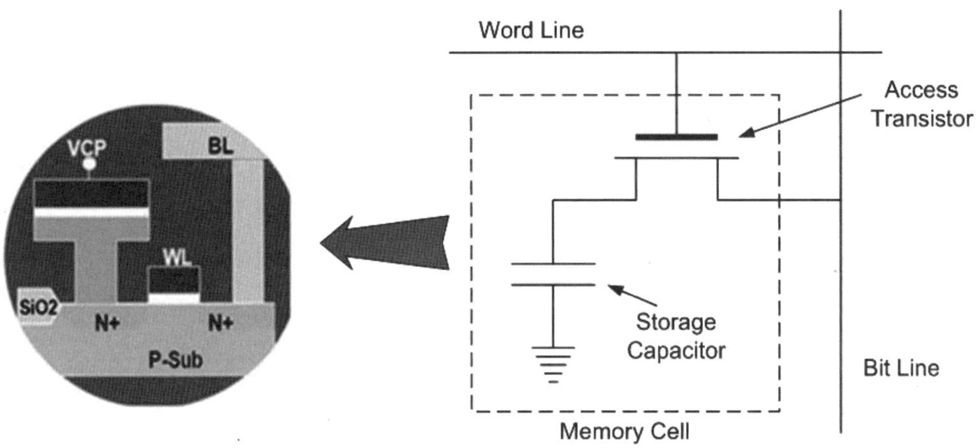

[그림 29] DRAM 의 구조

기본적인 DRAM 의 동작원리는 [그림 30] 에 나타낸 바와 같이 다중화된 $\overline{\text{RAS}}$ (row address strobe) 및 $\overline{\text{CAS}}$ (column address strobe) 라고 불리는 펄스 신호에 의해 각각 로우 디코더 (row decoder) 와 칼럼 디코더 (column decoder) 로 분할된다.

어드레스 버퍼 (address buffer) 는 완충회로로, 로우 디코더 및 칼럼 디코더로 분할된 어드레스 신호를 따라 특정한 워드 라인 (word line) 및 비트 라인 (bit line) 을 선택한다. $\overline{\text{WE}}$ (write enable) 는 쓰기 (write) 및 읽기 (read) 의 대체를 실행하기 위한 신호이다. $\overline{\text{WE}}$ 신호가 읽기 신호이면 칼럼 디코더는 메모리 셀들 중 적당한 비트 라인을 선택하여 그 내용을 감지 증폭기 (sense amplifier) 를 통해 증폭시켜 출력 버퍼 (out buffer) 로 내보내고 다시 재 쓰기를 한다. WE 신호가 쓰기 신호이면 데이터 입력 레지스터 (data input register) 의 내용이 칼럼 디코더가 지정하는 셀 1에 저장된다.

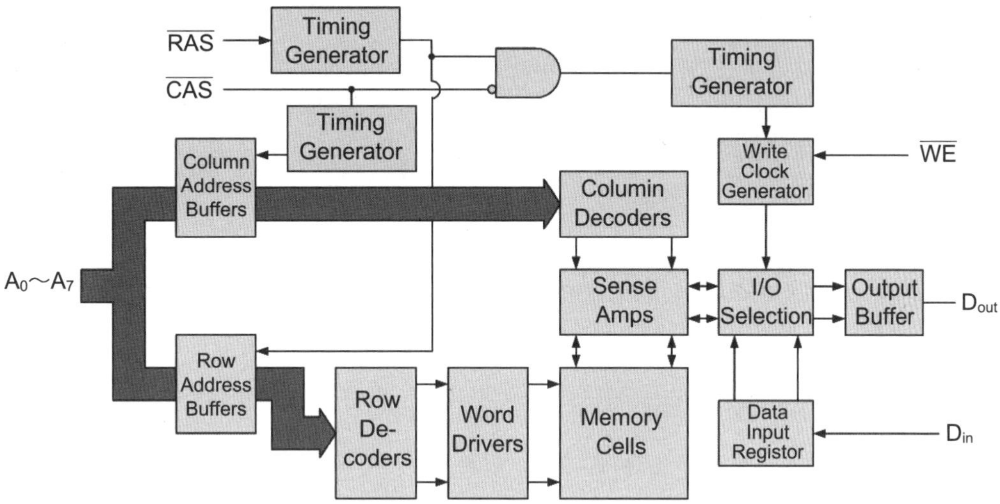

[그림 30] DRAM 의 블록 다이어그램

읽기와 쓰기 동작을 좀 더 상세히 고찰하기 위해 [그림 31] 에 메모리 셀 부분과 감지 증폭기 부분을 개략적으로 나타내었다.

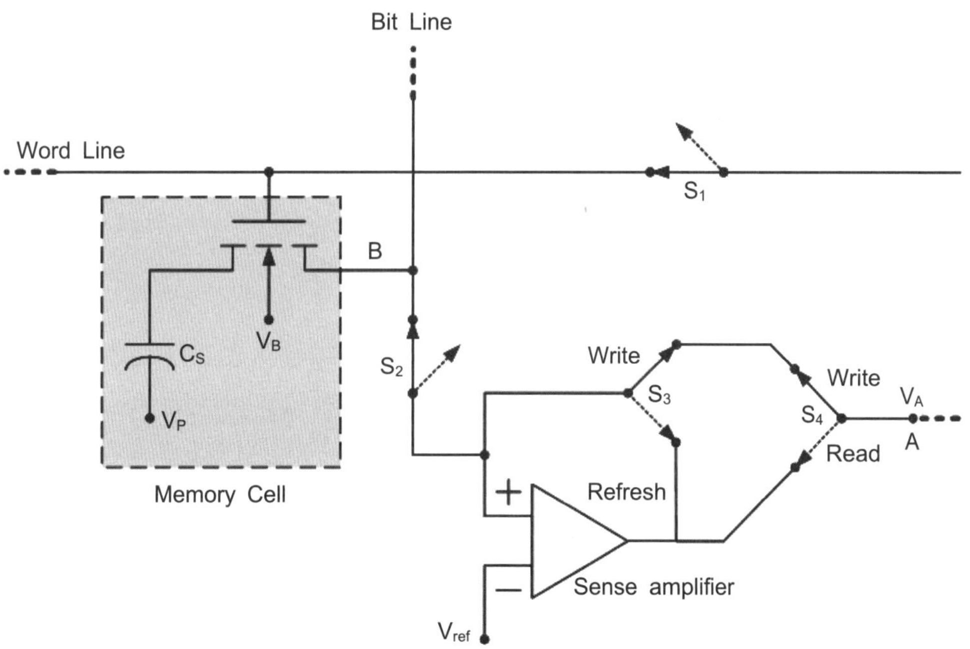

[그림 31] DRAM 의 읽기, 쓰기, 재저장 과정의 개략도

쓰기 주기의 경우 스위치 S_1 과 S_2 는 신호에 대응하는 워드 라인과 비트 라인을 선택하여 메모리 셀을 선택하는 한편 스위치 S_3 와 S_4 는 쓰기 위치에 세팅된다. 그때 A 와 B 점에서의 전압은 같게 된다. 스위치 S_1 이 닫히면 메모리 셀의 MOSFET 스위치는 "on" 상태로 되고 저장 캐패시터 (C_s) 는 V_A-V_P 에 의해 충전된다. 읽기 주기의 경우 스위치 S_4 가 읽기 위치로 세팅되고 저장 캐패시터는 감지 증폭기에 연결되고 캐패시터 전압은 기준 전압 (V_{ref}) 과 비교된다. 만약 캐패시터 전압이 기준 전압보다 크면 "1" 의 정보가 읽히고 기준 전압보다 작으면 '0' 의 정보가 읽힌다. 정보가 "1" 인 경우 전하 재저장이 반드시 필요하며 정보를 읽은 후 스위치 S_3 에 의해 전하가 재저장 된다.

▣ DRAM 의 고집적화

전자산업의 발달로 점차 고도화 되어가는 각종 기기 및 시스템에서는 보다 많은 정보를 일시적 또는 영구적으로 저장할 필요성이 증대되고 있다. 따라서 기억소자들은 작은 면적에 보다 많은 기억용량을 가지는 고집적화가 절실하게 요구되게 되었다. 1970 년에 미국 Intel 사에서 1 Kbit DRAM 을 발표하면서 태동된 DRAM 은 새로운 세대가 발표될 때마다 일반적으로 4 배의 밀도 증가, 1.4 배의 다이 (die) 면적 증가, 3 배의 셀 면적 감소가 이루어졌다. 셀 면적은 4 Mb 의 경우 약 10 ㎛^{2} 이었으나, 1 Gb DRAM 의 경우 0.2 ㎛^{2} 으로 줄어들었다. 이와 같이, 메모리 셀 면적의 급격한 감소는 저장 캐패시터의 면적 감소를 가져온다. 따라서 캐패시터에 저장된 전하밀도를 유지하기 위하여, 캐패시터 두께의 감소와 새로운 셀 구조 등의 여러 가지 개선이 이루어져 왔다. 저장 캐패시터에 저장된 캐패시턴스는 식 (5) 와 같이 표현할 수 있다.

$$C = \epsilon_r \epsilon_0 \frac{A}{d} \tag{5}$$

여기서, ϵ_r 은 유전체의 비유전률 (relative dielectric constant) 이고, ϵ_0 는 진공에서의 유전률, A 는 cell 면적, d 는 유전체의 두께이다.

4 Mb 까지의 DRAM 은 oxide/nitride (ON) 막의 사용이 가능했다. 그러나 그 이상 고집적화된 DRAM 에서는 전하의 터널링 (direct charge tunneling) 에 의한 높은 누설전류 등에 의한 물리적 한계 (5 nm 의 equivalent oxide 두께) 때문에 더 이상의 ON 막의 사용이 불가능하게 되어, 4 Mb ~ 64 Mb 세대의 DRAM 에서는 캐패시터의 면적 증가기법 (복잡한 3D 구조 : stack 또는 trench) 을 사용하여 캐패시턴스를 유지시켰다.

그러나 이 기술은 [그림 32 (a)] 에 보인 것과 같이 256 Mb 세대에서는 캐패시터 면적 대 셀 면적비가 10 이상이 얻어져야 하는 등 매우 복잡하고 비현실적이다. 따라서 256 Mb DRAM 의 양산과, 더 고집적화된 DRAM 의 개발을 위해서는 다른 방안이 제시되고 있다. 그것은 식 (5) 의 비유전률 (ϵ_r) 을 크게 하여 캐패시턴스를 유지시키는 방안으로, 즉, [그림 32 (b)] 에 나타낸 것과 같이 비유전률이 큰 물질을 캐패시터 절연막으로 사용하면 평판 구조나 간단한 스택 구조로도 256 Mb 급 이상의 고집적화를 달성할 수 있다. DRAM 에 적용하기 위해 비유전률이 높은 재료로는 $(Pb,La)TiO_3$, $(Ba,Sr)TiO_3$, $Pb(Zr,Ti)O_3$ 등이 검토되고 있으나 분극반전에 따른 열화가 없는 상유전상을 가진 $(Pb,La)TiO_3$, $(Ba,Sr)TiO_3$ 등이 더욱 유력한 물질로 간주되고 있다.

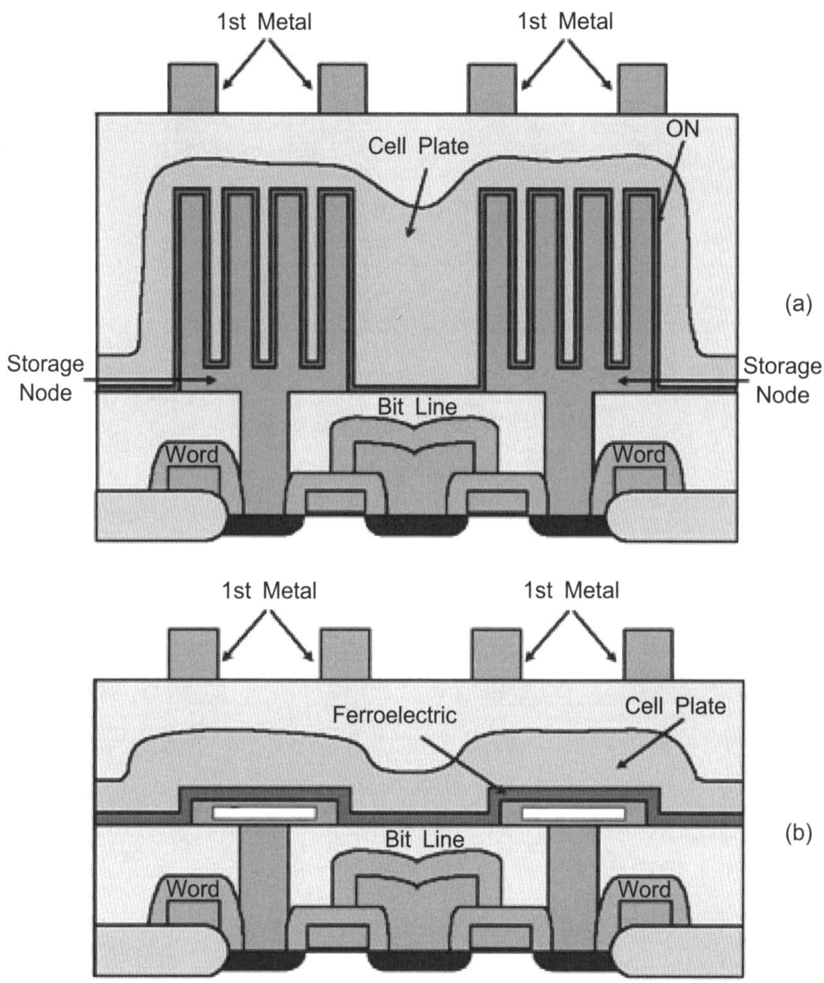

[그림 32] DRAM 의 구조 (a) ON 박막 이용 (b) 강유전체 이용

16 Mb 에서 4 Gb 에 이르는 DRAM 의 캐패시터 비유전률과 유전체 두께를 [그림 33]에 나타내었다.

이 예측도에서 보듯이 64 Mb DRAM 에서는 Ta_2O_5 같은 유전체와 입체적인 셀 구조를 조합하여 메모리 셀을 형성하는 것이 가능하지만 1 Gb DRAM 이상을 만들기 위해서는 비유전률이 큰 강유전체 박막의 도입이 필수적임을 알 수 있다.

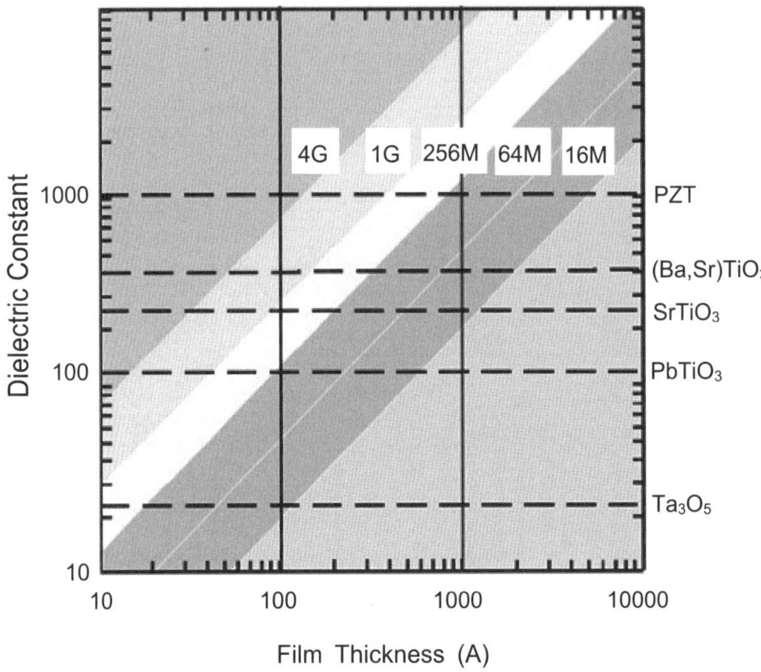

[그림 33] DRAM 의 캐패시터 비유전률과 유전체 두께 관계

3.1.2. SRAM (static random-access memory)

SRAM 은 4 개의 트랜지스터로 구성된 기억용 플립플롭 (Flip-flop) 회로와 2 개의 스위치 역할을 하는 트랜지스터로 구성된 휘발성 메모리이다. SRAM 은 DRAM 에 비해 소비전력이 크고 집적도가 낮으며 가격이 비싼 단점이 있다. 따라서 SRAM 은 주로 컴퓨터에서 가장 자주 사용되는 명령을 저장하기 위한 캐쉬 메모리로 사용되고, DRAM 은 비교적 덜 사용되는 명령과 데이터를 저장하기 위한 주기억장치로 사용된다.

▣ SRAM 의 구조 및 동작원리

SRAM 은 [그림 34] 에서 보듯이 6 개의 트랜지스터로 구성되어 있다. 기억된 정보는 전원이 공급되는 동안 M_1, M_2, M_3, M_4 로 구성된 플립플롭 (Flip-flop) 회로에 의하여 그 값이 변하지 않고 유지되지만, DRAM 과 마찬가지로 전원이 끊어지면 기억된 정보가 사라진다.

M_1/M_2 와 M_3/M_4 는 각각 인버터 (Inverter) 기능을 하는 CMOS (Complementary MOS) 이며 각 인버터의 출력이 다른 인버터의 입력으로 연결되어 있다. M_5 와 M_6 는 인버터와 비트라인 (BL 및 BL) 을 연결시켜주는 스위치 역할을 한다. M_1/M_2 의 출력인 Q 가 "0" 이면 M_3/M_4 의 입력이 "0" 이 되어 M_3/M_4 의 출력인 $\overline{Q}$ 는 "1" 로 변화된다. Q 가 또한 M_1/M_2 의 입력이 되므로, M_1/M_2 의 출력 Q 는 처음과 같이 "0" 이 되어 Q 와 Q 의 값은 안정된다.

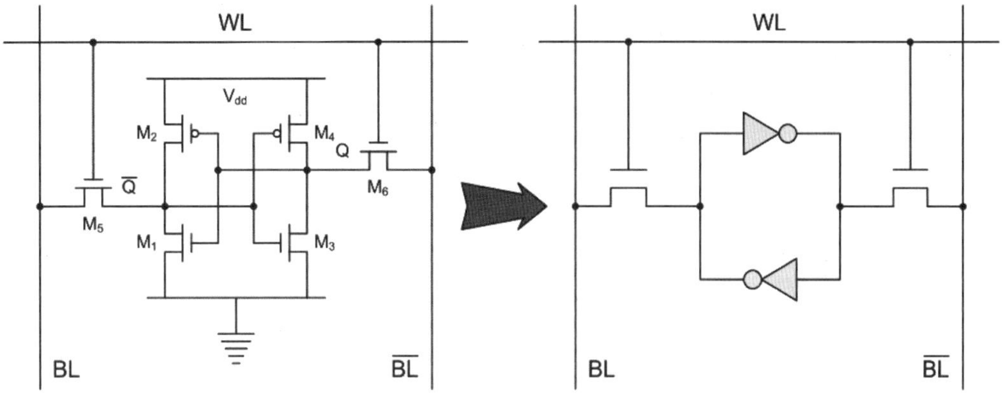

[그림 34] SRAM 의 구조

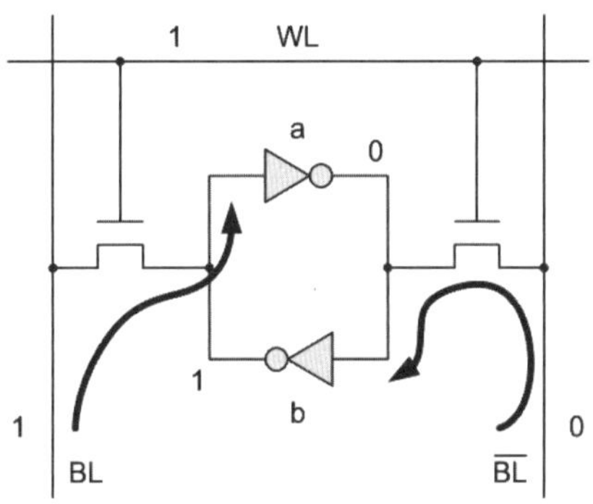

[그림 35 (a)] SRAM 의 쓰기

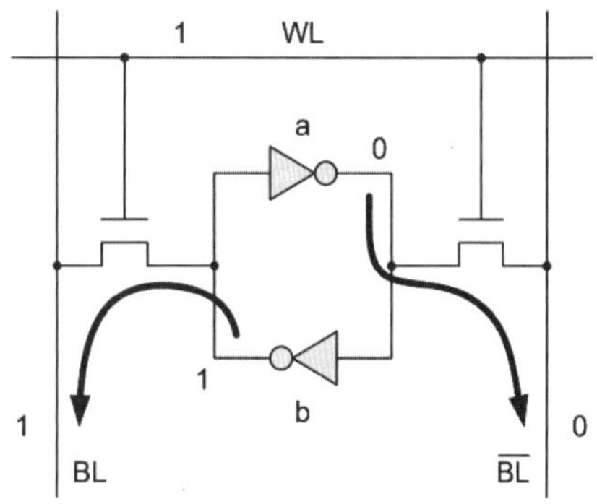

[그림 35 (b)] SRAM 의 읽기

SRAM 셀에 "1" 이라는 정보를 기억시키려면 [그림 35 (a)] 에서 보듯이 WL 에 높은 전압을 인가하여 셀을 선택한 후, BL 을 "1" 로 $\overline{BL}$ 를 "0" 으로 하여 내부 플립플로 회로 중 Q 에는 "1" 이, Q 에는 "0" 이 되게 한다. 정보 "0" 을 기억시키려면 이와 반대로 BL을 "0"으로 $\overline{BL}$를 "1" 로 하여 Q 에 "0" 이 Q 에 "1" 이 저장되게 한다.

저장된 정보를 읽기 위해서는 [그림 35 (b)] 에서 보듯이 먼저 WL 에 높은 전압을 인가하여 M_5 와 M_6 의 스위칭 트랜지스터를 동작시켜 셀을 선택하면 인버터 B 의 출력이 BL 로, 인버터 A 의 출력이 $\overline{BL}$ 로 나와 정보를 읽게 된다.

3.1.3. EPROM (erasable programmable read-only memory)

DRAM 과 SRAM 은 데이터 유지를 위한 전원 공급이 필용하기 때문에, 휘발성 메모리 (volatile memory) 라고 불린다. EPROM 에서 쓰기는 플로팅 게이트 (floating gate) 트랜지스터에 고전압 (보통 12 V 전후) 으로 전자를 주입하여 기록하며 플로팅 게이트는 절연되어 있어서 전원을 꺼도 전자는 보존되어 롬으로 사용할 수 있다. 그러나 여기에 강한 자외선 (234 nm) 을 쬐게 되면 전자는 게이트의 절연막을 통과해 정보가 지워지게 된다.

▣ EPROM 의 구조 및 동작원리

EPROM 의 구조는 [그림 36] 에 나타내었듯이 nMOS 와 유사하다. 근본적인 차이점은 디지털 데이터를 영구적으로 저장할 수 있고, 어디에도 연결되지 않는 플로팅 게이트 (floating gate) 구조를 갖는다는 것이다.

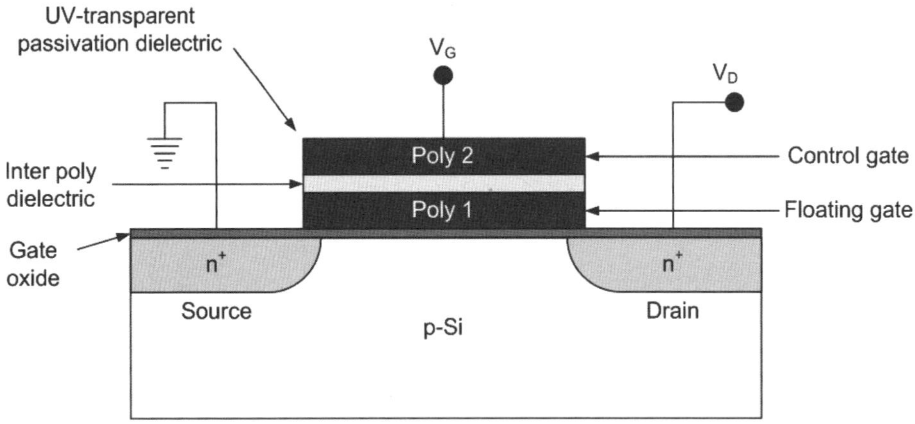

[그림 36] EPROM 메모리 셀의 단면도

EPROM 의 데이터 기록 과정을 [그림 37] 에 나타내었다. 컨트롤 게이트 (control gate) 에 $V_G > V_T > 0$ 인 바이어스가 걸리면, 전자들은 실리콘/게이트 산화막의 경계면 쪽으로 이끌리게 되며 플로팅 게이트 아래에 n 채널이 형성된다. 소스/드레인 으로 부터 온 전자들은 이 채널을 통해 이동할 수 있으며 전기적인 전류를 전달한다. 비록 대부분의 전자들은 채널을 통해 이동하지만, 일부의 전자는 열전자 효과 (hot electron effect) 로 알려진 전자 터널링 효과에 의해 얇은 게이트 산화막을 통해서 플로팅 게이트 내로 주입된다. 전자들이 플로팅 게이트 내부에 주입되면, 다시 밖으로 빠져나갈 수 없기 때문에 수 년 동안 이 상태를 유지할 수 있다. 그러므로 이들은 전원 공급의 유무에 상관없이 데이터를 유지 할 수 있다.

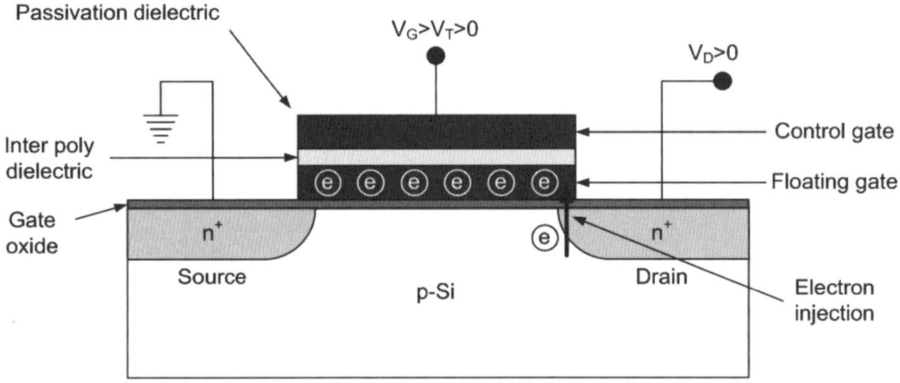

[그림 37] EPROM 데이터 기록 과정

EPROM 에서 데이터를 소거하기 위해, [그림 38] 에 나타낸 것처럼 보호막 유전체를 통해 UV 빛을 조사한다. UV 빛은 플로팅 게이트에 있는 전자들을 여기 시켜 폴리 실리콘 사이의 유전체 층을 통과해서 컨트롤 게이트로 이동시킨 후, 컨트롤 게이트와 연결된 접지를 통해서 전자들이 빠져나가도록 한다.

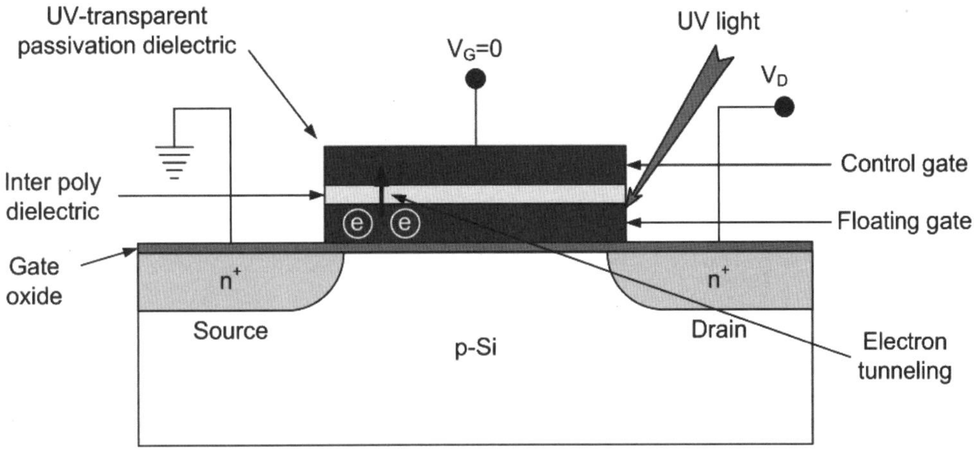

[그림 38] EPROM 의 데이터 소거 과정

3.1.4. 플래시 메모리 (flash memory)

플래시 메모리 (flash memory) 는 UV 빛으로 칩 전체의 데이터를 지우는 EPROM 과는 달리, 컨트롤 게이트의 바이어스에 의해 플로팅 게이트에서 컨트롤 게이트로 전자 터널링이 발생하도록 하므로 각각의 셀을 전기적으로 조절해서 데이터를 소거할 수 있다. 초기의 플래시 메모리는 핸드폰, 셋톱박스, 전자식 제어기기 용도의 소용량 노어 플래시 중심으로 성장하였다. 하지만 최근에는 MP3, 디지털 카메라, 캠코더 등 모바일 장치들이 대용량화하면서 낸드 플래시 시장이 급성장하고 있다.

■ 플래시 메모리의 구조 및 동작원리

플래시 메모리 셀은 [그림 39] 에 보듯이 플로팅 게이트 (floating gate) 와 컨트롤 게이트 (control gate) 라는 2 층의 독특한 구조를 가지고 있다.

플래시 메모리 셀의 쓰기 (write) 작업은 다음과 같다. 컨트롤 게이트와 소스-드레인 사이에 충분히 큰 전압을 인가하면 소스에서 드레인으로 이동하던 전자의 일부가 터널 효과로 인해 절연체인 산화막을 통과하여 플로팅 게이트로 끌려 들어오게 된다. 이 후 컨트롤 게이트에 인가했던 전압을 끊으면 [그림 40 (a)] 에서 보듯이 플로팅 게이트로 이동했던 전자들은 절연체인 산화막에 의해 플로팅 게이트 안에 갇히게 된다. 이렇게 축적된 전자는 전원이 꺼져도 거의 영구히 보존되므로 플래시 메모리가 비휘발성 특성을 지니게 된다. 이번

엔 반대로 p 형 반도체에 충분히 큰 전압을 인가하면 [그림 40 (b)] 에서 보듯이 플로팅 게이트에 갇혀 있던 전자들이 절연체인 산화막을 통과하여 밖으로 빠져 나가게 되고, 결론적으로 플로팅 게이트 안의 전자가 비워지게 된다. 이것이 바로 플래시 메모리 셀의 지우기 (erase) 작업에 해당된다.

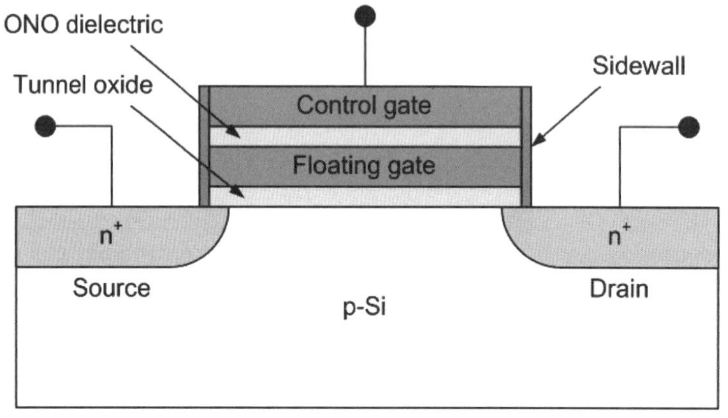

[그림 39] 플래시 메모리의 구조

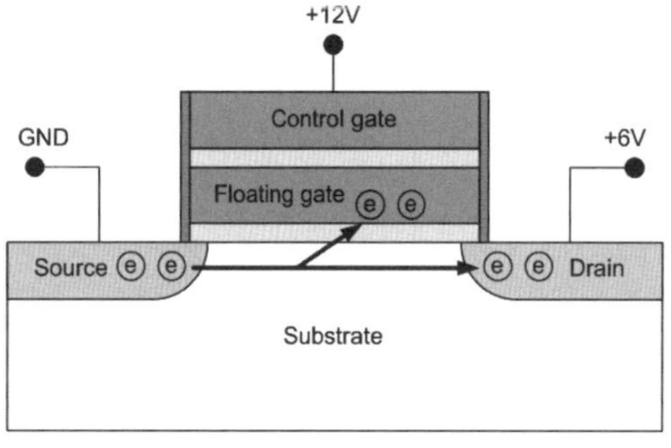

[그림 40 (a)] 플래시 메모리의 쓰기

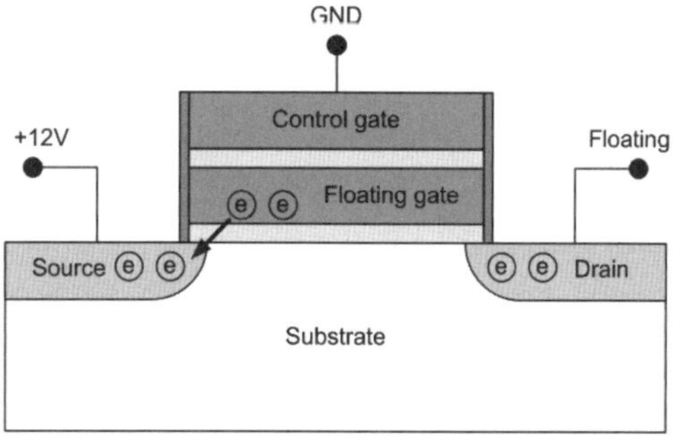

[그림 40 (b)] 플래시 메모리의 지우기

마지막으로 읽기 (Read) 작업은 컨트롤 게이트에 터널 효과가 발생하지 않을 약한 전압을 걸어주어 채널을 형성하고, 소스-드레인에 충분한 전압을 걸어줘 전자를 소스에서 드레인으로 이동시킨다. 이때 플로팅 게이트에 채워진 전자가 소스에서 드레인으로 이동하는 전자와 간섭을 일으키게 된다. 따라서 플로팅 게이트가 전자를 가지고 있을 때와 가지고 있지 않을 때 트랜지스터의 문턱 전압 (threshold voltage) 이 다르다. 문턱 전압은 트랜지스터에서 소스와 드레인 사이에 전류를 흐르게 하기 위해 게이트에 공급해야 할 최소한의 전압을 의미한다. 플로팅 게이트가 전자를 가지고 있을 때는 트랜지스터의 문턱 전압이 높고, 전자를 가지고 있지 않을 때는 반대로 문턱 전압이 낮다. 정보를 읽을 때는 [그림 41] 에서처럼 두 문턱 전압 중간의 전압을 트랜지스터의 게이트 단자에 공급한다. 플로팅 게이트가 전자를 가지고 있을 때는 전류가 흐르지 않고, 반대의 경우에는 전류가 흐른다. 이것으로 셀의 정보가 "1" 인지 "0" 인지를 판단할 수 있다.

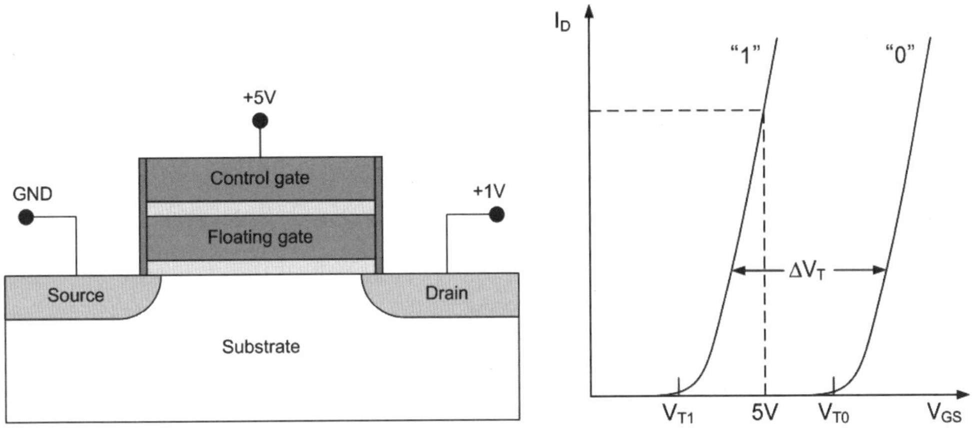

[그림 41] 플래시 메모리의 읽기

▣ 플래시 메모리의 종류

플래시 메모리는 메모리 셀을 배열하는 방법에 따라 크게 NOR 형태와 NAND 형태로 분류할 수 있다. NOR 플래시 메모리는 셀 배열이 병렬 구조이기 때문에 순서에 관계없이 임의의 셀을 선택하여 데이터를 읽을 수 있다. 다만 병렬로 연결된 각 셀을 개별적으로 연결하는 전극이 필요하고, 따라서 면적이 NAND 형에 비해 크다는 단점이 있다. 이에 비해 NAND 플래시 메모리는 셀 배열이 직렬 구조이기 때문에, 먼저 해당 블록으로 이동한 후 직렬로 연결된 각 셀에서 순차적으로 데이터를 읽어내는 방식을 사용한다. 따라서 NOR 플래시에 비해 읽기 속도는 느리지만 직렬로 회로를 구성하기 때문에 셀 면적의 크기가 작아 집적도가 높다. 결론적으로 NAND 플래시는 노어 플래시에 비해 속도는 느리지만, 제조 단가가 싸고 대용량으로 만들 수 있다는 장점이 있다.

3.1.5. FeRAM (ferroelectric random access memory)

정보를 저장하는 메모리에는 자기 메모리, 광 메모리, IC 메모리 등 많은 종류가 있다. 이상적인 메모리가 되려면 대용량으로 고속 동작이 가능하고 비휘발성이어야 한다. 현재까지 개발되어 광범위하게 사용되는 비휘발성 메모리로는 EPROM, 플레시 메모리가 있으며, 집적도와 기능면에서 괄목할 만한 성장을 이루어 왔다. 그러나 이들 비휘발성 메모리 소자의 동작은 고전압 하에서 실리콘 산화막 (SiO_2) 을 통한 전자 터널링 (electron tunneling) 방법이 사용됨에 따라, 읽기/쓰기/지우기 등의 반복에 의해 실리콘 산화막이 열화되어 짧은 소자수명 및 느린 처리속도가 큰 문제로 남아 있어 컴퓨터의 메모리나 휴대용

정보통신기기 등으로의 시장 확대가 어려웠다. 최근에, 강유전체 박막의 분극반전과 이력특성을 이용한 비휘발성 메모리 소자인 FeRAM 은 빠른 동작속도, 저전압 동작, 내방사선성 등의 장점을 가지고 있어 이상적인 메모리 소자로 각광받고 있다. FeRAM 은 크게 1T-1C (1 transistor + 1 capacitor) 형과 MFSFET (metal-ferroelectric-semiconductor FET) 형으로 나눌 수 있다.

▣ 1T-1C (1 transistor + 1 capacitor) 형 메모리

[그림 42] 에 1T-1C 로 구성된 메모리 셀의 기본동작과 펄스 모양을 나타내었다. 1T-1C 로 구성된 비휘발성 메모리의 동작방법은 DRAM 과 유사하며 그 동작방법은 다음과 같다. 쓰기 (write) 의 경우, 워드 라인 (word line) 을 선택하고 항전계 이상의 양 (positive) 의 펄스 전압을 드라이브 라인 (drive line) 에 인가 (이력곡선에서 A 위치) 한다. 이 상태를 "0" 상태로 정의한다. 이와 유사하게 "1" 을 쓰기 위해 워드 라인을 선택하고 비트 라인 (bit line) 에 양의 (또는 drive line 에 음의 펄스) 펄스를 인가 (이력곡선에서 B 위치) 한다. 읽기 (read) 동작은 메모리에 "1" 이 저장되어 있을 경우 (위치 B), 워드 라인을 선택하고 드라이브 라인에 양의 펄스를 인가하면 분극반전이 일어나 이력곡선의 B → D 로 이동하며, 펄스의 인가 전후에 P* 에 해당하는 전하량의 변화를 비트 라인의 센스 앰플리파이어 (sense

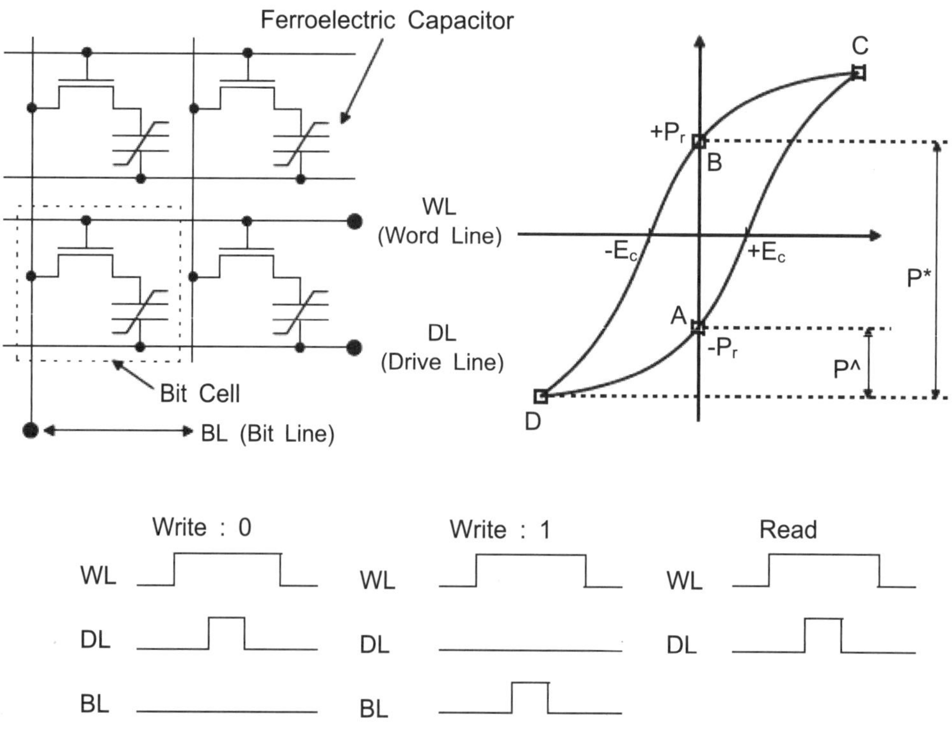

[그림 42] 강유전체 1T-1C 메모리 소자의 동작 특성

amplifier) 가 검출한다. 이와 유사하게 "0" 의 읽기는 이력곡선의 A→D 로 이동하며 센스 앰플리파이어는 P^ 에 해당하는 전하량의 변화를 검출한다. 신호의 검출방법은 "1" 의 경우, 분극반전 되는 전하량의 변화에 기인하는 전류가 저항 내에 흘러 전압이 신호로써 검출되고, "0" 인 경우, 분극반전 되지 않으므로 전하량의 변화가 적어 저항을 통해 흐르는 전류가 작기 때문에 "1" 인 경우에 비해 출력전압이 상대적으로 낮다. 이 출력전압의 차이로 "1" 과 "0" 을 구별한다.

강유전체를 이용한 비휘발성 메모리의 제작 형태는 크게 두 가지로 나눌 수 있는데, [그림 43 (a)] 는 트랜지스터 위에 강유전체 캐패시터가 있는 구조로 집적도에 유리하나 트랜지스터 공정이 끝난 다음 강유전체의 결정화를 위해 고온의 열처리 공정이 필요하기 때문에 트랜지스터의 금속 접합의 단락이나 불순물의 확산 등이 일어날 수 있는 단점이 있다. [그림 43 (b)] 는 트랜지스터 옆에 강유전체 캐패시터가 위치하는 형태로 집적도가 떨어지나, 강유전체 캐패시터가 먼저 제작되므로 열처리에 따른 문제점이 없다.

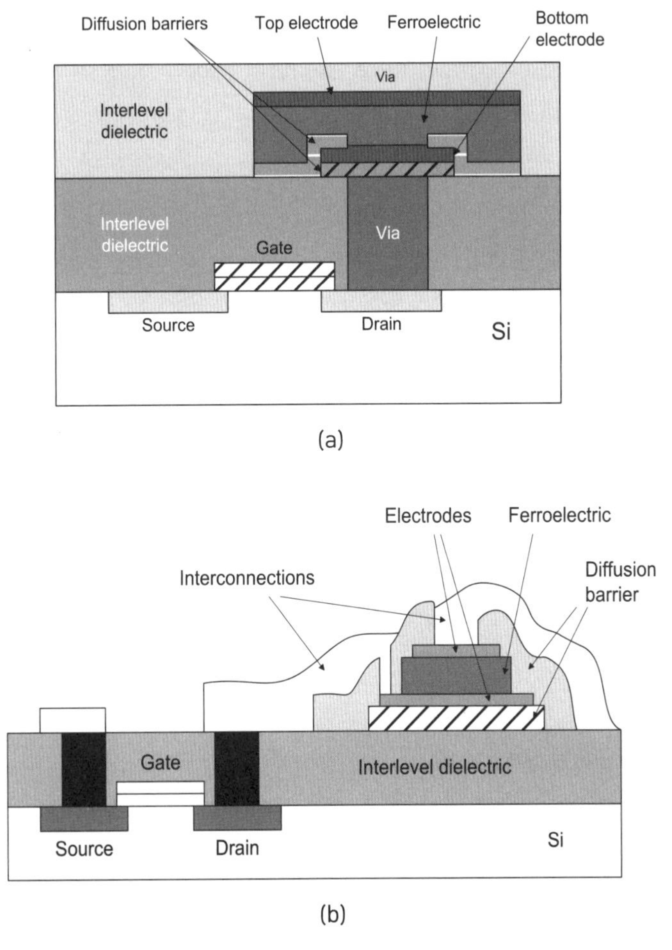

[그림 43] 강유전체 1T-1C 메모리 소자의 단면도 : (a) 수직 고밀도 구조, (b) 수평 저밀도 구조.

▣ MFSFET 형 메모리

[그림 44] 에서 보듯이, FET 의 게이트가 강유전체 박막으로 형성된 FET 소자를 금속-강유전체-반도체 (Metal-Ferroelectric-Semiconductor) 의 앞 글자를 이용하여 MFSFET 라고 부른다.

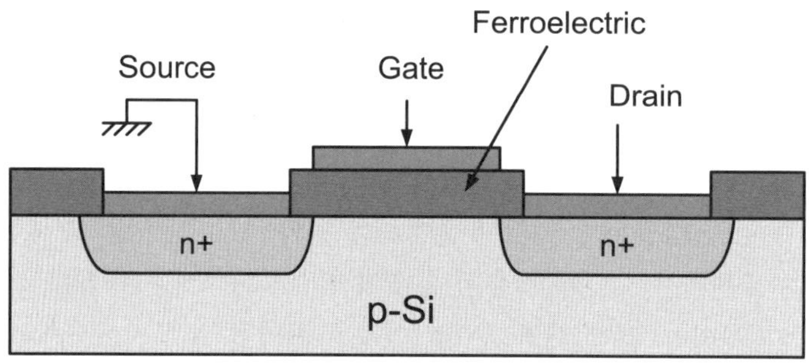

[그림 44] n 채널 MFSFET 의 구조

MFSFET 소자에서는 강유전체의 전기 분극에 의해 게이트 아래 반도체의 표면 포텐셜을 제어하고, FET 의 드레인 전류를 이력곡선에 대응해 변화시킨다. 보통 n 형 반도체 기판 상에 강유전체 박막을 성장시키고, 그 위에 금속 전극을 형성한다.

MFSFET 에 사용되는 강유전체의 이력곡선 상태에 따른 MFSFET 의 밴드 구조 (band diagram) 를 [그림 45] 에 나타내었다. 분극을 스크린 (screen) 하기 위해서 필요한 자유 캐리어들은 강유전체 내의 전도에 의해 제공되지 않기 때문에, 자유 캐리어들은 반드시 반도체에 의해 제공되어야 한다. 이들 밴드 구조에서는 금속-반도체 사이의 일함수 차이는 무시하고, 강유전체와 반도체 사이의 계면 영향도 고려하지 않았다.

[그림 45 (a)] 는 반도체 기판 방향으로 전기 분극이 생기고, 인가 전압이 V_m 인 경우의 밴드 구조를 나타낸 것이다. 반도체의 계면에는 강유전체의 전기 분극에 의해 전자가 축적된다. 이후에 외부에서 강유전체가 가지는 항전계보다 큰 역전계를 가지는 전압을 인가하여 분극 방향을 역방향으로 하면 [그림 45 (b)] 에 나타낸 것처럼, 반도체의 계면에 정공들이 축적된다. 즉, 강유전체의 분극 방향에 따라 채널의 도전률이 변화하며, 이를 이용하여 MFSFET 의 전류를 on/off 시킬 수 있다.

MFSFET 를 기반으로 하는 강유전체 메모리는 NDRO (non-destructive read-out) 방식으로 동작한다. 단일 MFSFET 셀의 NDRO 구동 방식과 펄스 모양을 [그림 46] 에 나타내었다.

쓰기 (write) 의 경우, 비트 라인과 프로그래밍 라인 (programing line) 의 조합에 의해 "0" 과 "1" 을 선택해서 메모리에 기억시킬 수 있다. 읽기 과정 동안, 프로그래밍 라인은 항상 접지 되어 있기 때문에 Tf 상태가 "0" 이면 on 상태이고, Tf 상태가 "1" 이면 off 상태이다. 그러므로 읽기 과정 동안 비트 라인에 연결된 센스 앰플리파이어가 MFSFET 의 상태를 검출할 수 있다. 즉, 전류가 흐르면 "0" 이고 전류가 흐르지 않으면 "1" 로 인식한다.

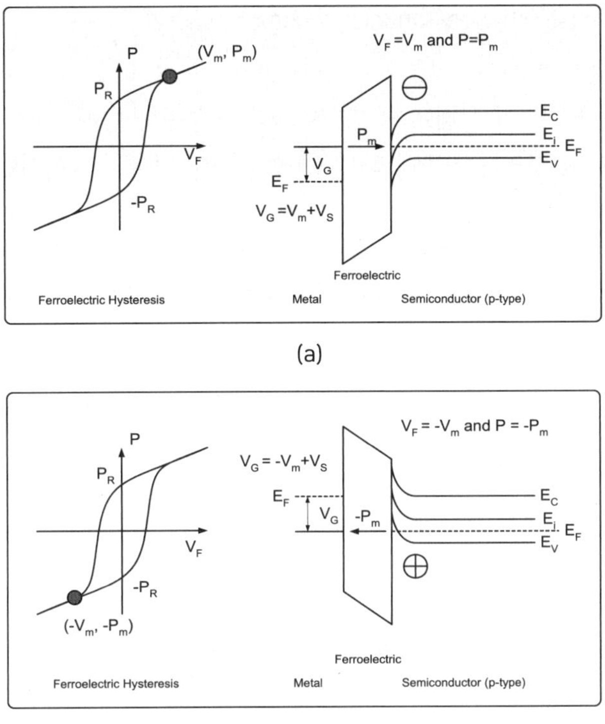

[그림 45] MFSFET 의 밴드 구조 : (a) on 상태, (b) off 상태

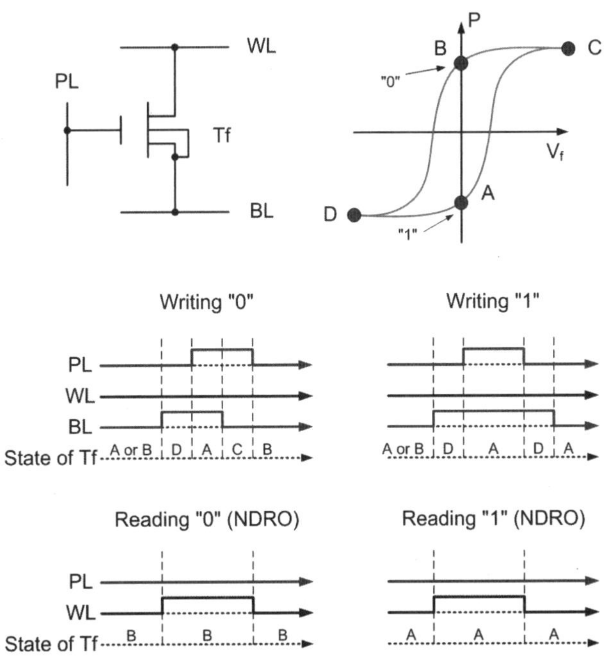

[그림 46] MFSFET 메모리 소자의 동작특성

3.1.6. PRAM (phase-change random access memory)

PRAM 은 비휘발성 RAM 의 일종으로, 칼코게나이드 (chalcogenide) 재료의 독특한 특성인 열을 가함에 따라 비정질 상태에서 결정질 상태로 상변화 함에 따라 전기저항이 변하는 특성을 이용하여 이진 정보를 저장하고 판독하는 메모리이다. 즉, 어떠한 물질이 무정형의 비정질 상태에 있을 때는 물질이 갖는 비저항이 매우 높고, 원자가 규칙적으로 정렬해 있는 결정질 상태에 있을 때는 비저항이 낮으므로 저항이 다른 두 상태를 이용하여 정보를 저장하고 감지하여 정보를 읽어낸다. PRAM 은 셀의 크기가 작으며 내구성이 뛰어나고, 구동이 매우 단순하기 때문에 프로그래밍 에너지가 작고, 제조하기 위한 공정이 단순하기 때문에 생산비용 또한 저렴하다.

▣ PRAM 의 구조 및 동작원리

[그림 47] 에 상변화 메모리의 대표적인 기본 셀 구조를 도시하였다. 상하부 금속 전극을 전원 회로로 연결하고 전압을 인가하면 상변화 물질과 전극이 접촉되어 있는 부분을 통해 전류가 흐르며 이때 줄의 법칙 (Joule's low) 에 따라 열이 발생한다. 이 열의 양을 조절하면 결정상인 물질을 비정질의 상으로, 비정질의 상을 결정상으로 변환시킬 수 있다.

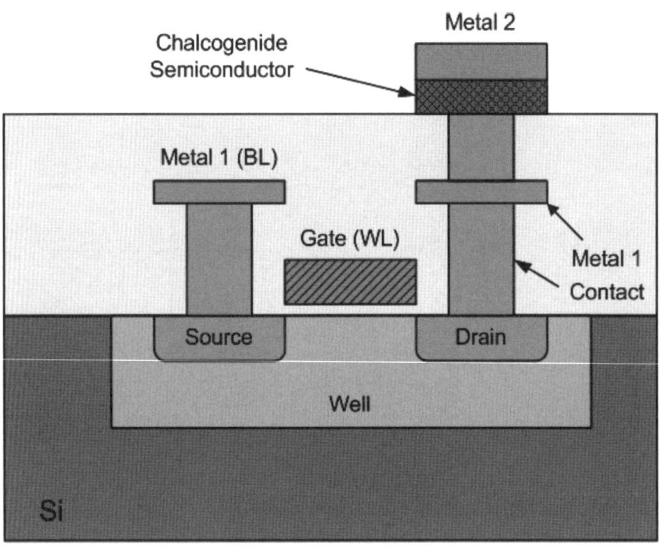

[그림 47] PRAM 의 기본 구조

상변화 메모리의 가장 핵심 부분은 정보를 저장하는 상변화 재료이다. 고체상태의 물질은 원자의 공간배열 관점에서 크게 두 가지 상태인 결정 상태와 비정질 상태로 나눌 수 있다. 결정상태란 원자의 배열이 매우 주기적인 장범위 규칙도를 가지고 있는 상태이며, 비정질 상태는 장범위 규칙도는 없고 한 두 개의 최인접 원자들의 주기적 배열인 단범위

규칙도만 존재하는 상태를 말한다. PRAM 에 필요한 상변화 물질은 비정질상과 결정상간의 비저항의 차가 크고 용융온도가 높아야 하며 비정질상의 형성이 용이해야 한다. 또, 이렇게 형성된 비정질상이 사용 온도에서 안정적이며 결정화 속도가 빨라야 한다. 현재 $Ge_2Sb_2Te_5$, $As1_5Sb_5Te_{80}$, $As_{15}Sb_{25}Te_{60}$, $Se_{15}Sb_{15}Te_{70}$, $Se_{10}Sb_{10}Te_{80}$ 등의 3원계 화합물이 PRAM 의 핵심 재료로 사용되고 있다.

상변화 메모리의 실제 동작은 비정질화 (RESET, write) 펄스, 결정질화 (SET, erase) 펄스, 판독 (read) 펄스의 인가에 의해 이루어진다. [그림 48] 의 상변화 재료의 I-V 특성 곡선에서 보듯이, 비정질 상태의 재료에 SET 전류 영역에 해당하는 펄스를 인가함으로써 줄의 법칙을 통해 열이 발생하고 상변화 재료가 결정화 된다. 반대로 결정화된 상변화 재료에 RESET 전류 영역에 해당하는 펄스를 인가하면, 상변화 재료가 용융되어 저항이 높아짐에 따라 전류가 급격히 작아지고 차례로 열이 급격히 식으면서 상변화 재료가 응고되어 비정질의 상태가 된다. 이것이 이진 정보 "0" 과 "1"을 쓰고 지우는 과정이다. 판독 펄스는 스위칭이 발생하지 않도록 문턱 전압보다 작은 전압을 인가하고 이때의 전류 차이를 통해 이진 정보를 판독한다. 소자 구조에 따라 다르지만 $Ge_2Sb_2Te_5$ 의 경우 RESET 시간은 약 70 ns 이내, SET 시간은 약 100 ns 이내로 보고되고 있다.

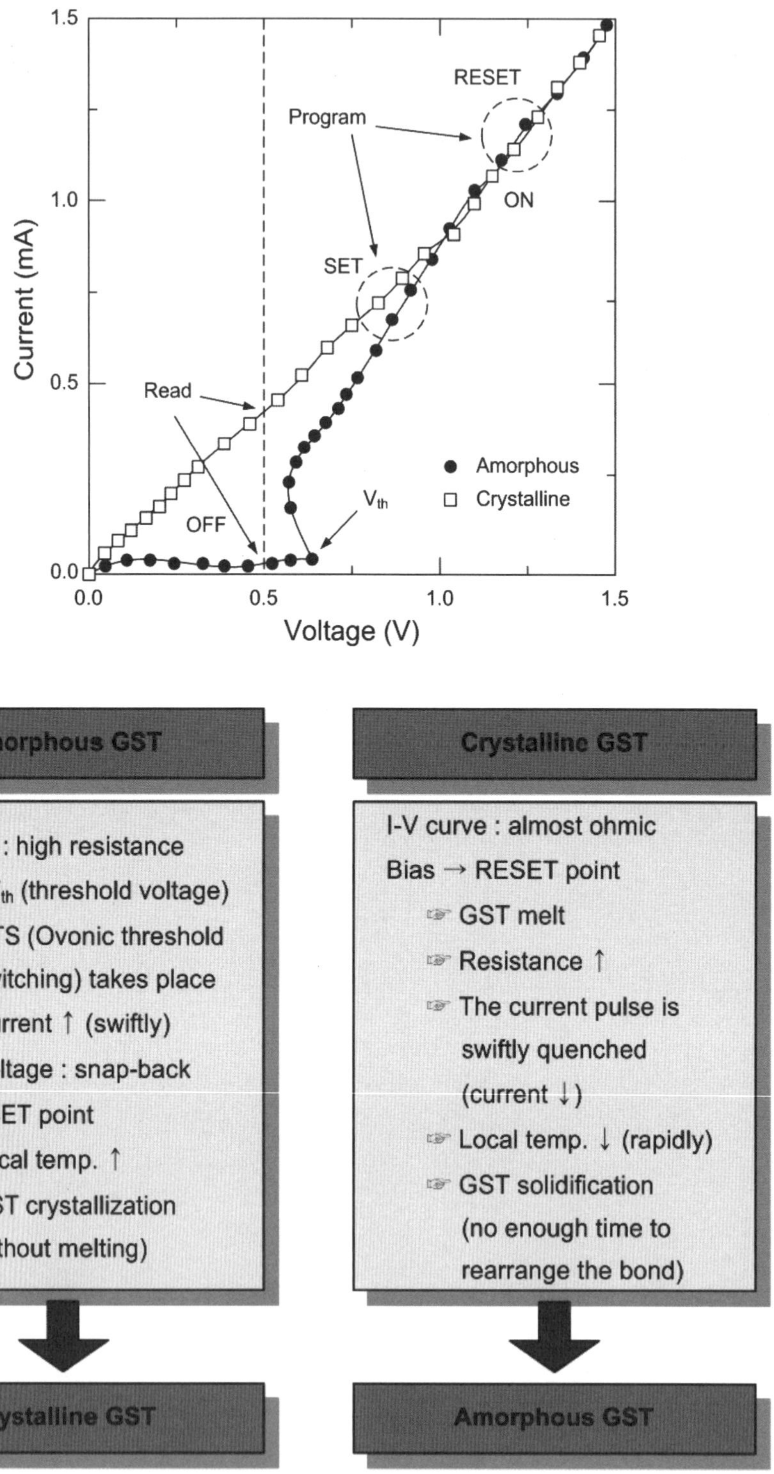

[그림 48] PRAM 의 I-V 특성 및 상변환 과정

3.1.7. MRAM (magnetic random access memory)

MRAM 은 자기저항 (MR: Magnetoresistance) 효과를 이용하여 정보를 저장하는 메모리로서, 비휘발성 외에 DRAM 급의 고속 동작이 가능한 반면 전력소모가 적고 무한대의 기록 및 재생이 가능하고 방사능 내성이 강한 장점이 있다. MRAM 은 이미 군사용 (미사일, 우주선 등) 으로 사용되고 있으며, 가격과 크기 면에서 플래시 메모리와 DRAM 을 대체할 수 있어 향후 스마트폰, 태블릿 PC 등의 휴대단말기에 적용 가능성이 크다. 1980년대 AMR (Anisotropic Magnetoresistance) MRAM 이 개발되어 군사 및 우주 분야에 제한적으로 사용되고 있으며, 1995년 MIT 의 Moodera 가 개발한 TMR (Tunnel Magnetoresistance) 소자의 등장으로 자기저항비가 높아짐에 따라 고집적 가능성이 커져 차세대 메모리를 개발하는데 중요한 기술로 급부상하고 있다.

▣ MRAM 의 구조 및 동작원리

MRAM 은 크게 자기장 스위칭 방식과 스핀 전달 토크 방식으로 구분할 수 있다. 자기장 스위칭 방식의 MRAM 의 구조는 [그림 49 (a)] 에서 보듯이, 반도체 CMOS 부분과 메모리 부분의 TMR (Tunnel Magnetoresistance) 셀이 결합되어 있는 형태가 사용되고 있다. 구동 셀에 자기터널접합 (Magnetic Tunnel Junction, MTJ) 이 사용되며, 이 접합은 강자성체로 구

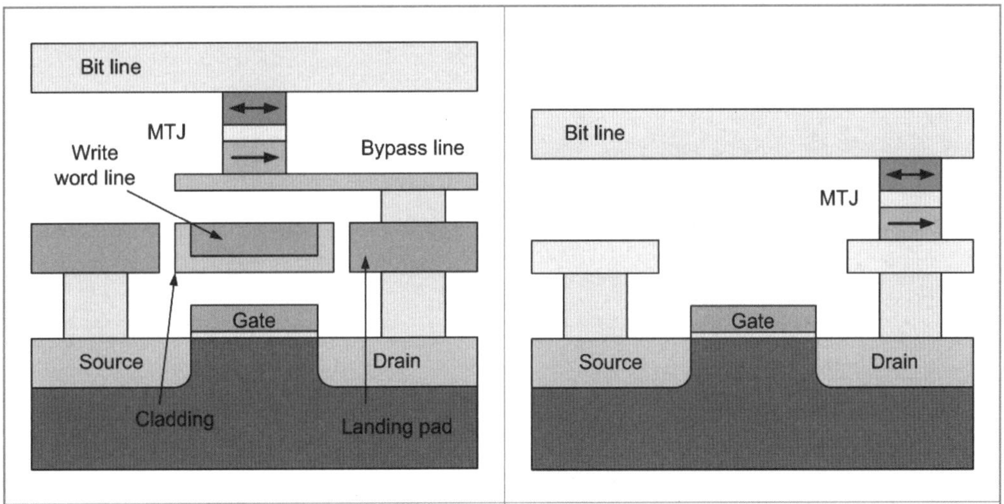

• 외부 자기장에 의한 자화 반전 • Half selection 문제 • 소자가 작아지면 스위칭 자기장 증가 → 높은 구동전류 필요	• 스핀전류에 의한 자화반전 • 전류를 통해 선택된 cell 만 스위칭 • 구조가 단순 • 소자가 작아질수록 스위칭 전류감소 → 저전력소모

(a) 자기장 스위칭 방식 MRAM　　　(b) 스핀전달토크 방식 MRAM

[그림 49] MRAM 방식 자기장 스위칭 방식과 스핀전달토크 방식의 구조

성된 고정층 (pinned layer) 과 자유층 (free layer) 을 가지며 가운데에 터널 베리어 (tunnel barrier) 층이 절연층으로 위치하는 구조다. MRAM 의 자기터널접합 구조에서 직교하는 두 도선에서 발생하는 자기장으로 자성층의 자화 방향을 바꾸어 저항이 높고 낮은 것을 이용하여 정보를 저장하게 된다. 즉 자기터널접합에서 스핀전자의 전도는 전자가 강자성층/배리어층/강자성층 구조를 통과할 때 두 강자성 층의 자화배열이 평행인지 반평행 상태인지에 따라 전도 양상이 달라진다.

외부 자기장이 아닌 자기터널접합에 직접 전류를 주입하여 자화반전을 유도하는 스핀 전달 토크 (Spin Transfer Torque, STT) 구조에서는 자기터널접합 (수십 nm) 에 전류를 주입함으로써 자성층의 자화 방향이 평행 또는 반평행으로 정렬함에 따라 저항이 달라진다. [그림 49 (b)] 에서 보듯이, 스핀 전달 토크 구조에서는 기존의 방식처럼 자화방향을 제어하기 위해 외부에서 자기장을 발생시키는 별도의 도선 없이 직접 전류 주입에 의해 자화방향이 스위칭 되는 방식이므로 소자크기가 작아질수록 필요한 전류밀도가 작아져 고집적화에 유리하다.

[그림 50] 과 같이 자기저항방식의 메모리 소자에서는 자기터널접합에서 전자가 자성층/비자성층/자성층으로 구성된 접합 구조를 통과할 때 두 자성층의 자화 방향이 서로 평행인지, 반평행인지에 따라 전자의 전도 양상이 다르게 된다. 전자의 전도 양상이 다르게 되는 것은 자성체의 스핀 분극도 (spin polarization) 와 배리어층을 통한 전자의 터널링 효과에 의존한다.

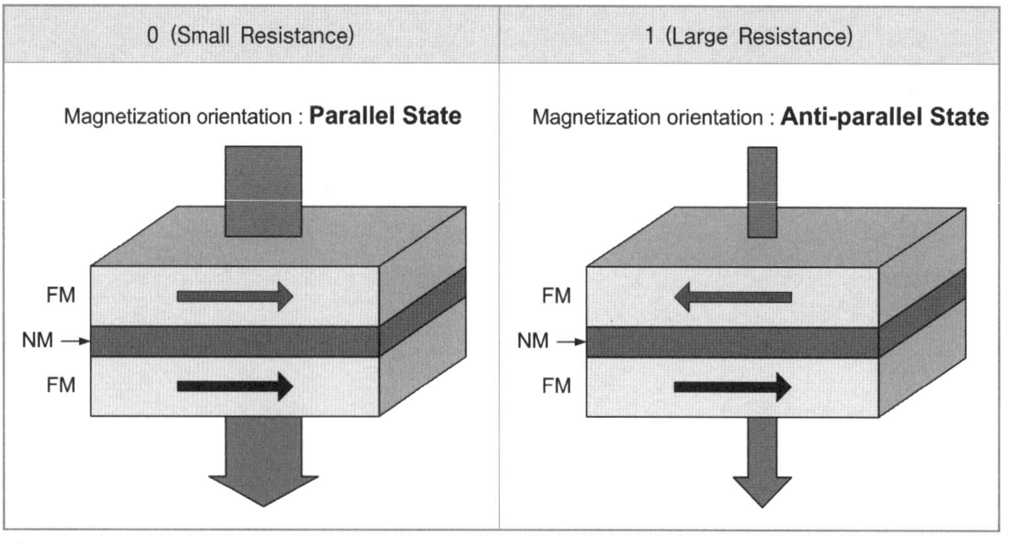

[그림 50] 자성층의 자화 방향에 따른 전자의 전도 특성

[그림 51 (a)] 에서와 같이 자기장 스위칭 방식의 MRAM 은 터널접합을 형성하기 위해 고정층의 (pinned) 자성체와 자유층의 스위칭 자성체가 비자성체 (절연체) 로 분리되어 있는 자기터널접합에서 정보를 저장하게 된다. 스위칭 자성체는 고정층과 자유층의 자화 분극이 평행인지 아니면 반 평행인지에 따라 어느 정도 다른 접합 저항을 가지는데, 쓰기 전류는 이때 스위칭 자성체의 자화 방향을 전환시킨다. 저항의 차이를 통해 셀의 상태를 읽을 수 있게 된다. 자기터널접합 소자에 전류가 흐를 경우 저항이 크면 "1", 저항이 작으면 "0" 으로 셀의 상태를 판단하게 된다. 쓰기는 bit line 의 전류와 쓰기용 word line 의 전류가 동시에 흘러 일정 크기 이상의 자기장이 유도되도록 한다. 이때 (+) bit line 전류에 의해 "0" (또는 low R) 이, (-) bit line 전류에 의해 "1" (또는 high R) 이 기록된다.

스핀 토크 전발 방식의 MRAM 에서는 [그림 51 (b)] 에서 보듯이, 높은 밀도의 강한 전류가 강자성층을 통과할 때, 강자성체의 자화방향이 전류 속 전자의 스핀 방향과 일치하지 않으면 강제로 일치시키게 된다. 이 원리로부터 고정 자성층에서 자유 자성층으로 높은 전류를 흘려주면 두 자성층의 방향이 일치하게 되고 이 상태를 "1" 로 기억하게 된다. 반대로 자유층에서 고정층으로 전류를 흘려주면 배리어층에서 스핀 축적 현상이 생겨 두 자성층의 자화 방향을 반대로 배열시키게 되며 이 상태를 "0" 으로 기억하게 된다.

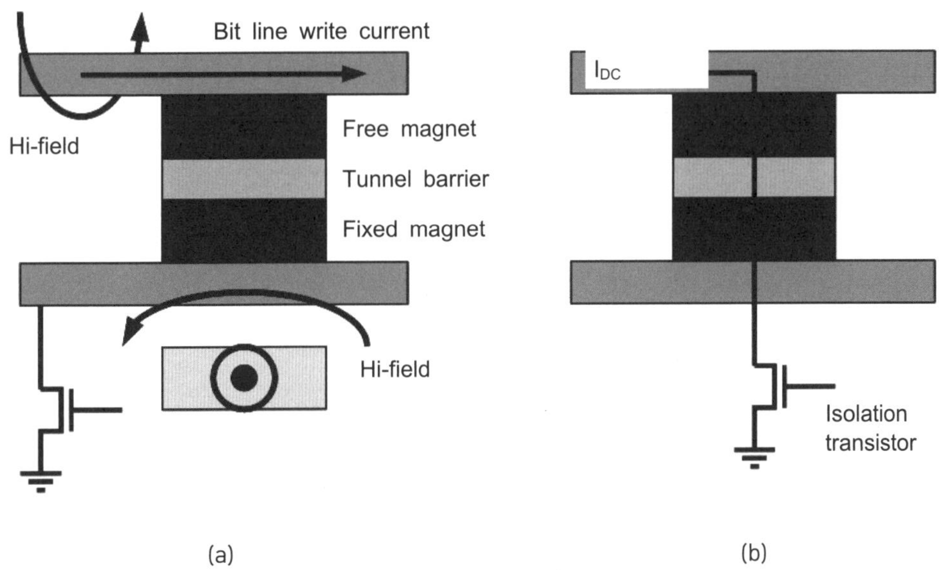

[그림 51] MRAM 의 동작 원리 (a) 자기장 스위칭 방식, (b) 스핀 토크 전달 방식

3.2. 마이크로프로세서

마이크로프로세서는 CPU (Central Processing Unit) 라고 불리며, 일반적으로 컨트롤 시스템과 ALU (Arithmetic-Logic Unit) 로 구성된다. 최근의 마이크로프로세서는 고유의 캐쉬 메모리를 가지고 있다. CPU 는 컴퓨터와 다른 컨트롤 시스템의 두뇌 역할을 한다. 널리 사용되는 마이크로프로세서는 CISC (Complete Instruction Set Computer) 와 RISC (Reduced Instruction Set Computer) 두 가지이다. IBM 호환성 PC 는 CISC 마이크로프로세서를 사용하며, 애플 매킨토시 PC 는 RISC 마이크로프로세서를 사용한다.

3.3. ASIC (Application Specific Integrated Circuit)

ASIC 이란 특정 응용에 맞게 설계된 비메모리 반도체를 의미하며, 이러한 ASIC 제품은 크게 특정업체의 요구에 맞게 설계된 전통적인 ASIC 제품과 특정용도 이긴 하나 응용 시장에서 검증되어 다수의 업체에게 공급되는 ASSP (Application Specific Standard Product) 제품으로 구분된다. ASIC 칩에는 DSP 칩, TV, 라디오, 인터넷, 자동차, 전자통신에 사용되는 칩 등 수많은 칩들이 포함된다.

부 록

Physical Constants

Physical constants	Symbol	Dimensions
Bohr radius	a_B	0.52917 Å
Boltzmann constant	k	1.38066×10^{-23} J/K (R/N_{AVO})
Elementary charge	q	1.60218×10^{-19} C
Electron volt	eV	$1eV = 1.60218 \times 10^{-19}$ J = 23.053 kcal/mol
Permittivity (in vacuum)	ε_0	8.85418×10^{-14} F/cm ($1/\mu_0 c^2$)
Planck constant	h	6.62617×10^{-34} J·s
Reduced plank constant	ħ	1.05458×10^{-34} J·s ($h/2\pi$)
Speed of light (in vacuum)	c	2.99792×10^{10} cm/s
Thermal voltage (at 300K)	kT/q	0.0259 V

Properties of Si, Ge, GaAs at 300K

Property	Si	Ge	GaAs
Number of atom (atoms/cm^2)	5.0×10^{22}	4.42×10^{22}	4.42×10^{22}
Atomic weight	28.09	72.60	144.63
Breakdown field (V/cm)	$\sim3\times10^5$	$\sim10^5$	$\sim4\times10^5$
Crystal structure	Diamond	Diamond	Zincblende
Density (g/cm^3)	2.328	5.3267	5.32
Dielectric constant	11.9	16.0	13.1
Effective density of states in conduction band, N_C (cm^{-3})	2.8×10^{19}	1.04×10^{19}	4.7×10^{17}
Effective density of state in valence band, N_V (cm^{-3})	1.04×10^{19}	6.0×10^{18}	7.0×10^{18}
Electron affinity (eV)	4.05	4.0	4.07
Energy gap at 300K (eV)	1.12	0.66	1.424
Intrinsic carrier concentration (cm^{-3})	1.45×10^{10}	2.4×10^{13}	1.79×10^{6}
Intrinsic resistivity (Ω·cm)	2.3×10^5	47	10^8
Lattice constant (Å)	5.43095	5.64613	5.6533
Linear coeffecient of thermal expansion, ΔL/ΔT (℃$^{-1}$)	2.6×10^{-6}	5.8×10^{-6}	6.86×10^{-6}
Melting point (℃)	1415	937	1238
Minority carrier lifetime (s)	2.5×10^{-3}	10^{-3}	$\sim10^{-8}$
Mobility (drift) (cm^2/V·s)			
Electron	1500	3900	8500
Hole	450	1900	400
Thermal conductivity (300K) (W/cm℃)	1.5	0.6	0.46
Thermal diffusivity (cm^2/s)	0.9	0.36	0.44

참고문헌

[1] S. Dimitrijev, Principles of Semiconductor Devices, Oxford University Press, New York, 2006

[2] J. Singh, Semiconductor Devices: Basic Principles, Joh Wiley & Sons, Inc., New York, 2001

[3] J. D. Plummer, M. D. Deal, P. B. Griffin, Silicon VLSI Technology: Fundamentals, Practice and Modeling, Prentice Hall, New Jersey, 2000

[4] 박용수, 서화일, 물리전자공학기초, 내하출판사, 서울, 2005

[5] S. M. Sze, Semiconductor Devices: Physics and Technology, 2nd Ed., John Wiley & Sons, Inc., New York, 2002

[6] B. G. Streetman, S. Banerjee, Solid State Electronic Devices, Prentice Hall, New Jersey, 2005

[7] S. O. Kasap, Principles of Electronic Materials and Devices, McGraw-Hill Education, New York, 2002

[8] A. Beiser, Concepts of Modern Physics, McGraw-Hill Education, New York, 2003

[9] B. L. Anderson, R. L. Anderson, Fundamentals of Semiconductor Devices, McGraw-Hill International Education, Singapore, 2005

[10] 류장렬, 반도체소자공학, 형설출판사, 서울, 2007

[11] D. A. Neamen, An Introduction to Semiconductor Devices, McGraw-Hill Education, New York, 2006

[12] J. Bardeen and W. H. Brattain, "The Transistor, A Semiconductor Triode", Physics Review, vol. 74, pp. 435, 1948

[13] C. Y. Chang and S. M. Sze, ULSI Technologies, McGraw-Hill Co., New York, 1996

[14] M. Rioradan and L. Hoddeson, Crystal Fire, W. W. Norton & Company, New York, 1997

[15] W. Shockley, "The Theory of p-n Junctions in Semiconductor and p-n Junction Transistor", Bell System Technical Journal, vol. 28, pp. 435, 1949

[16] Neil H. E. Weste and K. Eshraghian, Principles of CMOS VLSI Design, 2d ed., Addison-Wesley Co., Reading, MA, 1993

[17] Chip Scale Review, vol. 3, no. 4, pp. 25, 1999

[18] F. Seitz and N. Einspruch, Electronic Genie: The Tangled History of Silicon, University of Illionois Press, Urbna, pp. 25, 1998

[19] P. Bondyopadhyay, "In the Beginning", Proceedings of the IEEE 86, no. 1, pp. 63, 1998

[20] J. Pierce, "The Naming of the Transistor", Proceedings of the IEEE 86, no. 1, pp. 37, 1998

[21] Texas Instruments, The Chip That Jack Built Changed the World, Texas Instruments, 1997

[22] G. Moore, "The Role of Fairchild in Silicon Technology in the Early Days of 'Silicon Valley", Proceedings of the IEEE 86, no. 1, pp. 59, 1988

[23] G. Moore, "Cramming More Components onto Integrated Circuits", Proceedings of the IEEE 86, no. 1, pp. 84, 1998

[24] I. Ross, "The Invention of the Transistor", Proceedings of the IEEE 86, no. 1, pp. 17, 1998

[25] C. Melliar-Smith, M. Borrus, D. Haggan, T. Lowrey, A. Vincentelli and W. Troutman, "The Transistor: An Invention Becomes a Big Business", Proceedings of the IEEE 86, no. 1, pp. 93, 1998

[26] M. S. Bawa, E. F. Petro and H. M. Grimes, "Fracture Strength of Large Diameter Silicon Wafers", Semiconductor International, pp. 115, 1995

[27] F. C. Eversteyn, "Chemical-Reaction Engineering in the Semiconductor Industry", Philips Research Reports, vol. 29, pp. 45, 1974

[28] L. Shon-Roy, A. Wiesnoski and R. Zorich, Advanced Semiconductor Fabrication Handbook, Integrated Circuit Engineering Co., Scottsdale, AZ

[29] S. Ghandhi, VLSI Fabrication Principles: Silicon and Gallium Arsenide, 2nd ed., Wiley, New York, pp. 704 ~ 800, 1994

[30] S. Wolf, Silicon processing for the VLSI Era: Process Integration, vol. 2, Lattice Press, Sunset Beach, CA, pp. 17 ~ 19, 1990

[31] S. Wolf and R. N. Tauber, Silicon Processing for the VLSI Era: Process Technology, vol. 1, 2nd ed., Lattice Press, Sunset Beach, CA, 2000

[32] P. Burggaraaf, "Chip Scale and Flip Chip: Attractive Solutions", Solid State Technology, pp. 239, 1998

[33] R. DeJule, "High Pincount Packageing", Semiconductor International, pp. 139, 1997

[34] J. Baliga, "Package Styles Drive Advancements in Die Bonding", Semiconductor International, pp. 101, 1997

[35] H. Hinzen and B. Ripper, "Precision Grinding of Semiconductor Wafers", Solid State Technology, pp. 53, 1994

[36] H. Blech and D. Dang, "Silicon Wafer Deformation After Backside Grinding", Solid State Technology, pp. 74, 1994

[37] L. Oboler, "Wire Bonding Still at the Head of the Class", Chip Scale Review, pp. 40, 1999

[38] Industry News, Chip Scale Review, pp. 23, 1999

[39] R. Estes, "Flip-Chip Packaging with Polymer Bumps", Semiconductor International, pp. 103, 1997

[40] A. Babiarz, "Key Process Controls for Underfilling Flip Chips", Solid State Technology, pp. 77, 1997

[41] J. Sergent, "Materials for Multichip Modules", pp. 209

[42] T. DiStefano and J. Fjelstad, "Chip-Scale Packaging Meets Future Design Needs", Solid State Technology, pp. 82, 1996

[43] F. Elenius, "Wafer-Level Packaging Gains Momentum", Solid State Technology, pp. 46, 1996

[44] T. S. Liu, W. R. Rodgrigues de Miranda and P. R. Zipperlin, "A Review of Wafer Bumping for Tape Automated Bonding", Solid State Technology, vol. 23, pp. 71-76, 1993

[45] R. K. Ulrich and W. D. Brown, Advanced Electronic Packaging, 2nd ed., Jon Wiley & Sons, USA, 2006

[46] 윤영섭, 강성준, VLSI 공정기술, 홍릉과학출판사, 서울, 2012

[47] T. Mikolajick, C. Dehm, W. Harter, I. Kasko, M. J. Kastner, N. Nagel, N. Moert, C. Mazure, "FeRAM Technology for High Density Applications", Microelectronics Reliability, vol. 41, pp. 947-950, 2001

[48] N. Inoue and Y. Hayashi, "Effect of Imprint on Operation and Reliability of Ferroelectric Random Access Memory (FeRAM)", IEEE Trans. Electron Devices, vol. 48, pp. 2266-2272, 2001

[49] J. H. Yi et al., "Novel Cell Structure of PRAM with thin metal layer inserted GeSbTe", Solid State Technology, vol. 23, pp. 71-76, 1993

[50] K. J. Lee et al., "A 90 nm 1.8 V 512 Mb Diode-Switch PRAM With 266 MB/s Read Throughput", IEEE J. Solid-State Circuits, vol. 43, pp. 150-162, 2008

[51] G. Grynkewich et al., "Nonvolatile Magnetoresistive Random Access Memory Based on Magnetic Tunnel Junctions", MRS Bulletin, pp. 818, 2004

[52] S. Ikeda et al., "Magnetic Tunnel Junctions for Spintronic Memories and Beyond", IEEE Trans. Electron Devices, vol. 54, pp. 991, 2007

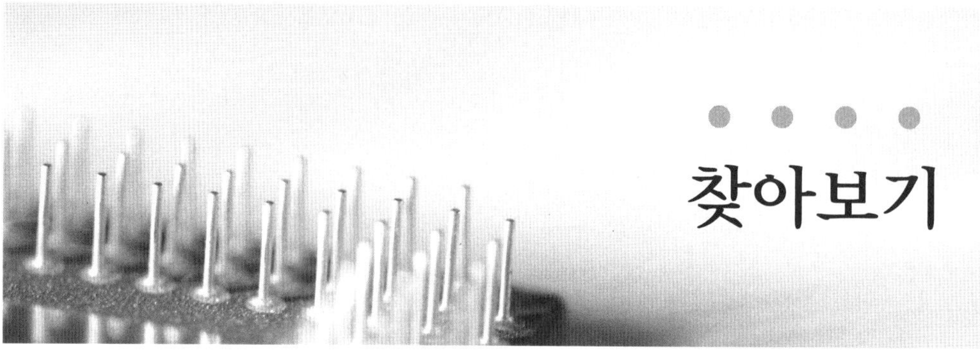

찾아보기

ㅂ

ㅅ

ㅇ

ㅈ

강 성 준

전남대학교 전기 및 반도체공학과 교수

정 양 희

전남대학교 전기 및 반도체공학과 교수

최신 반도체소자 공학

인 쇄 2016년 10월 25일
발 행 2016년 10월 28일

저 자 강성준 · 정양희
발행인 지병문
발행처 전남대학교출판부

등 록 1981년 5월 21일 제53호
주 소 61186 광주광역시 북구 용봉로 77
전 화 062-530-0571~2
마케팅 062-530-0573
팩 스 062-530-0579
홈페이지 http://www.cnup.co.kr

값 15,000 원

ISBN 978-89-6849-354-6 (93560)

이 도서의 국립중앙도서관 출판예정도서목록(CIP)은 e-CIP홈페이지(http://www.nl.go.kr/ecip)와 국가자료공동목록시스템(http://www.nl.go.kr/kolisnet)에서 이용하실 수 있습니다.
(CIP제어번호 : CIP2016025761)